21 世纪高等学校计算机应用型本科规划教材精选

Java 手机游戏设计基础

李 涛 杨巨峰 李 琳 编著

王慧芳 主审

清华大学出版社

北 京

内 容 简 介

　　本书详细介绍了手机游戏开发的理论方法与应用技巧。主要内容包括 J2ME 语言基础、游戏图形绘制、动画、用户事件响应、声效、数据存储、网络编程、3D 设计与动画、人工智能技术、手机游戏策划以及 RPG 游戏设计等内容,并充分运用实例进行讲解,对于手机游戏设计者来说,本书具有很好的参考价值。

　　本书结构清晰,注重实用,深入浅出,实例详尽,涉及知识面广,可作为大专院校计算机科学与技术等相关专业开设"Java 手机游戏设计"课程的教材,也可以供从事该领域工作的有关人员自学参考。

图书在版编目(CIP)数据

Java 手机游戏设计基础/李涛,杨巨峰,李琳编著.—北京:清华大学出版社,2011.1
(21 世纪高等学校计算机应用型本科规划教材精选)
ISBN 978-7-302-23198-1

Ⅰ.①J…　Ⅱ.①李…②杨…③李…　Ⅲ.①JAVA 语言－应用－移动通信－携带电话机－游戏－程序设计－高等学校－教材　Ⅳ.①TN929.53②TP311.5

中国版本图书馆 CIP 数据核字(2010)第 122788 号

责任编辑:索　梅　李玮琪
责任校对:时翠兰
责任印制:杨　艳
出版发行:清华大学出版社　　　　　　　　　　地　　址:北京清华大学学研大厦 A 座
　　　　　http://www.tup.com.cn　　　　邮　　编:100084
　　　社　总　机:010-62770175　　　　邮　　购:010-62786544
　　　投稿与读者服务:010-62795954,jsjjc@tup.tsinghua.edu.cn
　　　质量反馈:010-62772015,zhiliang@tup.tsinghua.edu.cn
印　刷　者:北京富博印刷有限公司
装　订　者:北京市密云县京文制本装订厂
经　　销:全国新华书店
开　　本:185×260　印　张:19.25　字　数:463 千字
版　　次:2011 年 1 月第 1 版　　印　　次:2011 年 1 月第1次印刷
印　　数:1～3000
定　　价:29.00 元

产品编号:032926-01

21世纪高等学校计算机应用型本科规划教材精选

编写委员会成员

(按姓氏笔画)

王慧芳　　朱耀庭　　孙富元

高福成　　常守金

序

PREFACE

"教育部财政部关于实施高等学校本科教学质量与教学改革工程的意见"（教高[2007]1号）指出："提高高等教育质量，既是高等教育自身发展规律的需要，也是办好让人民满意的高等教育、提高学生就业能力和创业能力的需要"，特别强调"学生的实践能力和创新精神亟待加强"。同时要求将教材建设作为质量工程的重要建设内容之一，加强新教材和立体化教材的建设；鼓励教师编写新教材，为广大教师和学生提供优质教育资源。

"21世纪高等学校计算机应用型本科规划教材精选"就是在实施教育部质量工程的背景下，在清华大学出版社的大力支持下，面向应用型本科的教学需要，旨在建设一套突出应用能力培养的系列化、立体化教材。该系列教材包括各专业计算机公共基础课教材；包括计算机类专业，如计算机应用、软件工程、网络工程、数字媒体、数字影视动画、电子商务、信息管理等专业方向的计算机基础课、专业核心课、专业方向课和实践教学的教材。

应用型本科人才教育重点是面向应用、兼顾继续深造，力求将学生培养成为既具有较全面的理论基础和专业基础，同时也熟练掌握专业技能的人才。因此，本系列教材吸纳了多所院校应用型本科的丰富办学实践经验，依托母体校的强大教师资源，根据毕业生的社会需求、职业岗位需求，适当精选理论内容，强化专业基础、技术和技能训练，力求满足师生对教材的需求。

本丛书在遴选和组织教材内容时，围绕专业培养目标，从需求逆推内容，体现分阶段、按梯度进行基本能力→核心能力→职业技能的培养；力求突出实践性，实现教材和课程系列化、立体化的特色。

突出实践性。丛书编写以能力培养为导向，突出专业实践教学内容，为有关专业实习、课程设计、专业实践、毕业实践和毕业设计教学提供具体、翔实的实验设计，提供可操作性强的实验指导，完全适合"从实践到理论再到应用"、"任务驱动"的教学模式。

教材立体化。丛书提供配套的纸质教材、电子教案、习题、实验指导和案例，并且在清华大学出版社网站（http://www.tup.com.cn）提供及时更新的数字化教学资源，供师生学习与参考。

课程系列化。实验类课程均由"教程＋实验指导＋课程设计"三本教材构成一门课程的"课程包",为教师教学、指导实验以及学生完成课程设计提供翔实、具体的指导和技术支持。

希望本丛书的出版能够满足国内对应用型本科学生的教学要求,并在大家的努力下,在使用中逐渐完善和发展,从而不断提高我国应用型本科人才的培养质量。

丛书编委会

2009 年 7 月

前 言

FOREWORD

中国作为全球最大的移动通信市场,手机游戏的开发拥有广阔的市场前景。越来越多的游戏开发者涉足嵌入式/移动设备的游戏开发,而 J2ME 是嵌入式/移动应用平台的佼佼者。J2ME 是 Sun 公司针对嵌入式、消费类电子产品推出的开发平台,与 J2SE 和 J2EE 共同组成 Java 技术的三个重要的分支。

本书共 13 章。第 1 章手机游戏概述,介绍了游戏起源、手机游戏以及移动平台;第 2 章 Java 编程基础,简要介绍了 Java 语言及其程序设计方法;第 3 章 J2ME 及移动开发工具,介绍了基于 J2ME 的手机游戏设计和开发的环境配置,并以简单实例说明了手机游戏从开发到发布的完整步骤;第 4 章绘制游戏图形,主要介绍了图形、图像的绘制方法,并详细说明了图层的有关技术;第 5 章在游戏中使用动画,介绍了动画的概念,并详细说明了在手机游戏中实现动画的方法以及进行碰撞检测的方法;第 6 章响应用户事件,介绍了 MIDP1 和 MIDP2 对手机事件处理的区别,并详细说明了各种不同形式的屏幕响应方式;第 7 章为游戏添加声音,介绍了播放器的概念,并以乐音和 WAV 格式为例进行了声音添加方法的讲解;第 8 章游戏数据存储,介绍了 RecordStore 类,并详细说明了记录文件操作和记录操作等方法;第 9 章手机网络游戏编程,介绍了手机网络技术以及 HTTP、Socket 和 Datagram 三种连接方式在手机网络游戏设计中的使用方法;第 10 章 3D 手机游戏开发,介绍了 M3G 包和开发模式,并对手机游戏中的 3D 设计和 3D 动画制作进行了详细讲解;第 11 章人工智能游戏,介绍了人工智能技术在手机游戏中的应用,并以五子棋游戏为例说明了策略 AI 技术的使用方法;第 12 章手机游戏策划,分别介绍了手机游戏的开发流程及其关键步骤,并简要说明了手机游戏在未来的巨大市场;第 13 章 RPG 手机游戏设计初步,简要介绍了 RPG 游戏设计的基础,并参考现在流行的 RPG 游戏进行了讲解。

对于手机游戏设计者来说,本书具有很好的参考价值。书中详细介绍了手机游戏开发的理论方法与应用技巧,同时也详细介绍了 J2ME 语言基础、游戏图形绘制、动画、用户事件响应、声效、数据存储、网络编程、3D 设计与动画、人工智能技术、手机游戏策划以及 RPG 游戏设计等内容,并充分运用实例进行讲解,相信读者定会从中受益匪浅。本书具有知识全面、讲解细致、指导性强等特点,力求以丰富的实例指导读者掌握基于 J2ME 的手机游戏设计。

本书可作为大专院校计算机科学与技术等相关专业开设"Java 手机游戏设计"课程的教材,也可以供从事该领域工作的有关人员自学参考。

　　本书的编写和出版得到了教材编写委员会和清华大学出版社索梅编审的大力支持，在此表示感谢。

　　全书由李涛、杨巨峰、李琳编著，王慧芳主审。本书在编写过程中，尽管编者竭尽努力，但由于自身水平有限，书中不尽如人意的地方和错误敬请读者指正，我们将不胜感激！

编　者

2010 年 7 月

目 录

CONTENTS

第1章

手机游戏概述

随着手机这种新兴移动通信设备的普及,运行于手机上的游戏已经被越来越多的人接受,并且逐渐成为一种时尚。本书面向的是对手机游戏设计与开发感兴趣的所有人,他们有些本身就是游戏玩家,希望站在开发者的角度体会编制游戏带来的更高级的乐趣;另外一些人则是纯粹的软件工程师,想在手机游戏这个新的产业中寻找自己的发展空间。然而,不论哪一种读者,在真正开始接触技术细节之前都有必要先了解一些手机游戏的概貌。

在本章,读者将学到:

◇ 游戏从何而来,以及游戏有哪些主要的类型;
◇ 游戏是怎样从设计者的一个想法演变成最终产品的;
◇ 手机游戏巨大的市场前景;
◇ 手机游戏运行在什么样的平台之上。

1.1 传统电子游戏

相对于手机游戏这种新鲜事物,读者可能对传统的电子游戏更加熟悉。因此,本节从运行于个人计算机上的游戏讲起,介绍其主要的类别及有代表性的示例,旨在引导读者熟悉不同游戏类型的划分依据和各自的特点。同时,手机游戏其实是游戏在新平台上的一个子集,所以关于游戏的起源、分类以及开发过程的介绍能够反映出手机游戏的本质。

1.1.1 游戏的起源和分类

游戏是人类衍生和人类社会发展的产物。

在人类社会中,游戏不但保留了娱乐活动的特质,而且还成为了一种严肃的自发活动,有着生存技能培训和智力培养的目标。

游戏最早的雏形可以追溯到人类原始社会流行的活动,如扔石头、投掷带尖的棍子等。这些最早的游戏显然是以增强生存技能为初衷的。社会进步后,棋牌类、竞技类游戏开始出现,这是为了智力培养和适应竞争而存在的。

20世纪60年代以后,出现了人通过电子设备(如计算机、游戏机等)进行游戏的娱乐方式,游戏发展到了一个新阶段。这时的游戏通过接触和控制人与机器之间的关系实现对现实世界或思维世界的模拟,游戏已经不单单是一种娱乐,而是逐渐成为了一种文化。

一般地,现代的计算机游戏可以划分成以下类别。

1. 运动类游戏

在计算机上模拟各类竞技体育运动的游戏,花样繁多、模拟度高、广受欢迎,如实况足球系列、NBA Live 系列、FIFA 系列等。实际上,其他很多运动类型(如网球、台球、赛车、冲浪等)也都被制作成了精美的游戏。

运动类游戏经常要求游戏的角色既能完成巧妙的竞技动作,又能完成那些完全个性化的肢体动作,玩家希望获得并很看重控制这些动作的能力。同时,运动类游戏一般都有约定的规则,这些竞技规则必须事先融入到游戏设计中。

2. 动作类游戏

这是一种玩家控制游戏人物用各种方式消灭敌人或保存自己以过关的游戏,不刻意追求故事情节,如"超级玛丽"、"真三国无双"等。计算机上的动作游戏大多脱胎于早期的街机游戏,设计主旨是面向普通玩家,以纯粹的娱乐休闲为目的。其特点是操作简单,易于上手,紧张刺激,十分依赖玩家的手眼协调能力。

3. 益智类游戏

益智类游戏原意是指用来培养儿童智力的拼图游戏,引申为各类有趣的益智游戏。益智类游戏需要玩家对游戏规则进行思考和判断,系统表现相当多样化。由于对游戏操作不需要太高要求,是现在受众面最广的游戏类型之一,适合休闲,比较经典的代表有"俄罗斯方块"、"泡泡龙"、"祖玛"、"连连看"(如图 1-1 所示)等。此外,各种棋牌和文字游戏也可被归为益智类游戏。

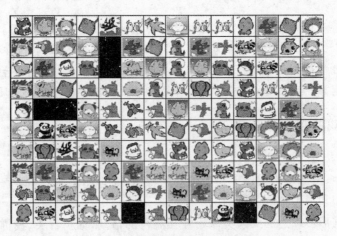

图 1-1　益智类游戏"连连看"

4. 即时战略游戏

这类游戏包含采集、建造、发展等战略元素,同时其战斗以及各种战略元素的进行都采用即时制,代表作有"星际争霸"、"魔兽争霸"(如图 1-2 所示)、"帝国时代"等。即时战术游戏是即时战略游戏的一种衍生,即各种战略元素不以或不全以即时制进行,或者少量包含战略元素,多以控制一个小队完成任务的方式,突出战术的作用,以"盟军敢死队"为代表。

玩家在即时战略游戏中为了取得胜利,必须不停地进行操作,因为"敌人"也在同时进行着类似的操作。就系统而言,因为中央处理器的指令执行是顺序的,为了给玩家造成"即时进行"的感觉,必须把游戏中各个势力的操作指令在极短的时间内交替执行。

图 1-2 即时战略游戏"魔兽争霸"

5. 角色扮演游戏

这类游戏由玩家扮演游戏中的一个或数个角色,有完整的故事情节,特别强调剧情发展和个人体验。代表性游戏包括"最终幻想"、"仙剑奇侠传"、"暗黑破坏神"等。

角色扮演游戏是最能引起玩家共鸣的游戏类型。它架构一个或虚幻、或现实的世界,让玩家在里面尽情地冒险、游玩、成长,感受制作者想传达给玩家的理念。所有角色扮演游戏都有一个标志性的特征,就是代表了玩家角色能力成长的升级系统。

6. 策略类游戏

这类游戏由玩家运用策略与计算机或其他玩家较量,以取得各种形式胜利。策略类游戏的 4E 准则为:探索、扩张、开发和消灭(Explore、Expand、Exploit、Exterminate)。代表性游戏有"英雄无敌"系列(如图 1-3 所示)、"三国志"等。严格来说,即时战略游戏也属于策略类游戏的范畴。

策略类游戏强调逻辑思考和计划,对玩家的思维能力有一定的锻炼和提高作用。

图 1-3 策略类游戏"英雄无敌"

1.1.2 游戏设计

完整的游戏开发过程至少应该包括以下内容。

1. 产生基本思想

在游戏的构思阶段,也许还没有任何成形的东西,甚至没有一点有用的"原材料"。但是设计者脑海里的一些奇思妙想,抑或玩其他游戏时的一次智慧的闪光,甚至是和朋友的热烈的讨论都可能激发出一种冲动:何不做个"这样"的游戏?

但是在匆忙开始工作之前,不妨让自己先暂时平静一下,问自己 5 个问题,这些问题如下。

(1) 这个游戏是什么主题?

(2) 它大致属于哪种类型?

(3) 玩这个游戏,玩家将得到什么?

(4) 这个主意是否吸引人?

(5) 能参考什么?

认真回答这些问题,如果能够找到周围的伙伴帮忙出谋划策更好。在得到明确而有说服力的答案时就可以认为准备工作已经做好了。

2. 编制故事情节

情节对于游戏的重要性类似于情节对于电影的重要性。有许多所谓大片,堆砌了华丽的视觉效果和先进的辅助技术,然而空洞的故事内容和一望便知的情节设置常常带给观众极度无聊的感觉;相反,在早期的一些电影当中,画面的精致和细腻难以与今天的效果匹敌,场景的恢弘和壮丽更是无法和很多现代电影比较,但是丝丝入扣的故事情节、跌宕起伏的人物命运带给这些电影无限的生命力,使之成为经典和永恒。

游戏也是这样。如何将最新的2D/3D技术和最炫的动画效果自然地融合在游戏当中,引导玩家随着情节的发展渐渐了解故事、熟悉故事、将自己置身于故事是游戏设计者需要及早考虑的问题。一款游戏能否成功,可玩性是重要的评价标准;而编制精彩的故事情节又是提高游戏可玩性的一条重要途径。必须认识到,往往是游戏中那些支离破碎的情节和漫无目的的打斗令玩家望而却步。

编制游戏情节常用的一种方法是自顶向下逐层细分,一个简单的例子如图1-4所示。

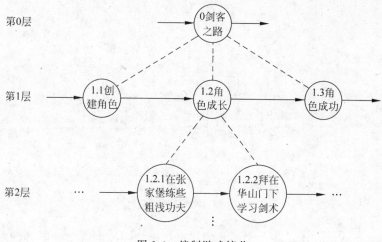

图 1-4　编制游戏情节

需要说明的是:在情节设计完成后,为了验证设计的合理性常常需要邀请小组以外的人员对设计结果进行走查、讨论和评定。

3. 确定游戏模式

在正式开始游戏程序的设计和实现之前,还需要对游戏模式进行规划和论证。这些工作包括以下内容。

确定游戏是供一个人玩、两个人玩,还是多个人玩。一种考虑是:多玩家的游戏逻辑相对复杂,而且一般需要网络支持,这种支持的代价有多大?不同玩家的游戏界面怎样实现同步?哪些游戏信息需要在玩家之间传递而且能够被传递?另一种考虑则是:不同的游戏主题和类型不一定全都适合于多玩家模式,比如一些回合制策略游戏在两个或更多玩家联机对战时显得异常繁冗和拖沓。

人工智能是游戏设计中的另一个重要问题。游戏设计者常常需要赋予系统一定的逻辑判断和决策能力,使其具备与玩家"作战"的能力。一般来说,游戏人工智能的实现既需要游戏设计者水平很高,同时也要求硬件设备拥有良好的运算能力。

虽然人工智能在游戏中必不可少,但也不是说人工智能的水平越高越好。以棋类游戏为例,如果为系统设计的智能处理能力很强,相应的处理时间也就会较长,大多数玩家恐怕都不愿意与一个总是处于"长考"状态的计算机玩家下棋。而且,每次对弈都会失败的结果也将令玩家对这款游戏敬而远之。

4．设计游戏框架

在明确了游戏的背景、主题、情节等功能要求以及速度、难度等性能要求之后,可以着手设计游戏程序的层次和结构了。设计任务可以分为以下两步完成。

(1) 划分程序模块。主要任务是解决如何把被开发的游戏系统划分成若干个模块的问题,即决定各模块的接口、确定模块间的关系及传递的信息。用标有名字的矩形框代表一个个模块,矩形框之间的连线表示模块间存在调用关系。则图 1-5 显示了模块划分的一种可能结果。

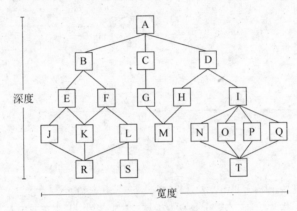

图 1-5　游戏模块划分

(2) 设计模块算法。这一步的工作是明确模块内部的控制流程和各种游戏事件的处理方式,即设计图 1-5 中每一个模块内部的算法。

5．编写游戏代码

节约资源和提高代码可维护性是编写游戏代码时重点关注的两个问题。以下一些事情是需要注意的。

(1) 删除从未用过的变量。

(2) 使用对象的时候尽可能重用它,用完后及时删除。

(3) 尽量使用图形基元而非位图图像。

(4) 将多次使用的代码段整合成函数形式。

(5) 考虑代码的通用性,尽量减少使用数值型常量。

(6) 书写注释。

(7) 其他。

6．测试游戏功能

在把编写完的游戏程序交给玩家之前,需要首先对它进行细致和完整的测试,以及早发现和修改其中的错误,进一步完善游戏功能。测试分为以下 3 个步骤。

(1) 模块级测试。为游戏系统的每一个模块设计测试用例,尽量覆盖模块内部的每一条语句和每一个路径。对于循环结构,在条件允许的范围内执行次数越多越好。模块测试的执行者可以就是游戏的开发者,目的是验证每个模块的处理结果是否符合预期。

(2) 系统级测试。当游戏的若干个模块都开发完成后,需要检查模块之间的调用关系和数据传递是否正常,整个游戏的运行效果是否与设计保持一致。系统测试的执行者一般是专门的测试小组。

(3) 面向用户的测试(试玩)。成型的游戏在正式发布之前还应当邀请一些与游戏开发团队无关的玩家试玩。其意义是:玩家不了解游戏的开发细节,甚至不了解游戏的情节编制和关卡设置,他们"漫无目的"的操作有助于从另外一个角度考察游戏的水平。

1.2 认识手机游戏

在读者投身于手机游戏开发工作之前,需要首先建立对相关市场、文化、玩家以及软硬件平台的认识。及早了解游戏的使用者和使用场景的特点,有助于在设计过程中投其所好,进行必要的准备。

1.2.1 手机游戏

手机已经越来越普及,渐渐成为人们生活的一个重要组成部分。

以我国为例,2001 年 11 月,我国手机用户突破 1 亿,同年成为全球移动电话用户最多的国家;2003 年 10 月,我国移动电话用户数超过固定电话用户数。截至 2008 年 6 月,我国手机每百人拥有量为 46.1 部,达到手机用户数 6.01 亿。

手机的普及与其自身特点有关。手机灵巧方便、通话质量高、易于携带和使用、价格便宜,这些都促使人们选择手机作为交流的工具。

手机游戏应运而生。与计算机游戏不同,手机游戏面向的用户范围更加广泛。原来的计算机游戏爱好者和发烧友当然不会拒绝这种新的游戏模式,同时更多的手机用户也会在他们漫长的旅途中或者无聊的等待过程中打开手机,借助一款有趣的游戏消磨时间。

事实上,已经有数以百计的精彩手机游戏诞生,相信每位读者的手机上都会保存着几款钟爱的游戏。图 1-6 所示的"贪食蛇"和"摩天大楼"是两款有趣和有代表性的手机游戏。

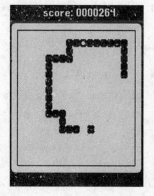

图 1-6 两款流行的手机游戏

作者书写本书的目的正是希望和读者共同探讨手机游戏设计和开发的知识和技巧,运用这些技能,就能够开发出精彩、有趣的手机游戏。

1.2.2　移动平台

本小节介绍 3 种比较主流的移动平台,它们相对成熟并且应用广泛,最重要的是它们都比较适合手机游戏的开发。了解这些平台的知识,会帮助读者在正式开始开发技术的学习之前建立对游戏基础的正确认识,从而为后续的学习和实践打下良好的基础。

1. J2ME

J2ME(Java 2 Micro Edition)是 Java 2 的一个组成部分,与 J2SE、J2EE 处于同一个层次的概念。根据 Sun 公司的定义: J2ME 是一种高度优化的 Java 运行环境,主要针对消费类电子设备,例如蜂窝电话和可视电话、数字机顶盒、汽车导航系统等。J2ME 技术在 1999 年正式推出,它将 Java 语言的与平台无关的特性移植到小型电子设备上,允许移动无线设备之间共享应用程序。

J2ME 在设计其规格时,遵循着"对于各种不同的装置构建一个单一的开发系统是没有意义的"这个基本原则。J2ME 先将所有的嵌入式装置大体上划分为两种: 一种是运算功能有限、电力供应也有限的嵌入式装置(如 PDA 和手机); 另一种则是运算能力相对较好,并且在电力供应上相对比较充足的嵌入式装置(如冷气机、电冰箱、电视机顶盒)。因为存在这两种形态的嵌入式装置,所以 Java 引入了一个叫做 Configuration 的概念,然后把上述运算功能有限、电力有限的嵌入式装置定义在 CLDC(Connected Limited Device Configuration,受限连接设备配置)规格之中; 而另外一种装置则被定义为 CDC(Connected Device Configuration,连接设置配置)规格。也就是说,J2ME 把所有的嵌入式装置利用"配置"(Configuration)的概念区分成两种抽象的形态。

其实在这里读者可以把 Configuration 当作是 J2ME 对于两种类型嵌入式装置的规格,而这些规格之中定义了这些装置至少要符合的运算能力、供电能力、记忆体大小等规范,同时也规定了一组在这些装置上执行的 Java 程序所能使用的函数库,这些规范之中所定义的函数库为 Java 标准核心函数库的子集合以及与该形态装置特性相符的扩充函数库。

开发 Java ME 程序一般不需要特别的开发工具,开发者只需要装上 Java SDK 及下载免费的 Sun Java Wireless Toolkit 就可以开始编写 Java ME 程序,并对该程序进行编译及测试。此外,目前主要的集成开发环境(IDE)(如 Eclipse 等)也支持 Java ME 的开发,一些手机开发商(如 Nokia 等)还有自己的 SDK,供开发者开发出兼容于他们的平台的程序。

2. BREW

无线二进制运行环境(Binary Runtime Environment for Wireless,BREW)是高通公司 2001 年推出的基于 CDMA 网络"无线互联网发射平台"上增值业务开发运行的基本平台。相对于 J2ME,BREW 是一个更底层的技术。

　　BREW 提供一个高效、低成本、可扩展和熟悉的应用程序执行环境（Application Execution Environment，AEE），着重开发可无缝植入任何实际手持设备的应用程序。制造商和开发人员可以随时对运行环境进行扩展，提供应用程序需要的各种附加性能模块。BREW 提供的功能环境就像 PC 上的操作系统一样，可以通过服务提供商下载指定类型的应用程序或游戏来使用。同时，通过 BREW 接口功能，供应商可以提供成套的完整的资讯、商务、娱乐功能。

　　BREW 主要应用在移动通信领域，它类似一个开放、免费的 PC 操作系统，其他厂商可以在这个平台上设计各项应用。作为一个手机应用平台，BREW 能支持高速上网、下载游戏、无线购物等几十种数据业务。厂商使用 BREW 设计一款应用软件，所有装载高通芯片的手机都可以使用，不会出现 Java 平台上不同手机型号需要分别设计的麻烦。

　　BREW 的几个优势包括：对于运营商而言，BREW 技术与网络完全无关，这意味着它可以完全平等地应用于所有领先的无线技术之中；对于设备制造商而言，BREW 应用运行环境可以同移动设备闪存和 RAM 中的处理芯片紧密集成，从而实现广泛适用性；对于应用开发者而言，向市场快速推出新式应用是软件开发商赖以成功的关键所在。BREW 平台基于普及型编程语言 C/C++，这种语言拥有庞大的用户群，他们只需掌握很少的移动电话知识即可实现 BREW 支持。最后，对于手机用户来说，可以通过无线下载在 BREW 平台开发的各种有趣而实用的应用，充分享受个性化手机带来的无限乐趣。

3. Symbian

　　Symbian 由诺基亚、索尼爱立信、摩托罗拉、西门子等几家大型移动通信设备商共同出资研制。Symbian 操作系统的前身是 EPOC（Electronic Piece of Cheese），其原意为"使用电子产品时可以像吃乳酪一样简单"，这就是它在设计时所坚持的理念。

　　Symbian 操作系统在智能移动终端上拥有强大的应用程序以及通信能力，这都要归功于它有一个非常健全的核心——强大的对象导向系统和企业用标准通信传输协议。Symbian 认为无线通信装置除了要提供声音沟通的功能外，同时也应具有其他种沟通方式，如触笔、键盘等。在硬件设计上，它可以提供许多不同风格的外形，像使用真实或虚拟的键盘，在软件功能上可以容纳许多功能，包括和他人互相分享信息、浏览网页、传输、接收电子信件、传真以及个人生活行程管理等。此外，Symbian 操作系统在扩展性方面为制造商预留了多种接口。

1.3　本　章　小　结

　　游戏早于计算机而产生，但计算机却是使游戏日益普及并发展成为一种产业的重要设备。游戏的类别多种多样，玩家可以在游戏中与他人比赛运动天赋、施展个人谋略，也可以把游戏仅仅作为放松情绪和调节心情的手段。不管怎么样，游戏设计和开发已经逐渐规范化并且形成了自己的体系。

　　手机是继计算机之后又一种被广泛使用的设备，因此，研究运行在手机上的游戏的特点和开发技术，既是手机游戏本身的要求，同时也具有非常重要的商业意义。

习 题 1

1. 你玩过计算机游戏吗？哪些游戏是你特别喜欢的？它们吸引你的地方在哪里？

2. 现在就打开自己的手机，邀请身边的朋友也这样做，看看各自手机上都有哪些不同的游戏，简述这些游戏与计算机上的游戏有什么区别。

3. 给自己来点挑战，想象着手制作一款手机游戏需要做哪些准备，然后在纸上写下自己的工作计划。

第2章

Java编程基础

作为当今最为流行的语言之一,Java语言凭借其特性,在网络应用、嵌入式应用等多个领域占据了一定的市场份额,是开发大型项目的首选语言。越来越多的C++开发人员转到了Java程序的开发道路上来。无论是Web领域还是嵌入式应用,从金融管理系统到家用电器,随处可见Java应用的踪影。

在本章,读者将学习到:
◇ Java语言的由来以及特征;
◇ Java语言中的面向对象;
◇ Java语言的体系结构;
◇ Java语言的变量程序结构以及异常处理。

2.1 Java 语言概述

Java 是由 Sun Microsystems 公司于 1995 年 5 月推出的 Java 程序设计语言(简称 Java 语言)和 Java 平台的总称。2009 年 4 月 20 日,Oracle(甲骨文)公司收购 Sun 公司,从此 Java 语言并归 Oracle 公司所有。

2.1.1 Java 的起源

1. Java 开始发展的时间

最早大概可追溯至 1991 年 4 月,Sun 公司的绿色计划(Green Project)开始着手于发展消费性电子产品(Consumer Electronics),所使用的语言是 C/C++ 及 Oak (Java 语言的前身),后因语言本身和市场的问题,使得消费性电子产品的发展无法达到当初预期的目标,再加上网络的兴起,绿色计划也因此而改变发展的方向。从 1994 年起,他们开始将 Oak 技术应用于 Web,并且开发出了 Hot Java 的第一个版本。直到 1995 年,Sun 公司正式以 Java 这个名字推出。

2. Java 名字的由来

Java 这个名字并不是几个英文单词的缩写,而是来自一个偶然。一天,几位 Java 成员组的会员正在讨论给这个新的语言取什么名字,当时他们正在咖啡馆喝着 Java(爪哇)咖啡,有一个人灵机一动说就叫 Java 怎样,这个提议得到了其他人的赞同,于是,Java 这个名字就这样传开了。

3. Java 的开发者

Java 是美国 Sun 公司 Java 发展小组开发的,早期的成员(绿色工程)是 Patrick Naughton、James Gosling、Mike Sheridan,而现在大家较为熟悉的成员是 James Gosling。

4. 如何找到所需的 Java 信息

在 Sun 公司的 Java 网站(http://java. sun. com/)中可以找到所有和 Java 语言相关的东西,如 Java 程序开发包以及相关的运行环境。

2.1.2 Java 体系结构

Java 的体系结构如图 2-1 所示。完整的 Java 体系结构实际上是由 4 个组件组合而成的:Java 编程语言、Java 类文件格式、Java API 和 Java 虚拟机(Java Virtual Machine,JVM)。

因此,使用 Java 语言开发程序的过程是用 Java 语言进行代码的编写,然后利用编译器将源代码编译成 Java 的二进制字节码 class 文件,class 文件再由 Java 虚拟机中的类装载器进行加载,同时类装载器还会加载 Java 的原始 API Class 文件,类加载器加载、连接和初始化这些 class 文件以后,就交给 JVM 中的执行引擎运行,执行引擎将 class 文件中的 Java 指令解释成具体的本地操作系统方法来执行,而安全管理器将在执行过程中根据设置的安全策略控制指令对外部资源的访问。

JVM 与核心类共同构成了 Java 平台,也称为 JRE (Java Runtime Environment,Java 运行时环境),该平台可以建立在任意操作系统上。

Java 的执行方式不是编译执行而是解释执行,不同平台上相同的源代码编译成符合 Java 规范的相同的二

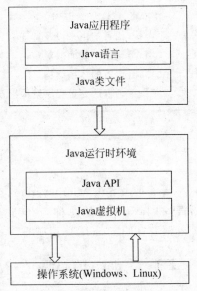

图 2-1　Java 的体系结构

进制字节码,然后再交给支持各自平台的虚拟机去解释执行。"先编译,后解释,再执行"的特性使得 Java 程序实现了"一次编写,随处运行"。如果 Java 应用使用的是 100%标准 Java API 并且没有直接调用本地方法,那就可以不加修改地运行在多种平台上,这样的平台无关性使得在异构的网络环境或者嵌入式方面的应用更方便和更现实。

2.1.3 Java 语言特性

Java 是一种简单、面向对象、分布式、解释、健壮、安全、结构中立、可移植、高效能、多线程、动态的语言。

1．简单性

Java 语言是一种面向对象的语言，它通过提供最基本的方法来完成指定的任务，只需理解一些基本的概念，就可以用它编写出适合于各种情况的应用程序。Java 略去了运算符重载、多重继承等模糊的概念，并且通过实现自动垃圾收集极大地简化了程序设计者的内存管理工作。另外，Java 也适合于在小型机上运行，它的基本解释器及类的支持只有 40KB 左右，加上标准类库和线程的支持也只有 215KB 左右。

2．面向对象

Java 语言的设计集中于对象及其接口，它提供了简单的类机制以及动态的接口模型。对象中封装了它的状态变量以及相应的方法，实现了模块化和信息隐藏，而类则提供了一类对象的原型，并且通过继承机制子类可以使用父类所提供的方法，实现了代码的复用。

3．分布式

Java 是面向网络的语言。通过它提供的类库可以处理 TCP/IP 协议，用户可以通过 URL 地址在网络上很方便地访问其他对象。

4．健壮性

Java 在编译和运行程序时，都要对可能出现的问题进行检查，以消除错误的产生。它提供自动垃圾收集来进行内存管理，防止程序员在管理内存时容易产生的错误。通过集成的面向对象的例外处理机制，在编译时，Java 提示出可能出现但未被处理的例外，帮助程序员正确地进行选择以防止系统的崩溃。另外，Java 在编译时还可捕获类型声明中的许多常见错误，防止动态运行时不匹配问题的出现。

5．安全性

用于网络、分布环境下的 Java 必须要防止病毒的入侵。Java 不支持指针，一切对内存的访问都必须通过对象的实例变量来实现，这样就可以防止程序员使用"特洛伊"木马等欺骗手段访问对象的私有成员，同时也避免了指针操作中容易产生的错误。

6．体系结构中立

Java 解释器生成与体系结构无关的字节码指令，只要安装了 Java 运行时系统，Java 程序就可在任意的处理器上运行。这些字节码指令对应于 Java 虚拟机中的表示，Java 解释器得到字节码后，对它进行转换，使之能够在不同的平台运行。

7．可移植性

与平台无关的特性使 Java 程序可以方便地被移植到网络上的不同机器。同时，Java 的类库中也实现了与不同平台的接口，使这些类库可以移植。另外，Java 编译器是由 Java 语言实现的，Java 运行时系统由标准 C 实现，这使得 Java 系统本身也具有可移植性。

8．高性能

和其他解释执行的语言(如 BASIC、TCL)不同，Java 字节码的设计使之能很容易地直接转换成对应于特定 CPU 的机器码，从而得到较高的性能。

9．多线程

多线程机制使应用程序能够并行执行，而且同步机制保证了对共享数据的正确操作。通过使用多线程，程序设计者可以分别用不同的线程完成特定的行为，而不需要采用全局的事件循环机制，这样就可以很容易地实现网络上的实时交互行为。

10．动态性

Java 的设计使它适合于一个不断发展的环境。在类库中可以自由地加入新的方法和实例变量而不会影响用户程序的执行。并且 Java 通过接口来支持多重继承，使之比严格的类继承具有更灵活的方式和扩展性。

2.2 Java 程序设计

学习 Java 语言的方法同学习其他高级语言一样，要从数据类型、变量、程序的流程等方面学起，首先需要了解的是数据类型和变量。

2.2.1 数据类型和变量

Java 不支持 C/C++中的指针类型、结构体类型和共用体类型。

1．常量

Java 中的常量值是用字符串表示的，它区分为不同的类型(应明确列出有主要有哪几种类型)，如整型常量 123，实型常量 1.23，字符常量 'a'，布尔常量 true、false 以及字符串常量"This is a constant string."。与 C/C++不同，Java 中不能通过 #define 命令把一个标识符定义为常量，而是用关键字 final 来实现。例如语句 final double PI=3.14159；定义了常量 PI 并赋值为 3.14159。

1) 整型常量

与 C/C++相同，Java 的整常数有十进制整数，如 123，−456，0；八进制整数，以 0 开头，如 0123 表示十进制数 83，−011 表示十进制数 −9；十六进制整数，以 0x 或 0X 开头，如 0x123 表示十进制数 291，−0X12 表示十进制数 −18。整型常量在机器中占 32 位，具有 int 型的值，对于 long 型值，则要在数字后加 L 或 l，如 123L 表示一个长整数，它在机器中占 64 位。

2) 实型常量

与 C/C++相同，Java 的实常数有两种表示形式：十进制数形式，由数字和小数点组成，且必须有小数点，如 0.123，.123，123.，123，0；科学计数法形式，如 123e3 或 123E3，其中 e 或 E 之前必须有数字，且 e 或 E 后面的指数必须为整数。实型常量在机器中占 64 位，具有

double 型的值。对于 float 型的值,则要在数字后加 f 或 F,如 12.3F,它在机器中占 32 位,且表示精度较低。

3) 字符常量

字符常量是用单引号括起来的一个字符,如'a','A'。另外,与 C/C++ 相同,Java 也提供转义字符,以反斜杠(\)开头,将其后的字符转变为另外的含义,表 2-1 列出了 Java 中的转义字符。与 C/C++ 不同,Java 中的字符型数据是 16 位无符号型数据,它表示 Unicode 字符集,而不仅仅是 ASCII 字符集。

表 2-1 转义字符

转义字符	代表的含义	转义字符	代表的含义
\u0061	表示 ISO 拉丁码的'a'	\r	回车
\ddd1	到 3 位八进制数据所表示的字符(ddd)	\n	换行
\uxxxx1	到 4 位十六进制数所表示的字符(xxxx)	\f	走纸换页
\'	单引号字符	\t	横向跳格
\\	反斜杠字符	\b	退格

2. 变量

变量是 Java 程序中的基本存储单元,它的定义包括变量名、作用域和变量类型几个部分。变量名是一个合法的标识符,它是字母、数字、下划线或美元符号"$"的序列,Java 对变量名区分大小写,变量名不能以数字开头,而且不能为保留字。合法的变量名如 myName、value-1、dollar $ 等,非法的变量名如 2mail、room # 、class(保留字)等。变量名应具有一定的含义,以增加程序的可读性。变量作用域是指程序中变量的名字可以被引用的部分,可以理解为一个变量在声明后,程序中哪部分可以访问声明的变量。在声明一个变量的同时也就指明了该变量的作用域。按作用域来分,变量可以为局部变量、类变量和方法的参数。局部变量在方法中声明,它的作用域为它所在的代码块(整个方法或方法中的某块代码)。类变量在类中声明,而不是在类的某个方法中声明,它的作用域是整个类。方法参数变量定义在方法的参数中,外部变量通过参数传递给方法,因此它的作用域就是这个方法。在 Java 中所有的变量需要先声明再使用,在一个确定的域中,变量名应该是唯一的。通常,一个域用大括号{}来划定,基本的变量声明格式如下:

```
type identifier[ = value][,identifier[ = value]…];
```

Java 定义了 4 组 8 种基本变量类型:整数型包含整型(int)、字节型(byte)、短整型(short)、长整型(long);实型类型包含浮点型(float)和双精度型(double);字符型和布尔型。

1) 整型变量

整型变量的类型有整型(int)、字节型(byte)、短整型(short)、长整型(long)4 种。int 类型是最常使用的一种整数类型,它所表示的数据范围足够大,而且适合于 32 位、64 位处理器。但对于大型计算,常会遇到很大的整数,超出 int 类型所表示的范围,这时要使用 long 类型。由于不同的机器对于多字节数据的存储方式不同,可能是从低字节向高字节存储,也可能是从高字节向低字节存储,这样,在分析网络协议或文件格式时,为了解决不同机器上的字节存储顺序问题,用 byte 类型来表示数据是合适的。而通常情况下,由于其表示的数据范围很小,容易造成溢出,应避免使用。short 类型则很少使用,它限制数据的存储为先高字节后低字节,这样在某些机器中会出错。整型变量的定义方法如下:

```
byte b;              //指定变量 b 为 byte 型
short s;             //指定变量 s 为 short 型
int i;               //指定变量 i 为 int 型
long l;              //指定变量 l 为 long 型
```

2) 实型变量

实型变量的类型有单精度类型(float)和双精度类型(double)两种。其中,双精度类型(double)比单精度类型(float)具有更高的精度和更大的表示范围,双精度类型所占位数为 $641.7e-308 \sim 1.7e+308$,单精度类型所占位数为 $323.4e-038 \sim 3.4e+038$。与 C/C++ 不同,Java 中没有无符号型整数,而且明确规定了整型和浮点型数据所占的内存字节数,这样就保证了安全性、健壮性和可移植性。实型变量的定义方法如下:

```
float f;             //指定变量 f 为 float 型
double d;            //指定变量 d 为 double 型
```

3) 字符型变量

在 Java 中使用字符型变量(char)来存储字符,它在机器中占 16 位,其范围为 $0 \sim 65\,535$。与 C/C++ 不同,Java 中的字符型数据不能用作整数,因为 Java 不提供无符号整数类型,但是同样可以把它当作整数数据来操作。Java 使用 Unicode 编码来存储字符,Unicode 定义的国际化字符集可以表示所有的语言的字符集,如中文、拉丁文、希腊文、希伯来文、匈牙利文以及日文等,这样可以保证 Java 语言拥有全球的可移植性。Java 语言的 Unicode 编码为 16 位码。字符型变量的定义方法如下:

```
int three = 3;
char one = '1';
char four = (char)(three + one); //字符型变量 four 的值为'4'
```

4) 布尔型变量

Java 有一种表示逻辑值的简单类型,称为布尔型,布尔型数据只有真(true)和假(false)两个值,且它们不对应于任何整数值。需要注意的是,布尔型变量不同于其他的基本数据类型,它不能被转换成任何其他的基本类型,其他的基本类型也不能被转换成布尔型。通常在流控制中常用到布尔型,定义方法如下:

```
boolean var = true;          //定义 var 为布尔型变量,且初值为 true
```

2.2.2　程序流程控制

结构化程序设计通常由 3 种结构组成,其中顺序结构是按照语句书写的先后顺序执行的,分支结构则是在若干路径中有条件地选择一条执行,循环结构是当某个条件成立时,反复地执行某一段代码。分支结构是根据表达式结果或者变量状态来选择程序执行的路径,Java 支持 if 和 switch 两种选择语句。

1．if 语句

Java 中的 if 语句与其他程序中的 if 语句类似，是根据给定条件的值（真或者假）来选择要执行的语句。Java 提供了 3 种形式的 if 语句。

1) if(条件表达式) 语句

if 语句的执行过程如下：如果条件为真，就执行语句 1，否则就执行语句 2（如果它存在），不存在两条语句都执行的情况。在使用 if 语句时，利用大括号将要执行的程序块括起来是很方便的，甚至当仅有一条语句时也如此。

2) if(条件表达式) 语句 1 else 语句 2

嵌套的 if 语句是指一条 if 或 else 语句中嵌入了另一条或多条 if 语句。当使用嵌套 if 语句时要注意，else 语句总是对应着和此 else 在同一个块内的最近的 if 语句，而且该 if 语句没有和其他 else 语句相关联。

3) if(条件表达式 1) 语句 1

  elseif (条件表达式 2) 语句 2

  elseif (条件表达式 3) 语句 3

  elseif (条件表达式 m) 语句 m

基于嵌套 if 序列的常见编程结构是 if-else-if 阶梯，这个 if 语句自顶向下开始执行，只要一个控制 if 的条件为真，就执行与该 if 相关联的语句，然后跳过该阶梯的其余部分。如果没有一个条件为真，那么将执行最后的 else 语句，最后的 else 语句是默认的条件；如果所有其他条件都测试失败，则执行最后一条 else 语句；如果没有最后的 else 并且所有其他条件都为假，那么不会发生任何动作。

2．switch 语句

switch 语句是 Java 的多路分支语句。它提供了一种简单的方法，使程序根据表达式的值来执行不同的程序部分，是一个比 if-else-if 语句更好的选择。

```
switch (expression) {
  case value1:
    ……                    //要执行的语句
    break;
  case value2:
    ……                    //要执行的语句
    break;.
  case valueN:
    ……                    //要执行的语句
    break;
  default:
}
```

表达式 expression 必须是 byte、short、int 或 char 类型，在 case 语句中指定的每个值 value 必须是和表达式兼容的类型（枚举值也可用于控制 switch），每个 case 值必须是唯一的常量，而不是一个变量，不允许重复使用 case 值。switch 语句的执行过程如下：表达式的值与 case 语句中的每个字面量值相比，如果发现一个与之相匹配的，则执行该 case 语句后的代码；如果不存在匹配表达式值的常量，那么执行 default 语句。当然，default 语句是可选的，如果没有相匹配的 case 语句，并且没有 default 语句时则什么都不会执行。在 switch语句中可使用 break 语句终止语句序列，当遇到一条 break 语句时，程序将从整个 switch 语句后面的第一行代码处开始继续执行。如果把一条 switch 语句作为一个外部 switch 语句序列的一部分，这称为嵌套的 switch 语句，并且要确定 switch 语句的 case 常量之间不会产生冲突。

　　switch 语句与 if 语句都是选择语句，但它们之间有着很多的不同之处。首先，switch语句仅能测试相等的情况，而 if 语句能够计算任何类型的布尔表达式，也就是 switch 语句仅能查找表达式值与某个 case 常量是否匹配；其次，在任何一个 switch 语句中不能有两个相同的 case 常量，当然嵌套的是可以的；最后，switch 语句比一组嵌套的 if 语句拥有更好的执行效率。下面是一个使用 switch 的例子。

```
class ExampleSwitch{
    public static void main(String args[ ]) {
      for( int i = 0;  i < 2;  i++ ){
        switch(i){
          case 0:
            System.out.println("0");
            break;
          case 1:
            System.out.println("1");
            break;
          case 2:
            System.out.println("2");
            break;
          default:
            System.out.println("default");
            break;
        }
      }
    }
}
```

程序的输出结果如下：

```
0
1
2
default
```

3. 循环语句

　　循环语句在程序设计中用来描述有规则重复的流程。在实际的程序中，存在很多需要重复执行的流程，为了简化这些重复的执行流程，在程序设计语言中新增了这类语句。Java的循环是通过 while，do-while 和 for 来实现的。

　　1) while 循环语句

　　while 循环是 Java 最基本的循环语句。当控制条件为真时，它重复执行一条语句或一个语句块。while 循环语句的用法如下：

```
while (condition) {
    ……                          //要执行的语句
}
```

condition(条件)可以是任何布尔表达式。只要 condition 条件表达式为真,循环就被执行。当 condition 为假时,程序控制传递到紧跟在循环后面的下一行代码处。由于 while 循环一开始就计算表达式,所以如果条件在开始时就为假,则循环体将不会执行。while 循环(或任何其他的 Java 循环)体可以为空,这是因为在 Java 中空语句(null statement)在语法上是合法的。

2) do-while 循环语句

do-while 循环语句至少执行它的循环体一次,因为它的条件表达式在循环的结尾。在实际的编程中 while 比 do-while 用得更多。do-while 循环的使用方法如下:

```
do {
    ……                          //要执行的语句
}
while(表达式)
```

3) for 循环语句

for 循环语句有两种形式:传统 for 形式和 for-each 形式。传统形式的 for 循环就是由 for 语句开始,定义如下:

```
for (初始化; 条件表达式; 迭代步进) {
    ……                          //要执行的语句
}
```

循环的执行过程是:当循环第一次开始时,执行循环的初始化部分(initialization),这是一个设置循环控制变量值的表达式,其中的循环控制变量作为控制循环的计数器使用(即初始化只执行一次);计算条件表达式(condition)的值,这必须是一个布尔表达式,它通常依据一个目标值来测试循环控制变量。如果表达式为真,则执行循环体,如果为假,则循环终止;执行循环的迭代步进(iteration)部分,这通常是一个表达式,该表达式可增加或减小循环控制变量。迭代循环的过程是首先计算条件表达式,执行循环体,然后在每次传递时执行迭代表达式,重复该过程,直到控制表达式为假。

控制 for 循环的变量通常只用于该循环,而不在程序其他地方使用,当 for 语句结束时,该变量的作用域也就结束了(即变量的作用域限定在 for 循环内),在 for 循环外,该变量就不存在了。如果要使用两个或更多的变量控制 for 循环,Java 允许在 for 循环的初始部分和迭代部分包括多条语句,每条语句用逗号分开。例如下面的代码:

```
int a, b;
for (a = 1, b=4; a<b; a++, b++) {
    ……                          //要执行的语句
}
```

4) for-each

从 J2SE 5 开始,定义了第二种 for 形式,即 for-each 循环。for-each 循环用在一个对象集合中(如数组),以严格的连续方式,从开始到结束进行循环。与某些使用 fore-each 关键词来实现 for-each 循环的语言不同(如 C♯),Java 是通过增强 for 语句来实现 for-each 功能的,不需要新的关键词,并且也不需要拆开先前的代码。for-each 版本的 for 循环形式如下:

```
for (type ite-var : collection){
    ......                          //要执行的语句
}
```

其中 type 指定了类型,ite-var 则指出了迭代变量(iteration variable)名,该变量将接收集合中的元素,方式是从集合的开始到结束一次一个,所要循环的集合由 collection 所指定。随着循环的迭代,会取出集合中的下一个元素并存储在 ite-var 中,该循环会一直重复下去,直到集合中的所有元素都已取出为止。for-each 中的 for 循环会使前述的循环自动化。它无须建立循环计数器,无须指定开始和结束值,并且无须手工为数组指定下标。相反,它自动在整个数组中循环,从开始到结束每次获得一个元素。例如下面的代码,输出结果为 123456。

```
int[] numArray = {1,2,3,4,5,6};
for(int I : numArray){
    System.out.print(i);
}
```

4. 跳转语句

Java 支持 3 种跳转语句,break 语句可以终止 switch 语句中的语句序列退出循环,或者用作 goto 语句的一种先进方式;continue 语句在 while 和 do-while 循环中使控制被直接转换到控制循环的条件表达式中,在 for 循环中,控制首先到达 for 语句的迭代部分,然后到达条件表达式,对于所有这三个循环,中间代码都被绕过了;return 语句可以从一个方法中显式地返回,即将程序控制转移回方法的调用者,因此它被归为跳转语句。在下面例子第一个 for 循环中,i 的值永远不会到达 100,因为一旦 i 到达 60,break 语句就会中断循环。通常,只有在不知道中断条件何时满足时才使用 break。只要 i 不能被 9 整除,continue 语句会使程序流程返回循环的最开头执行以使 i 值递增,直到能够整除,将值显示出来。在 while 循环中内部有一个 break 语句,可中止无限循环。除此以外,continue 语句可以移回循环至顶部,而不执行剩余的内容,所以只有在 i 值能被 6 整除时才打印出值。

```
public class BreakAndContinue {
    public static void main(String[] args) {
        for(int i = 0; i<100; i++) {
            if(i == 60) break;          //退出 for 循环
            if(i % 9 != 0) continue;     //进行下一次迭代
            System.out.println(i);
        }
        int i = 0;
        while(true) {
            i++;
            int j = i * 12;
            if(j == 144) break;          //退出 while 循环
```

```
if(i % 6 != 0) continue;        //不执行后面的代码重新而继续循环
System.out.println(i);
}
```

2.2.3 异常处理

异常是在程序运行过程中发生的异常事件,如除 0 溢出、数组越界、文件找不到等。

Java 通过面向对象的方法来处理异常。在一个方法的运行过程中,如果发生了异常,则这个方法生成代表该异常的一个对象,并把它交给运行时系统,运行时系统寻找相应的代码来处理这一异常。把生成异常对象并把它提交给运行时系统的过程称为抛弃(throw)一个异常。运行时系统在方法的调用栈中查找,从生成异常的方法开始进行回溯,直到找到包含相应异常处理的方法为止,这一个过程称为捕获(catch)一个异常。

Java 的异常处理是通过 5 个关键词来实现的: try、catch、throw、throws 和 finally。

在 Java 语言的错误处理结构由 try、catch、finally 三个块组成。其中 try 块存放将可能发生异常的 Java 语句,并管理相关的异常指针;catch 块紧跟在 try 块后面,用来激发被捕获的异常;finally 块包含清除程序没有释放的资源、句柄等。不管 try 块中的代码如何退出,都将执行 finally 块。

1. try-catch 块

为了防止和处理运行时的错误,可以采用 try 来指定一块需要监控的程序。在 try 程序块后面应该包含一个或多个 catch 子句来指定想要捕获的异常类型。try catch 的一般格式如下:

```
try {
    ……                         //要执行的语句
} catch (…){
    ……                         //要处理的异常
} catch (…){
    ……                         //要处理的异常
}
```

例如:

```
try {
    int a = 100/0;
    System.out.println("0 整除 100 了?");
} catch(Exception e){
    System.out.println(e.getMessage());
}
```

上述代码中 try 块中的 println 将永远不会被执行,因为在程序的第一句便会引发异常,程序控制由 try 块跳到了 catch 块,并且永远不会返回到 try 块,因此"0 整除 100 了?"将永远不会被打印。每当 Java 程序激发一个异常时,它实际上是激发了一个对象,而只有其超类为 Throwable 类的对象才能被激发。Throwable 类中提供了一些方法,如 getMessage()方法可以打印出异常所对应信息。

2. catch 块

catch 可以解决异常情况,把变量设到合理的状态,并像没有出错一样继续运行。如果一个子程序不处理每个异常,则可以返回到上一级处理,如此可以不断地递归向上直到最外一级。

3. finally 块

finally 关键字是对 Java 异常处理模型的最佳补充。finally 结构使代码总会执行,而不管有无异常发生。使用 finally 可以维护对象的内部状态,并可以清理非内存资源。finally 块必须与 try 或 try-catch 块配合使用。此外,不可能退出 try 块而不执行其 finally 块。如果 finally 块存在,则它总会执行。但是也有一种情况例外,有一种方法可以退出 try 块而不执行 finally 块,如果代码在 try 内部执行一条 System. exit(0); 语句,则应用程序终止而不会执行 finally 执行。

4. try-catch-finally 块

在实际工程开发中最好采用此结构处理异常。在 catch 中捕获异常,在 finally 块中清除不需要的资源,这样程序结构将会更完善、健壮。例如:

```
try {
    ……                        //要执行的语句
}
catch (…){
    ……                        //要处理的异常
}
finally {
    ……                        //清理要释放的资源
}
```

2.2.4　面向对象

《C++编程思想》(机械工业出版社,2004)的作者 Bruce Eckel 说过"一切皆对象"。在日常生活中会经常接触到对象这个概念,如桌子、书本、自行车、公交车等,这些都可以称之为对象。程序设计中对象的概念就是对现实事物进行抽象化,进而便于使用程序语言来解决现实生活中的问题。面向对象有 3 个特点:封装、继承和多态。对象通常包含 3 种特性,首先是行为(behavior),它表示这个对象能做什么,能完成什么样的功能;然后是状态(state),它表示对象所保持的一种特定属性的状态;最后是标识符(identity),通过标识符可以区别具有相同行为或类似状态的对象。

1. 类的含义

类是 Java 的核心和本质,是 Java 语言的基础,因此要掌握 Java 语言首先要掌握 Java 的类。类的定义实际上是定义了一种新的数据类型,通过类可以定义这个类类型的对象,因此类是对象的模板,而对象是类的一个实例。当定义一个类时,首先要准确地声明它的格式和属性。在类中,数据或者变量称为实例变量,代码包含在方法内部,定义在类中的方法和实例变量统称为类的成员。类的声明由 class 关键字、类的名字和一组大括号组成(﹛﹜)。例如声明一个 People 类,People 类包含 2 个实例变量 strName 和 strSex,4 个成员方法getName()、setName()、getSex()和 move()。代码如下:

```java
public class People {
    private String strName = "小李";
    private String strSex = "男";
    public static void main(String[] args) {
        People people_object;
        people_object = new People("female");
        people_object.setName("Jack");
    }
    public People (String sex){
        strSex = sex;
    }
    public String getName() {
        return strName;
    }
    public String getSex() {
        return strSex;
    }
    public void setName(String Name) {
        strName = Name;
    }
    public void move(){}
    Public void move(int step){}
}
```

2. 对象的实例化

在 Java 语言中,定义一个类便创建了一种新的数据类型,可以使用这种类型来声明该类型的对象。要获得一个类的对象首先要声明该类类型的一个变量,然后创建这个对象的实际物理备份,并把对这个对象的引用赋值给这个变量。这个过程是通过 new 运算符来实现的。在上例中,首先通过 People people_object 声明 people_object 是 People 类型的对象,使用关键字 new 将 People 类生成一个具体的对象,People 是新定义的一个类,然后通过语句 people_object = new People("female");实现 people_object 对象的实例化,并将这个实例与句柄(people_object)通过等号关联在一起。

3. 方法

方法定义为类中的行为,体现了类的特征。方法的定义方法如下:

```
type name(参数列表){
    //方法内部代码
    ......
}
```

其中,type 指定了方法的返回值类型。返回值类型可以是任何有效的类型。如果方法没有返回值,则返回值类型必须为 void。name 是方法名称,这里可以是任何合法的名称。参数列表是类型和标示符对,之间用逗号隔开。例如下面的代码定义了方法 setName(),其中 public 是方法的访问控制符,与类的访问控制符基本一样。string 为返回数据类型,不需要返回值时,可以使用 void 类型,但关键字 void 是必须要写,它代表没有返回值,如果不写 void,系统编译时会有错误报出。

```
public String getName() {
    return strName;
}
```

对象的方法,可以通过对象名加点号运算符来调用。调用 people_object 的 setName()方法可以使用语句 people_object. setName("Jack");,调用并传入了字符串类型的参数 Jack。

4. 构造函数

构造函数在对象创建的时候被自动调用,它的名字与它的类名字相同,语法与方法类似。简单地说,构造函数是同类名相同的特殊方法。构造函数与方法的不同之处是构造函数只能与关键字 new 一起使用。构造函数有如下特点。

(1) 构造函数与类名相同。

(2) 一个类可以有多个构造函数。

(3) 构造函数可以有 0 个、1 个或多个参数。

(4) 构造函数没有返回值,但不用写 void。

(5) 构造函数总是和 new 运算符一起被调用。

5. 类的属性

一个类可以有多个属性,体现了类当前的状态。属性由两个部分组成:属性头和存储器。存储器分为访问器和设置器两种。访问器是有 get 开头的一个成员方法,下列代码定义了 Name 的访问器 getName()。

```
public String getName() {
    return strName;
}
```

分析上述访问器代码,get 方法只是查看对象的状态,并没有改变对象的任何状态。所有的访问器都以 get 开头,返回的都是对象的某种状态。访问器的方法声明部分有返回值类型,但是没有参数,并且在方法体内有返回语句。因此,具有以上特点的方法,在 Java 中被称为访问器,只能访问对象的状态。设置器是修改对象的某种状态的方法,通常以 set 开头,设置器方法的返回类型为 void,也就是说没有任何返回值,并且方法声明最少有一个参数,同时方法体内肯定有赋值语句。下列代码定义了 Name 的设置器 setName()。

```
public void setName(String Name) {
    strName = Name;
}
```

通常情况下,设置器与访问器是成对出现的。只是对于一些受保护性字段,或者不想让使用者操纵的字段,只有访问器,而没有设置器,使得该变量为只读,从而实现了对数据的封装。

所谓封装,就是把数据和行为结合在一个块中,对于对象的使用者隐藏了数据的实现过程,对象的使用者只能通过特定的方法访问类的实例字段。一个特定的对象是类的一个实例,一个对象实例中的数据叫做对象的实例字段,操作实例字段的函数和过程称为方法。这个实例保持属于它本身的特定的值,这些值被称为对象的当前状态,任何想改变对象当前状态的动作必须通过调用对象的方法实现。对于封装,重点强调的是,绝不允许方法直接访问除了它自己的实例字段以外的其他的实例字段。程序只能通过对象的方法与对象的数据发生作用。那么在 Java 代码中使用访问器及设置器有什么意义? 简单地说就是实现数据的封装。例如下面的访问器:

```java
public String getSex() {
    return strSex;
}
```

对于字段 strSex,只有访问器,而没有设置器,因此 strSex 的值只能在构建 People 实例时被赋值,并且永远不能被修改。换句话说,对于 strSex 字段来说,它是"只读"的,这样就保证 strSex 字段永远不能被破坏。同样,对于 strSex 字段也是"只读"的。而对于 strName 字段并不是只读的,它可以通过并且只可以通过 setName 方法改变值。如果需要对它的值进行修改,只需要调用这个方法就可以了。如果这个字段是公开的,也就是说可以通过很多种方式改变这个字段的值,那么程序在运行过程中很容易出现不可预料的错误或不正确的值。

6. 访问控制符

在 Java 中访问控制主要有以下 4 个。

(1) public(公开):意味着它后面的内容被声明为适用于所有类使用。

(2) default(默认的):只能被同一个 Java 文件,或同一个包中的类访问。

(3) private (私有):是访问控制符中被访问范围最小的控制符,它是私有的。它意味着,除非是特定的类,并且只有从这个类的方法里才能访问到的,否则没有人能访问这个成员。

(4) protected(受保护):自身、子类及同一个包中类可以访问。

7. 继承

继承是指一个对象从另一个对象中获得属性的过程,是面向对象程序设计的三大原则之二,它支持按层次分类的概念。例如,波斯猫是猫的一种,猫又是哺乳动物的一种,哺乳动物又是动物的一种。如果不使用层次的概念,每个对象需要明确定义各自的全部特征。通过层次分类方式,一个对象只需要在它的类中定义使它成为唯一的各个属性,然后从父类中继承它的通用属性。正是由于继承机制,才使得一个对象可以成为一个通用类的一个特定实例。一个深度继承的子类将继承它在类层次中的每个祖先的所有属性。新类继承一般类的状态和行为,并根据需要增加它自己的新的状态和行为。由继承而得到的类称为子类,被继承的类称为父类、超类。Java 不支持多重继承,子类只能有一个父类。

在类的声明中,通过使用关键字 extends 来创建一个类的子类,例如把 Students 声明为 People 类的子类,那么 People 是 Students 的父类,声明方法如下:

```
class Students extends People{}
```

8. 多态

多态是指一个方法只能有一个名称,但可以有许多形态,也就是程序中可以定义多个同名的方法,用"一个接口,多个方法"来描述。可以通过方法的参数和类型引用,在 People 类中有两个同名的 move 方法,但是由于它们的参数不同,可以认为是不同的方法。如下所示两个除了参数不同其他完全相同的方法仍然认为是不同的方法。更多关于多态的内容请参考其他 Java 书籍,这里不做详细讲解。

```
public void move(){}
public void move(int step){}
```

2.3 Java 的优势

Java 凭借其在嵌入式开发中的独特优势,成为手机游戏开发者开发项目的首选语言。

1. Java 是完全面向对象的

在 Java 语言中除了很少的几个基本类型,所有数据都作为对象呈现。所有的 GUI 构建单元(窗口、按钮、文本输入框、滚动条、列表、菜单等)也都是对象。所有函数都和对象相关,并且称为方法,即使用于启动应用程序的主函数(Java 中称为主方法)也不再是孤立的,而是捆绑在类中的。

2. Java 是一种开放标准

Java 的所有内置库的源代码都可用于学习研究并作为设计自己的软件的基础。由于没有任何第三方制造商被 Java 排除在外,Java 很快被整个业界所接受。Sun 公司鼓励其他制造商采用 Java 标准并且允许制造商通过 Java 标准定制组织参与 Java 技术规范的改进,从而在他们的产品中整合 Java 能力。

3. Java 是免费的

由于 Sun 公司通过免费提供 Java 语言和开发应用程序必需的基本工具,所以不必担心软件授权的问题,并且降低了软件开发的成本,使得商业产品利益最大化。

2.4 本章小结

本章介绍了 Java 语言的不同版本特性,简要地讲解了 Java 语言的特点、语法结构以及面向对象的特性、流程的控制、异常的处理等。

习　题　2

1. Java 语言的体系结构包含哪几个部分？
2. 面向对象的程序设计的 3 大特征是什么？
3. 什么是继承？
4. Java 语言对象的可见性有哪些？
5. Java 语言的常量有哪些？
6. Java 语言的变量有哪些？
7. 什么是异常？
8. 为什么选择 Java 作为手机游戏开发语言？

第3章

J2ME及移动开发工具

开发 J2ME 手机游戏程序,通常要使用 WTK、Eclipse 等工具,因此配置开发环境是进行 J2ME 程序开发的第一步。本章将介绍 J2ME 开发环境 WTK 和 Eclipse 的安装和配置方法。

在本章,读者将学习到:

◇ J2ME 的体系结构;

◇ WTK 的开发环境;

◇ Eclipse 开发环境的配置方法;

◇ 简单的 J2ME 游戏开发过程。

3.1　J2ME 简介

J2ME(Java 2 Micro Edition)是 Java 2 的一个组成部分,它与 J2SE、J2EE 并称。根据 Sun 公司的定义:J2ME 是一种高度优化的 Java 运行环境,主要针对消费类电子设备,如蜂窝电话和可视电话、数字机顶盒、汽车导航系统等。

3.1.1　三层体系结构

J2ME 技术在 1999 年的 JavaOne Developer Conference 大会上正式推出,它将 Java 语言的与平台无关的特性移植到小型电子设备上,允许移动无线设备之间共享应用程序。J2ME 通过配置和简表来设置 Java 运行环境(JRE)。

J2ME 的体系分为 3 层,如图 3-1 所示。其中,最底层是操作系统(Operating System),可以是 Linux、Symbian 或者 PalmOS,这充分说明了 Java 语言的平台无关性;中间层是配置(Configuration),包含了基础运行环境,这个环境拥有运行 Java 程序的 Java 虚拟机;上层是简表(Profiles),是针对一系列设备提供的开发包集合,是给定配置上的一组 API 的集合;顶层

图 3-1　J2ME 的体系结构

是一些可选包,如蓝牙组件、红外组件等。

3.1.2 J2ME 配置、简表和规范

J2ME 是专门应用在微型设备当中的,但在微型设备中存在着巨大的差异。例如,一个典型的个人数据助理(PDA)有比移动电话大得多的屏幕、内存和更快的处理器。为了支持这些差异性,J2ME 引入了配置(Configuration)和简表(Profile)的概念。基本上来说,配置描绘了一组设备要求(内存和连接性等),而简表是在给定配置之上的 API,它为某一范围内的设备提供了特定的功能和能力。

1. 配制

配置(Configuration)定义了一个设计在一系列类似硬件上运行的 Java 平台。本质上,只是提供了一个 J2SE 的最小集。在配置中规定了所支持的 Java 语言特征、Java 虚拟机特征和所支持的基本 Java 类库和 API。目前,J2ME 定义了两种配置:将有稳定的电源供应、自用资源较少的设备划为分连接设备配置(Connected Device Configuration,CDC),如车载设备、机顶盒等;将使用电池供电、设备性能有限的设备划分为受限连接设备配置(Connected Limited Device Configuration,CLDC),如手机。图 3-2 所示的 CLDC 是 CDC 的一个子集,但是由于 CDC 和 CLDC 针对的设备不同,所以它们使用的虚拟机和核心类库也不相同,CDC 相对于 CLCD 所包含的库的范围要大一些。CDC 和 CLDC

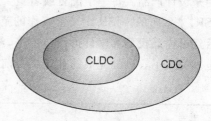

图 3-2 CDC 和 CLDC 关系图

所对应的虚拟机也有所不同,CDC 对应的 Java 虚拟机是 CVM,而 CLDC 对应的虚拟机为 KVM。由于 CDC 比 CLDC 所包含的类库要多,相应地,CVM 比 KVM 需要支持的类库也多一些。KVM 是一个专门为移动设备设计的 Java 虚拟机,主要应用于 CLDC 配置。如图 3-3 所示,JVM 虚拟机主要用于 J2EE 和 J2SE,CVM 主要用于 J2ME 的 CDC 配置,KVM 主要应用于 J2ME 的 CLDC 配置。之所以称之为 KVM 主要因为 KVM 的内用容量是 KB 级别的,K 这里是 kilo 的意思,KVM 实现的最小内存空间为 128KB,包括虚拟机、最小运行库和执行程序所需要的空间。

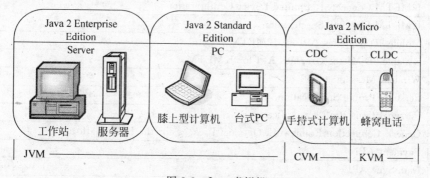

图 3-3 Java 虚拟机

2．简表

简表(Profile)是配置的扩展，它定义了开发人员在编写针对特定的设备类型时可以使用的库，是一个完整的运行环境。一个完整的 JRE 是由配置和简表组成的，使用哪种 JVM 是由配置决定的，而操作硬件设备的 API 是由简表来决定的。目前使用最为广泛的是移动信息设备简表(Mobile Information Device Profile，MIDP)，MIDP 扩展了 CLDC，它定义了用户界面组件、输入和事件处理、持久性存储以及联网和定时器的 API，这些都考虑到了在 CLDC 配置中移动设备的屏幕和内存的限制。

3．规范

规范(Specification) 是为了让软件可以运行在多种不同的平台中而制定的一套标准。因为所有的 J2ME 配置和概要都是作为 Java 社区过程(Java Community Process，JCP)来发展的，所以，JCP 把业界的领跑者聚集在一起，目的是制定一个通用的规范，这样它们就可以用来设计产品。每一个配置或者概要都是作为 Java 规范要求(Java Specification Request，JSR)来发布的。JSR 定义了工作的范围和覆盖的领域。这个规范由一个专家组来创建，然后经过内部投票和修订再发布出来，经过公众的检验和最后的修订，最终的草案产生，JSR 也就完成了。已经完成的并定义目前的 J2ME 配置和概要的 JSR 规范如表 3-1 所示。

表 3-1 J2ME 规范

编 号	规 范 名 称
213	Micro WSCI Framework for J2ME
214	Micro BPSS for J2ME Devices
180	SIP API for J2METM
190	Event Tracking API for J2ME
179	Location API for J2METM
172	J2METM Web Services Specification
177	Security and Trust Services API for J2METM
209	Advanced Graphics and User Interface Optional Package for the J2METM Platform
75	PDA Optional Packages for the J2METM Platform
37	Mobile Information Device Profile for the J2METM Platform
30	J2METM Connected, Limited Device Configuration
68	J2METM Platform Specification
184	Mobile 3D Graphics API for J2METM
226	Scalable 2D Vector Graphics API for J2METM
120	Wireless Messaging API
62	Personal Profile Specification
129	Personal Basis Profile Specification
197	Generic Connection Framework Optional Package for the J2SE Platform
229	Payment API
230	Data Sync API
246	Device Management API
118	Mobile Information Device Profile 2.0

编号	规 范 名 称
139	Connected Limited Device Configuration 1.1
169	JDBC Optional Package for CDC/Foundation Profile
195	Information Module Profile
228	Information Module Profile-Next Generation(IMP-NG)
238	Mobile Internationalization API
242	Digital Set Top Box Profile-"On Ramp to OCAP"
257	Contactless Communication API
211	Content Handler API
218	Connected Device Configuration(CDC) 1.1
219	Foundation Profile 1.1
266	Mobile Sensor API
302	Safety Critical JavaTM Technology
66	RMI Optional Package Specification Version 1.0
135	Mobile Media API

3.1.3 有限连接设备配置

CLDC 提供了一套标准的、面对小型设备的 Java 应用开发平台。2000 年 5 月，Java Community Process(JCP)公布了 CLDC 1.0 规范(即 JSR30)。作为第一个面对小型设备的 Java 应用开发规范，CLDC 是由包括 Nokia、Motorola 和 Siemens 在内的 18 家全球知名公司共同协商完成的。CLDC 是 J2ME 核心配置中的一个，可以支持一个或多个 Profile。其目标主要是面向小型的、网络连接速度慢、能源有限(主要是电池供电)且资源有限的设备，如手机、机顶盒、PDA 等。CLDC 的核心是虚拟机和核心类库。虚拟机运行在目标操作系统之上，对下层的硬件提供必要的兼容和支持，核心类库提供操作系统所需的最小的软件需求。

1. CLDC 的目标

CLDC 的设计目标是为小型的、资源受限的连接设备定义一个 Java 平台标准，并且可以允许目标设备动态地传递 Java 应用和内容，从而使 Java 开发人员能够轻松地在这些设备上进行应用开发。

2. CLDC 的整体需求

设计需求是在 CLDC 上开发的能够运行在绝大多数的小型的、资源受限的连接设备上，并且尽可能地不使用设备的本地系统软件(做到与平台、设备无关)，定义能应用在绝大多数上述设备上的最小子集的规范，保证在不同类型上述设备之间代码级的可移植性和互操作性。

3. CLDC 的硬件需求

由于 CLDC 要面向尽可能多的设备，而这些设备所使用的硬件又各不相同。因此，

CLDC规范中并没有指明需要某种硬件支持,只是对设备的最小内存进行了限制。CLDC规范中要求硬件必须有160KB的固定内存以供虚拟机和CLDC核心类库使用,至少有32KB的动态内存以供虚拟机运行时使用(堆栈等)。

这里所说的固定内存是指拥有写保护,不会因关机而抹去的ROM。对于具体设备的具体实现,这些需求也可能有变化。这里所规定的160KB是CLDC规范中的要求,实际上也可以是128KB左右。

4. CLDC 的软件需求

和硬件类似,CLDC上运行的软件也是多种多样的。例如,有些设备支持多进程操作系统或者支持文件系统;而有些功能极其有限的设备并不需要文件系统。对于这些不确定性,CLDC只定义了软件所必需的最小集合。CLDC规范中要求操作系统不需要支持多进程或是分址空间寻址,也不用考虑运行时的协调和延迟,但是必须提供至少一个可控制的实体来运行虚拟机。

在CLDC1.0版本中定义了以下功能。

(1) Java核心语言与Java虚拟机的特性。

(2) 核心Java类库。

(3) 输入/输出。

(4) 对网络的支持。

(5) 对安全性的支持。

(6) 对国际化的支持。

(7) CLDC不包含的功能。

(8) 对应用程序生命周期的管理。

(9) 用户界面。

(10) 事件处理。

(11) 高级应用程序模式(这里指用户与应用程序的交互)。

由于CLDC主要针对16位、32位主频在16MHz以上的处理器,设备内存只有512KB甚至更少,而目前Windows平台下运行的JVM需要的最小内存为16MB。因此,CLDC所使用的虚拟机和核心类库与J2SE的并不相同。CLDC核心类库与J2SE的主要区别如下。

(1) 不支持浮点数据类型(没有float和double)。因为很多使用CLDC的设备硬件都不支持浮点运算,而且处理浮点运算需要较大的内存。因此在CLDC 1.0中,并没有要求虚拟机支持浮点数据类型。

(2) 不支持JNI(the Java Native Interface)。CLDC不提供native code的支持,除了因为设备内存有限外,还出于安全性的考虑。因为CLDC中缺少完整的安全性模型,禁用了这些J2SE的特性可以使潜在的安全风险降到最低。

(3) 不支持以及用户自定义的Java级的类载入器(class loaders)。CLDC不允许用户自定义类载入器。按照CLDC规范的要求,类的载入是不能被覆盖、替换和修改的。与JNI类似,这些是出于安全方面的一些考虑。

(4) 不支持反射(reflection)。不支持java.lang.reflect包以及java.lang.Class中和reflection有关的函数,其目的主要是节省内存占用。

（5）不支持线程组（thread groups）或守护线程（daemon threads）。CLDC 提供了对线程和多线程的支持，但线程组和守护线程是不被允许的。每个线程都要生成独立的 Thread 对象来实现。如果应用程序想实现对一组线程的操作，则必须在应用程序的级别上自行实现多个 Thread 对象的控制，如使用 Hashtable 和 Vector 来存取多个 Thread 对象。

（6）不支持类实例（class instance）的终结（finalization）。CLDC 类库不包含 java. lang. Object. finalize()方法，因此类对象的终结是不支持的。对于应用 CLDC 的设备来说，对象终结相对于它所起的作用来说实现起来过于复杂，并不被需要。

（7）有限的错误处理（error handling）。在 J2SE 中定义了大量的类用来描述各种错误和异常，而 CLDC 仅仅包含有限的几个 J2SE 的核心类库，因此大部分 java. lang. Error 的子类都未支持，这包括异步异常。这是因为在嵌入式系统中，应用程序并不期望获得设备的出错处理机制；定义和运行出错处理需要较大的虚拟机的开销，而这些出错的代码信息对于连用户界面都没有的有限连接设备来说是没有用处的。

3.1.4 移动信息设备简表

MIDP（Mobile Information Device Profile，移动信息设备简表）为运行在 MIDP 容器中的 MIDlets 应用定义了一个 API，此 API 本身是建立在 CLDC API 之上的。

MIDP 用户接口 API 的 Java 类设计不是基于 Java Abstract Window Toolkit（AWT）类的，而是为移动电话和寻呼机等这类小型移动信息设备而特别设计的。这类设备只有有限的屏幕尺寸和键盘功能。当程序员采用 MIDP 编写图形界面时，它们只能使用 MIDP 或者 CLDC API。该组 API 的包名均以 javax. microedition 开头。MIDP 到目前为止发展到 2.0 版本，之前的版本为 1.0（MIDP 的第一个版本，也就是 MIDP 1.0）。在 MIDP 1.0 的实现中，要求必须支持如下几个包。

（1）javax. microedition. midlet——MIDlet 类包。

（2）javax. microedition. lcdui——界面类包。

（3）javax. microedition. rms——持久存储类包。

（4）另外还有 javax. microedition. io 包中的一部分类。

在 MIDP 第二个版本，也就是 MIDP 2.0 实现中，除了兼容 MIDP 1.0 的实现以外，不仅扩充了很多已有类的功能，还增加了以下几个包。

（1）javax. microedition. lcdui. game——Game API，MIDP 2.0 游戏变成扩展。

（2）javax. microedition. media——多媒体类包。

（3）javax. microedition. media. control——多媒体控制类包。

（4）javax. microedition. pki——数字签名类包。

MIDP 用户接口的基本抽象图形是屏幕。Screen 类对面向设备的图形和用户交互进行了封装。每次应用智能显示一个屏幕，而且只能浏览或者使用屏幕上的条目。图 3-4 给出了一个基于屏幕的 MIDP 图形用户接口 GUI 的例子。

下面对 MIDP 2.0 针对移动设备的特性进行详细介绍。相对于 MIDP 1.0，在 MIDP 2.0 版本中提供了对多媒体的支持，更加丰富的网络协议支持，针对游戏的 UI 的支持，OTA 以及安全性等方面的支持。在 MIDP 2.0 中，Game API 是一个非常重要的 API，它是专门为游戏开发而设计的。在 MIDP 1.0 中，开发人员必须自己定义一套图像类来获得更好的界

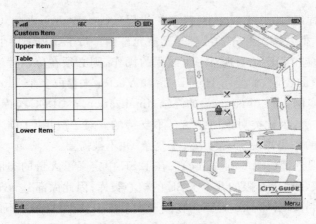

图 3-4　MIDP 应用界面

面和游戏性能。在 MIDP 2.0 中,新的 API 可以帮助开发人员完成这些工作,这个 API 的
结构如下。

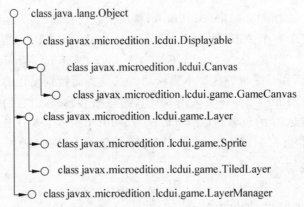

　　新的游戏 API 为游戏的开发提供专门的设计方法。在新的 API 中,游戏的界面由图层
组成,背景在一个图层上面,而游戏人物在另一个图层上面,游戏 API 分别控制不同的图
层。为了解决传统方法中控制游戏屏幕的滚动问题,新的 API 提出了观察窗口(view
window)的概念,这个窗口是可以看到的游戏场景,通过移动观察窗口便可以容易地移动和
定位。在上面的 API 结构中可以看到这个包中包含了 5 个新类,其中 GameCanvas 是提供
了游戏基本接口的抽象类,扩充了基本 Canvas 的功能,增加屏幕缓冲和得到游戏键盘状态
的功能。Layer 定义的是一个游戏的元素,其中 Sprite 和 TiledLayer 是它的子类。Sprite
是包含了若干帧图像的 Layer,所有的帧保存在 Image 对象中,并且可以通过其中的部分帧
来创建一个动画。在游戏过程中,Sprite 还具有碰撞检测的功能,通过碰撞检测可以检测它
是否和其他的 Sprite 或者 TiledLayer 有重合碰撞。TiledLayer 类似于 Sprite,但是
TileLayer 主要应用于创建背景。LayerManager 则负责管理所有的 Layer 对象并按照指定
的顺序位置来绘制它们。

　　在 MIDP 2.0 中还增加了对声音的支持,以前包含在 Mobile Media API(MMAPI)中的
一些类,现在已经包含在 MIDP 中,这使开发者开发程序时不一定要依赖于 MMAPI 包。
对通信协议的支持也是 MIDP 2.0 的一大改进,例如对 HTTP 协议的支持,在 MIDP 1.0 中仅支持 HTTP,而 MIDP 2.0 则增加了对 HTTPS 的支持,并且对于服务器 Push 体系的支持使手机可以收到来自服务器的消息广播。

3.1.5　MIDlet

一个建立在 CLDC 和 MIDP 之上的 Java 应用程序称为 MIDlet。一个 MIDlet 套件由打包在一个 JAR 中的一个或者多个 MIDlet 所构成。每个 MIDlet 应用都必须包含 3 个函数:startApp()、pauseApp()和 destroyApp()。因为这 3 个函数是在 MIDLet 状态转换中完成的,如图 3-5 所示,应用程序创建时进入的状态是 Paused(暂停)状态,启动时直接调用 startApp()函数,此时状态变成了 Active(活动状态),应用的暂停会重新调用 pauseApp()。需要注意的是,startApp()函数不仅仅是程序启动的时候才会调用,恢复暂停的时候也会执行 startApp()函数。不论是暂停状态还是活动状态,当退出应用程序的时候会自动调用 destroyApp()函数,此时程序状态为 Destroyed,应用关闭。

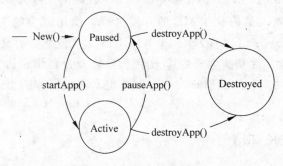

图 3-5　MIDlet 的状态图

一个 MIDlet 套件将包含 JAR 文件和 JAD 文件。在 JAR 文件中通常会包含一个清单文件(manifest.mf),其属性描述如表 3-2 所示。清单文件是一个以 mf 为扩展名的纯文本文件,其中包含了对 JAR 文件的描述,文件中是以冒号分割的值对组,冒号前面是属性名,后面是对应的值。

表 3-2　清单文件属性值

属　　性	描　　述
必选属性	
MIDlet-Name	MIDlet 包的名字
MIDlet-Version	MIDlet 包的版本号
MIDlet-Vendor	应用的所有者/开发者
MIDlet-\<n\>	包中每一个 MIDlet 的名称、图标文件、类。例如: MIDlet-1——SuperGame,/supergame.png,com.your.SuperGame MIDlet-2——PowerGame,/powergame.png,com.your.PowerGame
MicroEdition-Profile	运行包中 MIDlet 需要的描述文件的名字。值要同系统属性 microedition.profile 完全相同。对于 MIDP 版本 1 使用 MIDP 1.0
MicroEdition-Configuration	运行包中 MIDlet 需要的配置的名字。使用系统属性 microedition.configuration 中包含的属性,如 CLDC 1.0

续表

属　性	描　述
可选属性	
MIDlet-Icon	作为标识该 MIDlet 包的图标的 PNG 图像文件的名称
MIDlet-Description	向潜在用户介绍这个包的描述性的文字
MIDlet-Info-URL	包中详细信息的 URL
MIDlet-Jar-URL	下载 JAR 的 URL
MIDlet-Jar-Size	以字节计算的 JAR 文件大小
MIDlet-Data-Size	MIDlet 需要的最小非易失性内存(持久存储),默认值为零

3.2　J2ME Wireless Toolkit

WTK 的全称是 Sun J2ME Wireless Toolkit——Sun 的无线开发工具包。这一工具包的设计目的是帮助开发人员简化 J2ME 的开发过程。使用其中的工具可以开发与 Java Technology for the Wireless Industry (JTWI,JSR 185) 规范兼容的设备上运行的 J2ME 应用程序。该工具箱包含了完整的生成工具、实用程序以及设备仿真器。到目前为止可以获取 4 个版本,分别是 1.0.4、2.0、2.1 和 2.2。每个版本都包括英语、日语、简体中文和繁体中文 4 个语种包。

3.2.1　建立 JDK 环境

进行 J2ME 编程第一步就是安装 JDK(Java Development Kit)。JDK 是 Sun Microsystems 针对 Java 开发的产品。自从 Java 推出以来,JDK 已经成为使用最广泛的 Java SDK(Software Development Kit)。

以在 Windows 环境下安装 JDK 为例,首先要下载安装文件,这里要下载的是 Sun 公司的 J2SE Development Kits,网址为 http://java. sun. com/javase/downloads/index. jsp,图 3-6 是 J2SE 5.0 下载页面,截止到目前为止,JDK 的最高版本为 1.6.0,这里假设使用 Window 操作系统作为操作平台,所以下载时选择 Windows Multi-language。

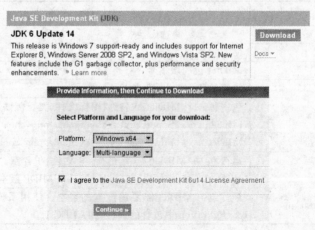

图 3-6　JDK 的下载界面

下载后是一个 jdk-6u13-windows-x64.exe 可执行文件，下载完毕，运行安装文件，根据安装向导进行配置安装。安装向导界面如图 3-7 所示，只需要单击"下一步"按钮即可。

图 3-7　JDK 安装界面

安装成功后需要配置系统的环境变量。右击"我的电脑"图标，在弹出的快捷菜单中选择"属性"命令，弹出"系统属性"对话框，打开"高级"选项卡，单击"环境变量"按钮，如图 3-8 所示。

在弹出的"环境变量"对话框中单击"新建"按钮，在弹出的"新建系统变量"对话框中的"变量名"文本框中输入"JAVA_HOME"，在"变量值"文本框中输入 JDK 安装路径"C:\ProgramFiles\Java\jdk1.6.0_13"，如图 3-9 所示。

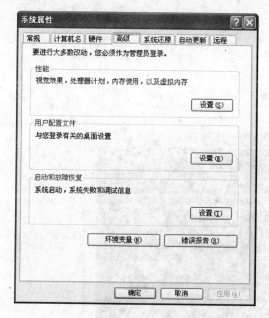

图 3-8　设置 JDK 环境变量

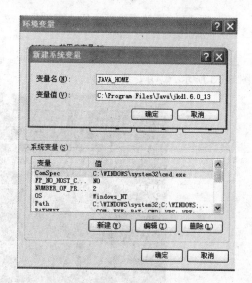

图 3-9　新建系统变量 JAVA_HOME

单击"确定"按钮返回"环境变量"对话框，在"系统变量"选项区域选中 Path 选项，单击"编辑"按钮，弹出"编辑系统变量"对话框，添加变量值"%JAVA_HOME%\bin;%JAVA_HOME%\jre\bin"（其中"%JAVA_HOME%"指的是刚才设置的 JAVA_HOME 的值），如

图 3-10 所示。

单击"确定"按钮返回"环境变量"对话框,单击"新建"按钮,在弹出的"新建系统变量"对话框中的"变量名"文本框中输入"CLASSPATH",在"变量值"文本框中输入 JDK 的安装路径".;％JAVA_HOME%\lib\dt.jar;％JAVA_HOME%\lib\tools.jar",如图 3-11 所示。

图 3-10　添加系统变量 Path

配置完成后验证安装是否成功,选择"开始"→"运行"命令,在弹出的"运行"对话框中输入 cmd 命令,如图 3-12 所示。

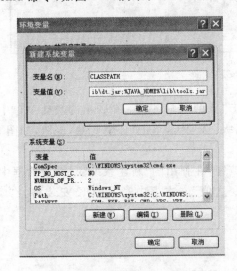

图 3-11　新建系统变量 CLASSPATH

图 3-12　"运行"对话框

单击"确定"按钮,打开命令提示符窗口,输入命令 java-version,出现 JDK 版本信息,如图 3-13 所示,说明安装成功。

图 3-13　Windows 提示符

在 JDK 的安装目录下有 2 个文件夹和若干文件,如图 3-14 所示。bin 目录提供的是 JDK 的工具程序,包括 javac、java、javadoc、appletviewer 等程序。lib 目录包含的是程序实际上会使用的 Java 类(例如 javac 工具程序实际上会去使用 tools. jar 中的 com/sun/tools/javac/Main 类)。

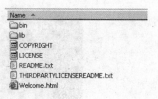

图 3-14　JDK 安装目录

3.2.2　安装 WTK

WTK(J2METM Wireless Toolkit)是一组用于创建 MIDP 应用程序的工具。该工具集包含一个工具包用户界面,可以自动执行创建 MIDP 应用程序所涉及的多项任务;还包括一个仿真器,该仿真器为一部模拟移动电话,可用于测试 MIDP 应用程序。实用程序集提供了其他有用的功能,包括文本消息传送控制台和加密实用程序。

WTK 的官方网站 http://java. sun. com/products/sjwtoolkit/download. html 提供 WTK 的免费下载,当前最新版本是 2.5,系统要求使用 WTK2.5 至少需要 100MB 可用硬盘空间,128MB 系统 RAM 和 800MHz Pentium III CPU。下载到的文件是一个可执行程序,运行该程序便可以进行 WTK 的安装。操作步骤如下。

(1) WTK 安装程序的欢迎界面,如图 3-15 所示。可以直接单击"下一步"按钮。

图 3-15　WTK 安装向导

(2) WTK 的许可协议。直接单击"接受"按钮进入到下一步,安装 WTK 需要有 Java 运行环境的支持,所以在安装的过程中需要设定 JDK 的路径,在 3.2.1 中已经建立了 JDK 的环境,所以在这一步中系统显示了当前默认的 JDK 所在的路径,如图 3-16 所示。注意,如果系统当中存在不同版本的 JDK,也可以单击"浏览"按钮人工将默认的 JDK 路径更改为其他版本的路径。

(3) 选择一个目标文件夹,如图 3-17 所示,在这里使用默认的位置即可,单击"下一步"按钮。

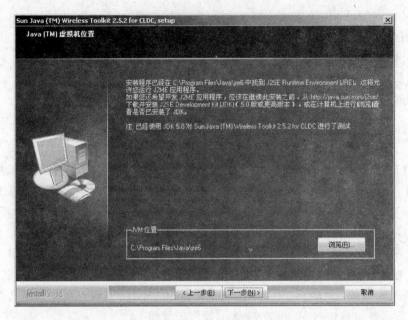

图 3-16　JDK 路径

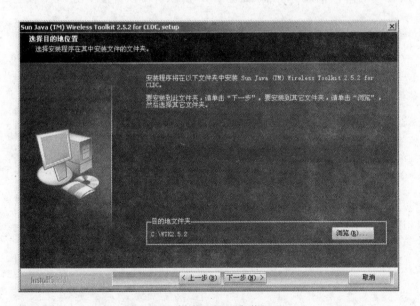

图 3-17　选择 WTK 安装目录

（4）选择程序文件夹。这里是"开始"菜单"程序"文件夹中的默认名称，使用默认即可，单击"下一步"按钮，系统进入安装过程，复制相关的文件，直到安装成功，此时需要等待。安装成功后在程序菜单中会增加 J2ME WTK 的菜单，如图 3-18 所示。

WTK 提供了非常人性化的功能，产品自动更新功能为用户提供了实时版本自动更新的功能，在系统联网的状态下，软件会自动查找版本的更新，并提示用户进行版本的自动升级。通常一个软件的开发环境是在设计软件之初就确定下来的，自动升级可能对现有代码的兼容性带来一些问题，所以有时候不需要环境的自动更新，取消检查产品更新的选项即可。

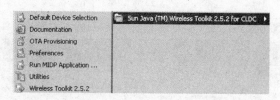

图 3-18 WTK 菜单

3.2.3 WTK 界面和应用

下面通过使用 WTK 来建立一个经典的 Hello World 程序。在 WTK 的 bin 目录中运行 KToolbar.exe，打开 WTK 主界面。使用 KToolbar 可以做简单的程序开发，双击 KToolbar.exe 可以运行 KToolbar 程序，KToolbar 具有 Windows 窗口界面，如图 3-19 所示。

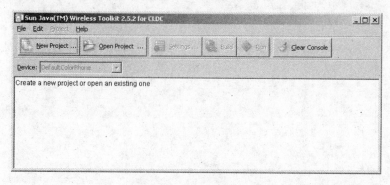

图 3-19 KToolbar 界面

在这个窗口中有 6 个按钮，分别为：New Project（创建新工程）、Open Project（打开工程文件）、Settings（设置 JAD 的属性）、Build（编译生成程序）、Run（运行编译后的程序）、Clear Console（清空控制台的内容）。

WTK 将 MIDlet 应用程序组织为工程（project），一个工程中包含 MIDlet 的源程序、资源文件和二进制文件以及相关的 JAD 和清单文件，因此开发程序之前首先要创建工程，单击 New Project 按钮，弹出 New Project 对话框，在这个对话框中分别输入项目的名字和类名，这里暂且输入 HelloWorld 作为项目名和类名，如图 3-20 所示。

单击 Create Project 按钮，将会弹出图 3-21 所示的对话框，这个对话框显示的是该工程的详细信息，在这里可以选择目标平台、CLDC 配置详细信息、相关权限、可选包和一些其他选项，在 HelloWorld 项目中

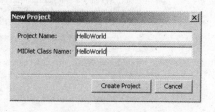

图 3-20 创建新项目

暂且不做任何更改，直接单击 OK 按钮，然后如果主界面控制台上显示了 HelloWorld 的信息则表示项目创建成功，如图 3-22 所示。在控制台输入中输出了新创建项目的源程序、资源文件和库文件的位置。

打开项目所在目录，可以看到 HelloWorld 项目的目录结构如图 3-23(a) 所示，在项目编译后会出现 tmpclasses 和 tmplib 两个新的文件夹，如图 3-23(b) 所示，表 3-3 给出了每个文件夹所包含的内容。

图 3-21　项目配置信息

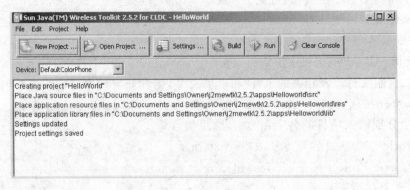

图 3-22　项目控制台

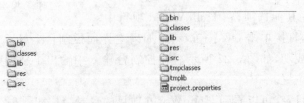

(a) 编译前的目录结构　　　　　(b) 编译后的目录结构

图 3-23　HelloWorld 工程目录

表 3-3　WTK 项目目录结构

目　　录	说　　　　明	目　　录	说　　　　明
bin	编译后的文件 JAR、JAD 和 manifest 文件	src	程序源文件
classes	编译后临时生成的类文件	tmpclasses	编译后生成的临时目录
lib	所包含的外部类库文件	tmplib	编译后生成的临时目录存放临时的类库文件
res	包含的图片数据声音等外部资源文件		

下面编写 HelloWorld 的 MIDlet。WTK 下的程序编写需要借助于第三方的文本编辑器,在这里可以使用"记事本"或者 Editplus 等文本编辑器。HelloWorld 的代码如下,将编写好的代码保存在项目的 src 目录下,名字为 HelloWorld,扩展名为.java。

```java
import javax.microedition.lcdui.Display;
import javax.microedition.lcdui.Form;
import javax.microedition.midlet.MIDlet;
import javax.microedition.midlet.MIDletStateChangeException;
public class HelloWorld extends MIDlet {
        public HelloWorld() {
                System.out.println("Hello World");
        }
        protected void destroyApp(boolean arg0) throws MIDletStateChangeException {
        }
        protected void pauseApp() {
        }
        protected void startApp() throws MIDletStateChangeException {
                Display dis = Display.getDisplay(this);
                Form f = new Form("Hello World");
                f.append("hello world");
                dis.setCurrent(f);
        }
}
```

此时,使用 KToolbar 编译刚刚写好的代码,单击 Build 按钮对项目进行编译,编译时控制台会输出一些编译信息。编译成功后可以使用模拟器来运行刚才编译后的文件,在 Device 下拉列表框中可以选择一个 WTK 自带的模拟器来运行,这里使用默认的 DefaultColorPhone 即可,单击 Run 按钮便可以看到模拟器运行的情况运行界面,如图 3-24 所示。

图 3-24　HelloWorld 运行界面

3.2.4　模拟器的定制和使用

由于每个手机厂商生产的不同型号手机的屏幕大小、硬件环境不同,导致手机游戏不能同时运行在不同的机器上,因此在开发过程中需要在不同厂商的模拟器上进行测试。很多手机厂商都提供了自己的 WTK,表 3-4 列出了一些常见的 WTK 版本以及官方的下载地址。下载后的安装方法非常简单。下载后的模拟器是一个压缩文件,首先要将这个文件解压缩,解压后的文件会有一个模拟器的图片和一个扩展名为.properties 的文件,把这个文件放到\WTK\wtklib\device\的目录下,重新启动 KToolbar,在设备(Device)下拉列表框中会出现新添加的模拟器。

表 3-4　模拟器列表

手 机 品 牌	下 载 地 址
Nokia	http://forum.nokia.com
SonyEricsson	http://www.sonyericsson.com
Sony Clie	http://www.cliedeveloper.com/top.html
Motorola	http://www.motocoder.com
Nextel	http://developer.nextel.com
RIM	http://www.blackberry.net/developers/na/index.shtml
Siemens	http://www.siemens-mobile.com
SprintPCS	http://developer.sprintpcs.com/adp/index.do
Palm	http://www.palmsource.com/developers/
Symbian	http://www.symbian.com
BellMobility	http://www.developer.bellmobility.ca/

　　WTK 提供了对模拟器进行定制的功能,在 J2ME Wireless Toolkit 的菜单中选择 Preferences 命令,会出现图 3-25 所示的界面,在这里可以设置模拟器的网络连接方式、模拟器的性能、永久存储和堆栈、监视程序执行的情况等。

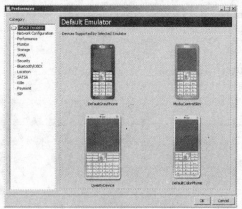

(a) 默认模拟器

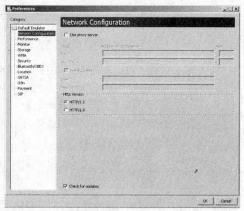

(b) 模拟器网络设置

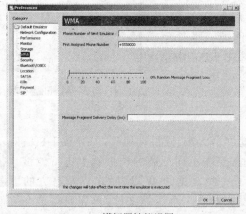

(c) 模拟器性能设置

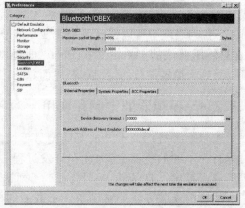

(d) 模拟器蓝牙模块设置

图 3-25　模拟器设置界面

3.2.5 WTK 目录结构

WTK 的安装目录是安装程序的目录而不是 WTK 项目的目录,如表 3-5 所示。在目录中通常会有图 3-26 所示的文件结构。

Name ▲	Size	Type
apps		File Folder
bin		File Folder
docs		File Folder
j2mewtk_template		File Folder
lib		File Folder
sessions		File Folder
wtklib		File Folder
index.html	6 KB	HTML Document

图 3-26 WTK 目录结构

表 3-5 WTK 目录结构

目 录	描 述	目 录	描 述
apps	WTK 自带的 demo 程序	lib	J2ME 程序库,Jar 包与控制文件
bin	J2ME 开发工具执行文件	session	性能监控保存信息
docs	各种帮助与说明文件	wtklib	WTK 主程序与模拟器

3.3 开 发 环 境

尽管 WTK 提供了开发 J2ME 程序的简单工具,但是对于开发大型的游戏项目还是显得有些"笨拙",高效的开发工具可以大幅提高开发效率。

3.3.1 开发工具的选择

开发 J2ME 程序不需要特殊的开发工具,仅仅使用"记事本"便可以进行代码的编辑,但为了提高开发的效率,需要选择一个 IDE 环境,常见开发 J2ME 的 IDE 有 Jbuilder、Eclipse、netBeans、Jcreator 等,它们具有不同的特点。Jcreator 作为学习使用还可以,但是在实际工作中功能有点单一,而 Jbuilder、Eclipse、netBeans 在工作中使用较多。目前 Eclipse 的市场份额最大,使用的人数最多,因此选取 Eclipse 作为 J2ME 的开发工具。

Eclipse 是一个开放源代码的、基于 Java 的整合型可扩展开发平台,也是目前最著名的开源项目之一。IBM 公司在最近几年里也一直在大力支持该项目的发展,目标是将其做成用以替代 IBM Visual Age for Java(IVJ)的下一代 IDE 开发环境。就其本身而言,它并不能开发什么程序,仅仅是一个框架和一组服务,用于通过插件组件构建开发环境。

目前,Eclipse 已经提供 C 语言开发的功能插件。由于 Eclipse 是一个开放源代码的项目,因此任何人都可以下载 Eclipse 的源代码,并且在此基础上开发自己的功能插件。也就是说,只要有需要,就会有建立在 Eclipse 之上的任何语言的开发插件出现,同时可以通过开发新的插件扩展现有插件的功能。因此,只要用 Eclipse 配合相应的插件就可以进行手机程序的开发。

2009 年 3 月 10 日,Eclipse 基金会宣布它们希望让多平台应用程序开发者的工作变得简单,并即将启动一项多供应商、多平台的开发工具项目。该平台叫做 Pulsar,将支持 JavaME、JavaScript 和 CSS 等移动网络技术,还将支持移动操作系统环境。这并不是一个 "书写一次、到处执行(Write once,play everywhere)"的解决方案,但是它会建立一个通用 的工具,以此来简化移动应用程序的开发。举例来说,开发者无须再为各种不同的移动平台 而下载不同的 SDK。

3.3.2　Eclipse 的安装与汉化

首先从 http://www. eclipse. org/downloads/上下载 Pulsar for Mobile Java Developers (112MB),解压安装文件。

1. Eclipse 的安装

安装 Eclipse 的第一步便是安装 JDK,在 3.3.2 节已经安装好了 JDK 环境,所以可以直接 进入到下一步。Eclipse 的安装非常简单,下载到的 Eclipse 文件是一个 zip 压缩文件,这里只需 要将这个 zip 压缩包解压缩到需要安装的目录,如图 3-27 所示。在目录中会有一个 eclipse. exe 的可执行文件(注意不是 eclipsec. exe)。在桌面或者在快速启动区建立一个 eclipse 的快捷方 式,便于日后启动。如果不需要汉化,直接双击 eclipse. exe 就可以启动 Eclipse。

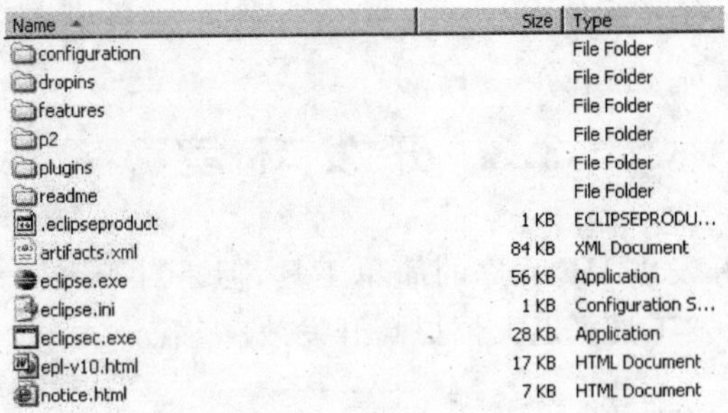

Name ▲	Size	Type
configuration		File Folder
dropins		File Folder
features		File Folder
p2		File Folder
plugins		File Folder
readme		File Folder
.eclipseproduct	1 KB	ECLIPSEPRODU...
artifacts.xml	84 KB	XML Document
eclipse.exe	56 KB	Application
eclipse.ini	1 KB	Configuration S...
eclipsec.exe	28 KB	Application
epl-v10.html	17 KB	HTML Document
notice.html	7 KB	HTML Document

图 3-27　Eclipse 目录结构

2. Eclipse 的汉化

Eclipse 可以通过加载语言包的方式进行程序的汉化。由于基于 Eclipse 的项目很多并 且版本众多,下载的时候要确认好。语言包可以从网站上下载,将下载的压缩包解压缩到 Eclipse 的安装目录即可。语言包的下载地址为 http://download. eclipse. org/。

3.3.3　配置 Eclipse

由于 Eclipse-Pulsar 已经配置了 J2ME 的开发环境,这里只需要进行 WTK 的绑定便可 完成 Eclipse 的配置。

在 Eclipse 的界面中选择 Project→Properties 命令,单击左侧的 Java ME,在右边的窗 口会出现当前的模拟器配置情况,如图 3-28 所示。在 Configurations 选项区域中会列出当 前已经加载的模拟器,如果是空白就需要添加模拟器。单击右侧的 Add 按钮会弹出一个新 的对话框,如图 3-29 所示。单击 Manage Devices 按钮,进入模拟设备对话框界面(如图 3-30 所示)。在没有配置过设备的情况下这里的设备列表应该是空白的,通过导入新的设备来完成添加,单击 Import 按钮,系统弹出导入设备对话框(如图 3-31 所示),这里需要单击 Browse 按钮来选择 WTK 所在的目录(如图 3-32 所示),系统自动搜索可以导入的所有设备,然后列在 Devices 列表中,最后选择需要导入的设备即可。默认 WTK 会提供 4 种设备供导入,选择其中一种作为默认设备。至此 Eclipse 下的 J2ME 开发环境配置完成。

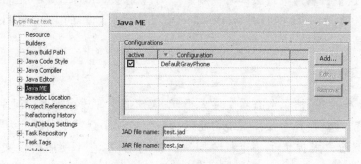

图 3-28　配置 Java ME

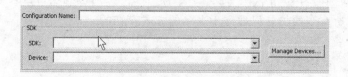

图 3-29　添加新模拟器

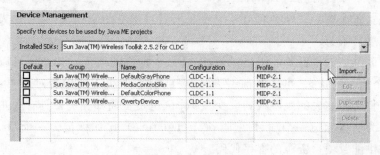

图 3-30　设备管理界面

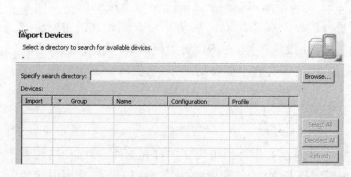

图 3-31　导入新设备

图 3-32　选择 WTK 目录

3.3.4　开发环境的界面

第一次执行 Eclipse 时，会在 Eclipse 目录下建立一个 workspace 目录，根据预设，所有的工作都会存在此目录。若要备份工作目录，只要备份这个目录即可。若要升级至新版的 Eclipse，只要将这个目录拷贝过去即可。用新版时应注意 release notes 是否支持前一版的 workspace；若不支持，只要将旧的 workspace 子目录拷贝到新的 Eclipse 目录即可。所有的设定都会保留。

1. 项目与资料夹

若要手动操作文件、拷贝或查看文件大小，就应知道文件放在哪里。但原生文件系统会随操作系统而变，这对在各个操作系统均需运作一致的程序会发生问题。为了解决此问题，Eclipse 在文件系统之上提供了一个抽象层级。换句话说，它不使用内含文件的阶层式目录/子目录结构，反之，Eclipse 在最高层级使用"项目"，并在项目之下使用文件夹。根据预设，"项目"对应到 workspace 目录下的子目录，而"文件夹"对应到项目目录下的子目录。在 Eclipse 项目内的所有东西均是以独立于平台的方式存在的。

2. 工作区

工作区（workspace）负责管理使用者的资源，这些资源会被组织成一个（或多个）项目，摆在最上层。每个项目对应到 Eclipse 工作区目录下的一个子目录。每个项目可包含多个文件和文件夹；通常每个文件夹对应到一个在项目目录下的子目录，但文件夹也可连到文件系统中的任意目录。

每个工作区维护一个低阶的历史纪录，记录每个资源的改变。如此便可以立刻复原改变，回到前一个储存的状态，可能是前一天或是几天前，取决于使用者对历史纪录的设定。此历史纪录可将资源丧失的风险减到最少。工作区也负责通知相关工具有关工作区资源的改变。工具可为项目标记一个项目性质（project nature），比如标记为一个"Java 项目"，并可在必要时提供配置项目资源的程序代码。

3. 工作台

Eclipse 的工作台（workbench）如图 3-33 所示，这是操作 Eclipse 时会碰到的基本图形接口，工作台是 Eclipse 之中仅次于平台核心最基本的组件，启动 Eclipse 后出现的主要窗口就是这个。workbench 的工作很简单，即让操作转移，它不负责如何编辑、执行、除错，它负责如何找到项目与资源（如文件与文件夹）。若有它不能做的工作，它就转给其他组件。工作区和工作台的关系如图 3-34 所示。

4. 编辑器

编辑器（editor）是很特殊的窗口，会出现在工作台的中央。当打开文件、程序代码或其他资源时，Eclipse 会选择最适当的编辑器打开文件。若是纯文字文件，Eclipse 就用内建的文字编辑器打开，如图 3-35 所示；若是 Java 程序代码，就用 JDT 的 Java 编辑器打开，如

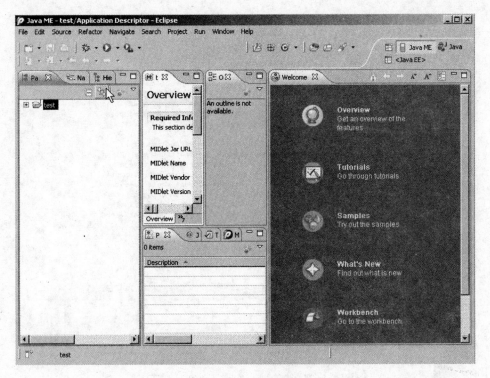

图 3-33　Eclipse 界面

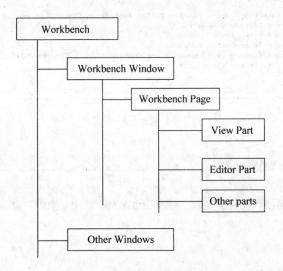

图 3-34　工作台和工作区的关系图

图 3-36 所示。在 Windows 中,工作台会试图启动现有的编辑器,如 OLE(Object Linking and Embedding)文件编辑器。比方说,如果机器中安装了 Microsoft Word,编辑 DOC 档案会直接在工作台内开启 Microsoft Word,如图 3-37 所示。如果没有安装 Microsoft Word,就会开启 Word Pad。如果标签左侧出现星号(＊),就表示编辑器有未储存的变更。如果试图关闭编辑器或结束工作台,但没有储存变更,就会出现储存编辑器变更的提示。

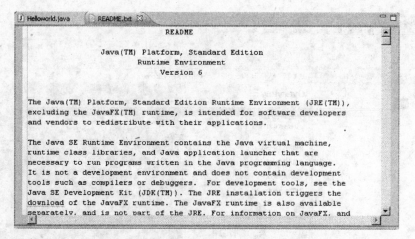

图 3-35　打开 txt 文件

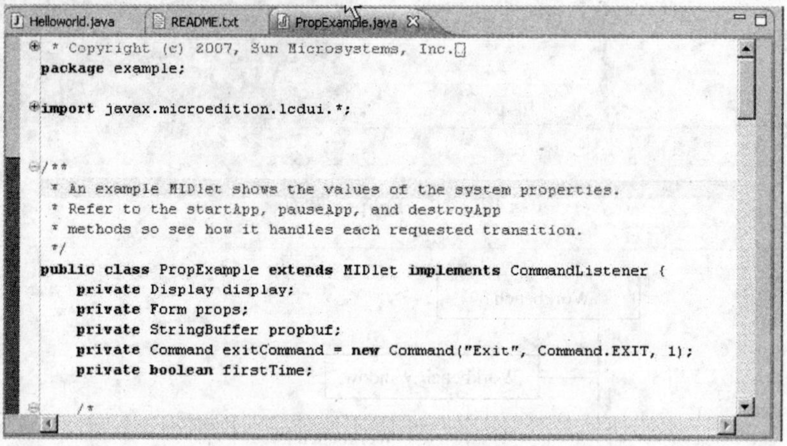

图 3-36　打开 Java 文件

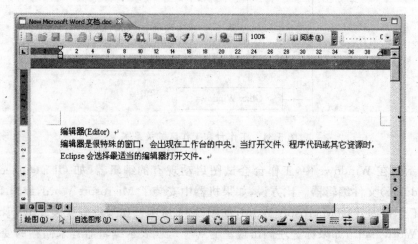

图 3-37　内置 OLE 打开 Microsoft Word 文件

3.4 开发第一个 J2ME 程序

MIDP 的应用程序称为 MIDlet,编写一个 MIDlet 非常简单,下面利用 Eclipse 开发第一个 MIDlet——"贪吃蛇"游戏。

3.4.1 编写代码

无论是单色屏时代的手机还是现在的智能手机,"贪吃蛇"游戏都是常被内置的经典游戏之一,因此,这里以"贪吃蛇"游戏作为要创建的第一款游戏。

首先在 Eclipse 中建立一个项目,选择 File→New→Other 命令,如图 3-38 所示。

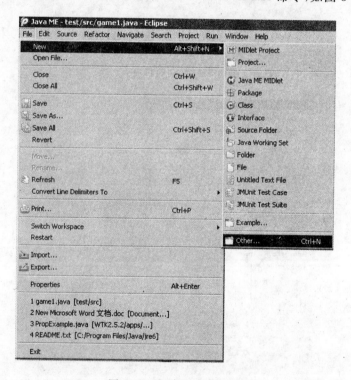

图 3-38 新建 MIDP 项目

弹出一个对话框,如图 3-39 所示。展开 Java ME 文件夹,里面会有两个选项 Java Me MIDlet 和 MIDlet Project。由于需要先建立项目,所以选择 MIDlet Project,然后单击 Next 按钮。

下一步是项目属性的配置对话框,如图 3-40 所示。在这里只需要填入项目的名字即可(Name),其他的保持默认。如果名字是合法的,那么 Finish 按钮会变成可用状态,单击 Finish 按钮就完成了项目的创建。

刚才创建了项目 MIDlet1,那么在项目栏中便出现了一个虚拟目录,如表 3-6 所示。目录结构如图 3-41 所示,里面有一些文件和文件夹,这些是系统自动生成的。

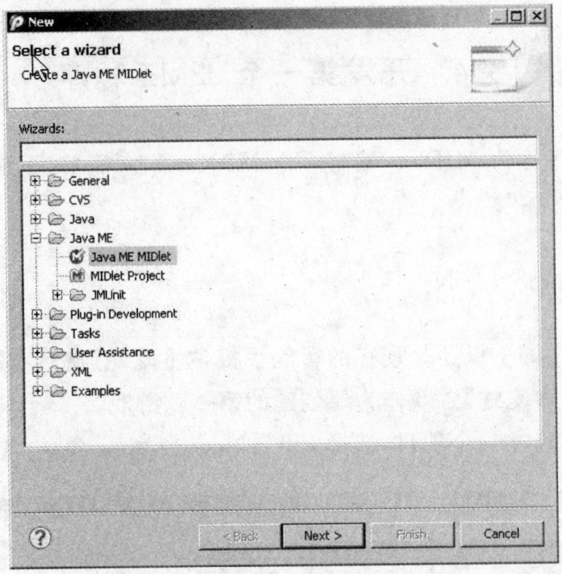

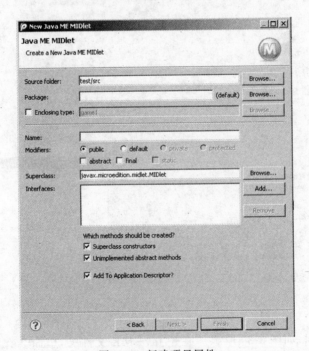

图 3-39　新建项目向导

图 3-40　新建项目属性

表 3-6 Eclipse 项目目录

目　　　录	描　　　述
src	项目的源代码目录
res	项目用到的资源目录
javaME library	用于移动开发的类库
Application Descriptor	项目的属性，双击属性在编辑窗口会显示出这个项目的属性
build. properties	项目编译属性文件，Eclipse 会自动管理这个文件

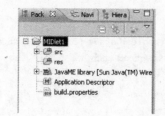

图 3-41　新建 MIDP 项目目录结构

接下来选中项目，然后右击，在弹出的快捷菜单中选择 New→Other 命令，同样会弹出新建项目对话框，这次在对话框中选择 Java ME MIDlet 选项，然后在弹出的对话框中输入要新建 MIDlet 的名称，这里输入 Minesweeper，单击 Finish 按钮。如图 3-42 所示，系统会自动生成一个名称为 Minesweeper 的类文件，并且自动生成一部分代码。

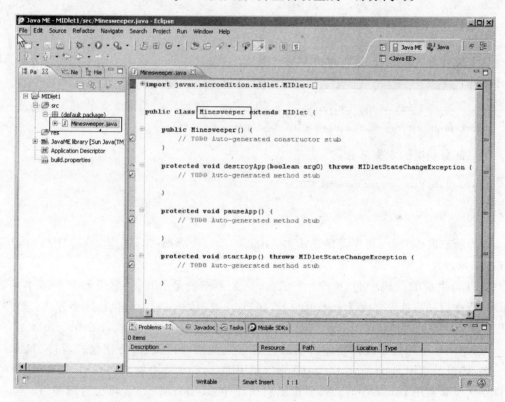

图 3-42　Minesweeper 文件

下面是系统自动生成的代码。

```
import javax.microedition.midlet.MIDlet;
import javax.microedition.midlet.MIDletStateChangeException;

public class Minesweeper extends MIDlet {

    public Minesweeper() {
        //TODO Auto-generated constructor stub
```

```
    }

    protected void destroyApp(boolean arg0) throws MIDletStateChangeException {
        //TODO Auto - generated method stub

    }

    protected void pauseApp() {
        //TODO Auto - generated method stub

    }

    protected void startApp() throws MIDletStateChangeException {
        //TODO Auto - generated method stub

    }
}
```

整个类分为两个部分,第一部分是导入基本类包,其中下面这两个类包是 MIDlet 程序所必需的:

```
import javax.microedition.midlet.MIDlet;
import javax.microedition.midlet.MIDletStateChangeException;
```

第二部分是类的定义部分:

```
public class Minesweeper extends MIDlet {
    ......
}
```

因为所有的 MIDlet 程序必须继承自 MIDlet,所以代码第一行便定义了 MIDlet 的子类 Minesweeper。

在自动生成的代码中包含了 3 个函数,这 3 个函数是 MIDlet 应用的 3 个基本函数。MIDlet 程序启动后首先会执行 startApp()程序,程序取消暂停后,也会执行这个方法。暂停函数程序相应用户的暂停按键时会执行函数 pauseApp(),在程序退出时执行 destroyApp()。

在 MIDlet 中构造函数在程序启动的时候首先调用,而且构造方法仅在程序启动时调用一次,接着是调用 startApp(),startApp()调用完后,仍可能会被再次调用,如在使程序进入暂停状态时调用 pauseApp()后,再重新启动程序时,startApp()会再次重新调用。

在编辑器中写入如下代码:

```
import javax.microedition.midlet.MIDlet;
import javax.microedition.midlet.MIDletStateChangeException;
import javax.microedition.midlet. * ;
import javax.microedition.lcdui. * ;
import java.util. * ;
import javax.microedition.lcdui. * ;
public class snake1 extends MIDlet {
    SnakeCanvas displayable = new SnakeCanvas();
    public snake1() {
```

```
            Display.getDisplay(this).setCurrent(displayable);
    }
    protected void destroyApp(boolean arg0) throws MIDletStateChangeException {
        //TODO Auto - generated method stub
    }
    protected void pauseApp() {
        //TODO Auto - generated method stub
    }
    protected void startApp() throws MIDletStateChangeException {
        //TODO Auto - generated method stub
    }
}
/** 存储"贪吃蛇"节点坐标,其中第二维下标为 0 的代表 x 坐标,第二维下标是 1 的代表 y 坐标 */
class SnakeCanvas extends Canvas implements Runnable{
    int[][] snake = new int[200][2];
    int snakeNum;                              //已经使用的节点数量
    /* 运动方向,0 代表向上,1 代表向下,2 代表向左,3 代表向右 */
    int direction;
    private final int DIRECTION_UP = 0;        //向上
    private final int DIRECTION_DOWN = 1;      //向下
    private final int DIRECTION_LEFT = 2;      //向左
    private final int DIRECTION_RIGHT = 3;     //向右
    int width;                                 //游戏区域宽度
    int height;                                //游戏区域高度
    private final byte SNAKEWIDTH = 4;         //蛇身单元宽度
    boolean isPaused = false;                  //是否处于暂停状态,true 代表暂停
    boolean isRun = true;                      //是否处于运行状态,true 代表运行
    private final int SLEEP_TIME = 300;        //时间间隔
    int foodX;                                 //食物的 X 坐标
    int foodY;                                 //食物的 Y 坐标
    boolean b = true;                          //食物的闪烁控制
    Random random = new Random();

    public SnakeCanvas() {                     //初始化
        init();
        width = this.getWidth();
        height = this.getHeight();

        new Thread(this).start();              //启动线程
    }
    /**
     * 初始化开始数据
     */
    private void init(){
        snakeNum = 7;                          //初始化节点数量
        for(int i = 0;i < snakeNum;i ++){      //初始化节点数据
                snake[i][0] = 100 - SNAKEWIDTH * i;
                snake[i][1] = 40;
        }
        direction = DIRECTION_RIGHT;           //初始化移动方向
        foodX = 100;                           //初始化食物坐标
```

```
            foodY = 100;
        }
    protected void paint(Graphics g) {
        g.setColor(0xffffff);                    //清屏
        g.fillRect(0,0,width,height);
        g.setColor(0);
        for(int i = 0;i < snakeNum;i++){          //绘制蛇身
            g.fillRect(snake[i][0],snake[i][1],SNAKEWIDTH,SNAKEWIDTH);
        }
        if(b){                                    //绘制食物
        g.fillRect(foodX,foodY,SNAKEWIDTH,SNAKEWIDTH);
        }
    }
    private void move(int direction){
        for(int i = snakeNum - 1;i > 0;i--){     //蛇身移动
            snake[i][0] = snake[i - 1][0];
            snake[i][1] = snake[i - 1][1];
        }
        /* 第一个单元格移动 */
        switch(direction){
        case DIRECTION_UP:
            snake[0][1] = snake[0][1] - SNAKEWIDTH;
            break;
        case DIRECTION_DOWN:
            snake[0][1] = snake[0][1] + SNAKEWIDTH;
            break;
        case DIRECTION_LEFT:
            snake[0][0] = snake[0][0] - SNAKEWIDTH;
            break;
        case DIRECTION_RIGHT:
            snake[0][0] = snake[0][0] + SNAKEWIDTH;
            break;
        }
    }
    /**
     * 吃掉食物,自身增长
     */
    private void eatFood(){
    //判别蛇头是否和食物重叠
    if(snake[0][0] == foodX && snake[0][1] == foodY){
        snakeNum++;
        generateFood();
    }
    }
    /**
     * 产生食物
     * 说明: 食物的坐标必须位于屏幕内,且不能和蛇身重合
     */
    private void generateFood(){
    while(true){
        foodX = Math.abs(random.nextInt() % (width - SNAKEWIDTH + 1))
```

```
                       / SNAKEWIDTH * SNAKEWIDTH;
   foodY = Math.abs(random.nextInt() % (height - SNAKEWIDTH + 1))
                       / SNAKEWIDTH * SNAKEWIDTH;
   boolean b = true;
   for(int i = 0;i < snakeNum;i++){
     if(foodX == snake[i][0] && snake[i][1] == foodY){
     b = false;
     break;
     }
   }
   if(b){
     break;
   }
 }
}
/**
 * 判断游戏是否结束
 * 结束条件:
 * 1.蛇头超出边界
 * 2.蛇头碰到自身
 */
private boolean isGameOver(){
//边界判别
if(snake[0][0] < 0 || snake[0][0] > (width - SNAKEWIDTH) ||
    snake[0][1] < 0 || snake[0][1] > (height - SNAKEWIDTH)){
   return true;
}
//碰到自身
for(int i = 4;i < snakeNum;i++){
   if(snake[0][0] == snake[i][0]
    && snake[0][1] == snake[i][1]){
   return true;
   }
}
return false;
}
/**
 * 事件处理
 */
public void keyPressed(int keyCode){
    int action = this.getGameAction(keyCode);

    switch(action){                    //改变方向
    case UP:
        if(direction != DIRECTION_DOWN){
            direction = DIRECTION_UP;
        }
        break;
    case DOWN:
        if(direction != DIRECTION_UP){
            direction = DIRECTION_DOWN;
```

```
                    }
                    break;
                case LEFT:
                    if(direction != DIRECTION_RIGHT){
                        direction = DIRECTION_LEFT;
                    }
                    break;
                case RIGHT:
                    if(direction != DIRECTION_LEFT){
                        direction = DIRECTION_RIGHT;
                    }
                    break;
                case FIRE:
                    isPaused = !isPaused;                    //暂停和继续
                    break;
            }
        }
        /**
         * 线程方法 使用精确延时
         */
        public void run(){
            try{
                while (isRun) {
                    long start = System.currentTimeMillis();    //开始时间
                     if(!isPaused){
                        eatFood();                              //吃食物
                        move(direction);                        //移动
                        if(isGameOver()){                       //结束游戏
                            break;
                        }
                        b = !b;                                 //控制闪烁
                    }
                    repaint();
                    long end = System.currentTimeMillis();      //延时
                    if(end - start < SLEEP_TIME){
                        Thread.sleep(SLEEP_TIME - (end - start));
                    }
                }
            }catch(Exception e){}
        }
    }
```

在这里只需要将程序完整地输入到编辑器中，便完成了第一个游戏的设计，游戏的设计原理以及程序结构在后面的章节中会有详细介绍。

3.4.2 执行 MIDlet

程序编写完成后，需要对程序进行调试运行。在项目上右击，然后在弹出的快捷菜单中选择 Run As→2Emulated Java ME MIDlet 命令，如图 3-43 所示。这样就可以编译当前的项目成 *.class 文件并且启动模拟器运行当前程序。如果编译过程中没有任何错误，则可以看到如图 3-44 所示的界面。

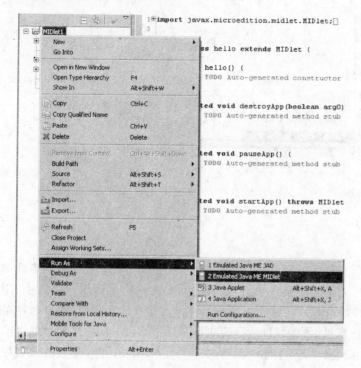

图 3-43 执行 MIDlet

图 3-44 游戏界面

3.4.3 打包程序

3.4.2 节中的工作仅是完成了程序代码的编译和执行步骤,如果要发布当前项目就需要将所有的类进行打包。Eclipse 可以自动将程序进行打包发布,同样在项目上右击,然后选择 Mobile Tools for Java→Create Package 命令,如图 3-45 所示,这样当前的项目会自动打包成 ∗.jad 文件(不同版本的 Eclipse 的菜单会有所不同)。发布成功后在项目文件夹中将生成一个 deployed(部署)文件夹,如图 3-46 所示,里面包含 ∗.jad 文件和 ∗.jar 文件两个文件。

1. JAR 文件

JAR 文件是许多信息经过封装后形成的捆绑体,是一个压缩文件。通常一个应用程序未封装前由许多文件构成,除了 Java 类以外,其他文件(诸如图像和应用程序数据)也可能是这个程序包的一部分。把所有这些信息捆绑成一个整体就形成了 JAR 文件。

2. JAD 文件

JAD 就是 Java 应用程序描述器文件。创建一个 JAD 文件一般有两个原因,一是向应用程序管理器提供信息,说明 JAR 文件的内容,使用这些信息就可以判断一个 MIDlet 是否适合运行这个设备上。例如,通常查看属性 MIDlet-Data-Size,应用程序管理器可以确定 MIDlet 是否需要提供比设备更多的内存。二是提供一种方法,可以把参数传送到 MIDlet

而不必更改 JAR 文件。

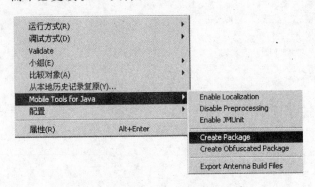

图 3-45　打包程序　　　　　　　　　　图 3-46　deployed 目录结构

3.4.4　发布到手机

发布手机游戏,是游戏程序开发的最后一步,因为这一步骤是将游戏软件部署到最终用户的过程,简单来讲就是将上一步骤中 deployed 目录下的两个文件拷贝到用户手机中,用户直接执行 JAD 文件便可以开始游戏。通常手机游戏是通过网站进行发布的,用户通过单击网站链接,下载程序到本地计算机,然后通过数据线拷贝到手机当中。用户还可以通过手机直接上网进行游戏的下载和安装(注意:用户的手机必须支持 MIDP,并且要和游戏程序所需要的 MIDP 版本相同)。

3.5　本　章　小　结

本章介绍了 J2ME 的基本概念,讲述了 J2ME 程序的开发流程以及相应开发工具的选择。通过 JDK 的配置、WTK 的配置以及同 Eclipse 的绑定,介绍了 J2ME 开发环境配置的基本方法。最后通过简单的游戏实例讲解了如何编写、调试发布手机游戏。

习　题　3

1. J2ME 的三层体系结构是什么?
2. CDC 和 CLDC 的区别有哪些?
3. 简述什么是 WTK,如何使用 WTK?
4. 什么是 MIDP?
5. 打包后的 J2ME 程序包含哪些文件? 它们的作用是什么?
6. 如何发布手机游戏?

第4章

绘制游戏图形

图形用户界面编程在程序开发中非常重要,因为这是程序和用户之间交互的桥梁。漂亮的背景和精致的角色形象可以给游戏带来视觉上的冲击力,增强游戏的乐趣,使得游戏更加引人入胜。

在本章,读者将学习到:
◇ 基本图形的绘制方法;
◇ 外部图像的绘制方法;
◇ 动态和静态背景的绘制方法。

4.1 手机游戏图形基础

由于移动设备的显示屏幕和键盘的种类繁多,几乎每个厂家都有所不同,设备的性能也比较有限,因此建立了 MIDP(Mobile Information Device Profile)用户界面应用编程接口类(javax. microedition. lcdui. ∗)来实现 J2ME 的图形界面开发。

MIDP 用户界面设计是基于屏幕的,所有的用户界面组件都位于屏幕上,一次只显示一个屏幕,并且只能浏览或使用这个屏幕上的条目。由屏幕来处理所有的用户界面事件,并只把高级事件传送给应用。按照 MIDP 2.0 的规范,MIDP 图形用户界面分为高级图形用户界面和低级图形用户界面。高级用户界面包含了输入框、列表框、按钮等控件,方便创建应用程序,开发者只可以通过访问高级界面的 API 来实现对屏幕显示的控制。低级用户界面允许开发者直接访问底层设备,进行图形的绘制,因此游戏的开发通常利用低级用户界面来绘制图形。

4.1.1 手机坐标系

不论是在画布上绘制图形还是用计算机绘制图形,都需要有一组用做参考的对象,这个对象称之为参考系,为了定量的描述物体的位置变化,需要在参考系上建立适当的坐标系。坐标系有很多,在中学物理数学中常用的坐标系为直角坐标系,或者称为正交坐标系,直角坐标系分为横向的 X 轴和纵向的 Y 轴,分别以左下 0 点为原点分别向两个方向延伸,如图 4-1(a)所示。而手机的坐标系是以左上 0 点为原点向右作 X 轴正反向,向下作 Y 轴正方向如图 4-1(b)所示,和物理数学中的 Y 轴的定义相反。

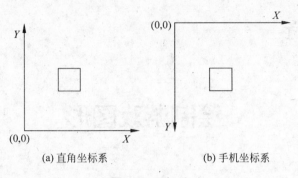

(a) 直角坐标系　　　　　(b) 手机坐标系

图 4-1　坐标系

4.1.2　画布与游戏画布

在 MIDP 中用于显示图形图像的类主要来自 lcdui 包,lcdui 包含了用于图像显示的所有类,类的关系如图 4-2 所示。其中画布 Canvas 和屏幕 Screen 是显示图形图像的基础类。在类图中可以看出,Screen 和 Canvas 都是 Displayable 类的派生,其他类都继承自这两个类。

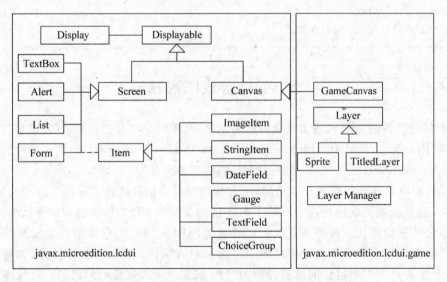

图 4-2　javax. microedition. lcdui 包类图

Screen 类称为屏幕类,主要用于在屏幕上显示 TextBox、Alert、List 和 Form 等高级界面元素,这些元素是 API 提供的,可以直接显示在屏幕上,因此称之为高级界面元素。

Canvas 类称为画布,和它的名字一样,画布可以通过编写程序实现任意的绘图。由于没有可以复用的界面元素,任何图像都需要重新绘制,因此称之为低级界面。在游戏编程中画布应用将更加广泛。需要注意的是,在手机屏幕上,同一个时刻,只能有唯一一个 Screen 或者 Canvas 组件显示。Canvas 是 Displayable 的子类,由于在 Canvas 中的 paint 方法被声明为抽象方法,所以要实现 Canvas 类,就必须实现它的子类并实现 paint 方法,这是面向对象程序设计所要求的。Canvas 类的方法如表 4-1 所示。

表 4-1　Canvas 方法列表

返 回 值	方 法 定 义	描 述
int	getGameAction(int keyCode)	获得设备上与给定按键代码相关的游戏动作
int	getKeyCode(int gameAction)	获得给定游戏动作对应的按键代码
String	getKeyName(int keyCode)	获得给定按键代码的按键信息
boolean	hasPointerEvents()	判断当前平台是否支持指针按下和释放事件
boolean	hasPointerMotionEvents()	判断当前平台是否支持指针移动事件
boolean	hasRepeatEvents()	判断当前平台是否支持连续按键重复事件
protected void	hideNotify()	当 Canvas 被移除的时候,系统自动调用该方法
boolean	isDoubleBuffered()	判断 Canvas 是支持双缓冲
protected void	keyPressed(int keyCode)	当按键按下时被调用
protected void	keyReleased(int keyCode)	当按键释放时被调用
protected void	keyRepeated(int keyCode)	当按键重复按下时被调用
protected abstract void	paint(Graphics g)	绘制 Canvas 对象
protected void	pointerDragged(int x,int y)	当指针被拖动时调用
protected void	pointerPressed(int x,int y)	当指针点下时被调用
protected void	pointerReleased(int x,int y)	当指针释放时被调用
void	repaint()	重绘整个 Canvas 对象
void	repaint(int x, int y, int width, int height)	重绘 Canvas 对象的部分区域
void	serviceRepaints()	强制重绘为完成的绘画请求
void	setFullScreenMode(boolean mode)	控制是否 Canvas 为全屏模式
protected void	showNotify()	当 Canvas 设置为可视之前被调用
protected void	sizeChanged(int w,int h)	绘制区域被改变时调用

GameCanvas 是画布 Canvas 的子类,是 MIDP 2.0 的一个最主要元素,提供了特定于游戏的功能。

1. 按键的状态

GameCanvas 提供了 getKeyStates()方法,通过这个方法可以随时查看按键的状态。在 MIDP 1.0 中若要获得按键的状态需要使用 keyPressed()方法,这个方法在相应时间上会有一定的滞留,游戏是使用者和软件实时交互的过程,如果存在按键响应的滞留,势必会降低游戏的可玩性。一个游戏通常是运行在游戏进程中的一个循环当中的,其中典型的例子是在循环中判断用户的输入,从而实现游戏的逻辑,进而呈现不同的画面。在下列代码中在循环中通过获得用户的输入来控制游戏精灵的移动。

```
Graphics g = getGraphics();
while (true) {
    int keyState = getKeyStates();           //获得用户的按键
    if ((keyState & LEFT_PRESSED) != 0) {    //判断用户按下的键是否为左键
        sprite.move( - 1, 0);
    else if ((keyState & RIGHT_PRESSED) != 0) {
```

```
    sprite.m prite.move(1, 0);
  }
  g.setColor(0xFFFFFF);
  g.fillRect(0,0,getWidth(), getHeight());
  sprite.paint(g);
  flushGraphics();
}
```

在游戏中的游戏和用户的交互是通过按键来完成的,每一个按键会对应于一个按键的值,在程序中有相对应的按键事件来响应用户的操作,当用户在设备上按键的时候,程序会接收一个按键事件,可以通过处理这事件来处理用户与游戏的交互。在游戏设计当中可以使用游戏的动作来代替按键的代码,每一个键码都会映射为一个游戏动作,一个游戏动作也可以和多个按键相关联。游戏的动作与按键码映射,如表 4-2 所示。

表 4-2　游戏动作映射表

动作	值	动作	值
UP	1	A	9
LEFT	2	B	10
RIGHT	5	C	11
DOWN	6	D	12
FIRE	8		

有时候游戏的上下左右按键会映射到 4 个导航键上,也有一个设备被映射到默写数字键上面,这随着设备的不同而不同,为了让游戏适应更多的设备,可以通过 getGameAction()方法来转换键码为游戏动作,下面的代码给出了判断游戏动作的简单方法。

```
1 import java.io.IOException;
2 import javax.microedition.lcdui.Display;
3 import javax.microedition.lcdui.Graphics;
4 import javax.microedition.lcdui.Image;
5 import javax.microedition.lcdui.game.GameCanvas;
6 import javax.microedition.lcdui.game.Sprite;
7 import javax.microedition.midlet.MIDlet;
8 import javax.microedition.midlet.MIDletStateChangeException;
9 public class mid4 extends MIDlet {
10     private  MyGameCanvas mgc ;
11     private Display dis ;
12     public gameAction() {
13     }
14     protected void destroyApp(boolean arg0) throws MIDletStateChangeException {
15     }
16     protected void pauseApp() {
17     }
18     protected void startApp() throws MIDletStateChangeException {
19         dis = Display.getDisplay(this);
20         try{
21         mgc = new MyGameCanvas();
22         }catch(Exception e){}
```

```
23          dis.setCurrent(mgc);
24      }
25  class MyGameCanvas extends GameCanvas implements Runnable{
26      private boolean run = true;
27      private Graphics gra ;
28      public MyGameCanvas() throws IOException{
29          super(true);
30          gra = this.getGraphics();

31      }
32      public void run(){
33          while(true){
34                  switch(this.getKeyStates()){
35                  case Canvas.DOWN:
36                      System.out.println("下");
37                      break;
38                  case Canvas.UP:
39                      System.out.println("上");
40                      break;
41                  case Canvas.LEFT:
42                      System.out.println("左");
43                      break;
44                  case Canvas.RIGHT:
45                      System.out.println("右");
46                      break;
47              }
48          try {
49              Thread.currentThread().sleep(100);
50          } catch (InterruptedException e) {
51              e.printStackTrace();
52          }
53          }
54      }
55  }
56 }
```

下面分析一下上面的代码,首先定义了一个 MyGameCanvas 类,这个类是 GameCanvas 的子类,为了在程序中使用线程,就必须实现 Runnable 接口并实现 run()方法。代码的第 19 行通过 Display 的 getDisplay()方法获得 display 对象。代码第 23 行将 GameCanvas 的实例通过 display 对象的 setCurrent()方法来显示在屏幕上。在代码的第 33 行使用了一个 while 循环来持续地获得用户的按键代码,当用户按下按键时在系统的控制台会输出相应的用户输入。代码的第 49 行让那个线程休眠 100ms 后再次进行循环。

2. 双缓冲技术

在 MIDP 1.0 中当图像变化的时候经常会出现闪烁的情况,这主要因为一个游戏画面是由众多元素构成的,场景的转变或者图像的重绘,是将所有的元素按照顺序进行重绘,先绘制完成的会预先显示,这样就导致场景的闪烁。为了避免这种情况的发生,在 MIDP 2.0 当中提出了图形缓冲的概念,图形的缓冲是在可视画面以外的地方进行绘制,完成后一次显示在实际画面中。

GameCanvas 类的来源如下所示。

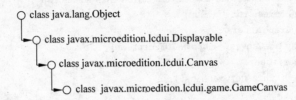

```
class java.lang.Object
   └─ class javax.microedition.lcdui.Displayable
        └─ class javax.microedition.lcdui.Canvas
             └─ class javax.microedition.lcdui.game.GameCanvas
```

GameCanvas 继承了 Canvas 类的主要方法,针对游戏画布的特点 GameCanvas 增加了一些新的方法,其中主要方法如表 4-3 所示。

表 4-3　GameCanvas 类方法

返 回 类 型	方　　　　法	作　　　用
void	flushGraphics()	将缓冲区中的图像输出到屏幕
void	flushGraphics(int x, int y, int width, int height)	在制定的区域的缓冲区图像输出,这个功能主要用于小范围的图像更新
protected Graphics	getGraphics()	用于获取绘图对象 Graphics 的实例,通常使用这个方法来创建 Graphics 对象
int	getKeyStates()	获取游戏按键的状态
void	paint(Graphics g)	绘制游戏画布

4.1.3　绘制基本图形

Graphics 类提供了基础几何图形的绘制方法,可以绘制字符、图像、线形、矩形等图形。Graphics 的来源如下。

```
class java.lang.Object
   └─ class javax.microedition.lcdui.Graphics
```

Graphics 类不能直接通过构造函数进行实例化,只能通过 GameCanvas 类的 getGraphics() 方法来获得。GameCanvas 类是一个抽象类,不能够直接进行实例化,因此必须编写一个 GameCanvas 的子类。代码如下所示:

```
1 import java.io.IOException;
2 import javax.microedition.lcdui.Display;
3 import javax.microedition.lcdui.Graphics;
4 import javax.microedition.lcdui.game.GameCanvas;

5 class MyGameCanvas extends GameCanvas {
6       private Graphics gra ;
7       public MyGameCanvas() throws IOException{
8       super(true);
9           gra = this.getGraphics();
10      }
11 }
```

在上述程序中第 5 行定义了一个 GameCanvas 的子类 MyGameCanvas,使用关键字 extends,第 7~10 行是 MyGameCanvas 的构造函数,其中第 8 行 super(true);是非常重要的一句话,因为在 GameCanvas 类的构造方法中,需要接收一个 boolean 类型的参数,其形式是:

```
GameCanvas(boolean suppressKeyEvents)
```

参数 suppressKeyEvents 的含义是是否允许该界面进行按键状态检测类型的事件处理,true 代表如果代码支持按键检测方式的处理,则在 keyPressed()方法中无法获得游戏相关的 9 种按键的事件;false 代表不使用按键状态检测机制。

在程序的第 6 行定义了 Graphics 的对象 gra,并且通过 getGraphics()来获得该对象。下面利用 Graphics 进行简单图形的绘制。

1. 绘制直线

绘制直线可以直接调用 Graphics 的方法 drawLine(),该方法定义如下:

```
public void drawLine(int x1, int y1, int x2, int y2)
```

方法中有 4 个参数,分别为起始点的 x 坐标、起始点的 y 坐标、终点的 x 坐标和终点的 y 坐标。如果直线的坐标超出了屏幕的范围,超出的部分将不会显示。Graphic 绘制图像的方法是连接起始点和终点的坐标。例如:

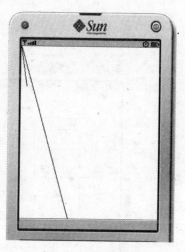

图 4-3 绘制直线

```
private void example_drawline(Graphics gra){
    gra.drawLine(1,1,100,350);
    gra.drawLine(0,0,1000,670);
}
```

上面的程序运行后显示的结果如图 4-3 所示。

2. 绘制矩形

使用 Graphic 绘制矩形实际上是绘制矩形的 4 个边,绘制过程是以矩形的左上顶点作为起始点,通过矩形的长和宽算出其他 3 个点的坐标最后根据顺序连接 4 个点。使用 drawRect()方法可以绘制矩形,drawRect()方法定义如下:

```
public void drawRect(int x, int y, int width, int height)
```

方法中有 4 个参数,分别为起始点的 x 坐标、起始点的 y 坐标、矩形的宽(x 轴方向的长度)和矩形的高(y 轴方向的长度)。使用 Graphics 绘制一个以(1,1)为起始点长度为 10 的矩形代码如下:

```
private void example_drawRect(Graphics gra){
    gra.drawRect (50,50,100,100);
    gra.drawRect (70,70,100,180);      }
```

绘制后的矩形显示如图4-4所示。

3. 填充矩形

由于drawRect()方法仅仅是绘制矩形的边缘,那么如果绘制一个矩形的区域,Graphics类提供了fillRect()方法用于填充矩形区域,fillRect()方法定义如下:

```
public void fillRect(int x, int y, int width, int height)
```

方法中有4个参数,分别为起始点的x坐标、起始点的y坐标、矩形的宽(x轴方向的长度)和矩形的高(y轴方向的长度)。同drawRect()方法不同的是,填充方法绘制的时候在得到4个点的坐标后不是顺序连接4个点,而是按照一定的顺序绘制这个区域内的所有像素。使用drawRect()填充一个以(1,1)为起点的宽度为5、高度为8的矩形区域代码如下:

```
private void example_fillRect(Graphics gra){
    gra.fillRect(50,50,100,100);
}
```

填充后的矩形如图4-5所示。

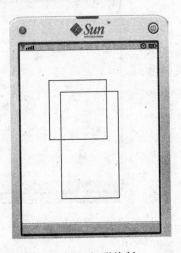

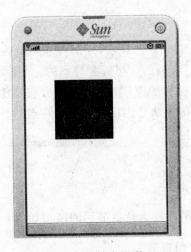

图 4-4　矩形绘制　　　　　　　　图 4-5　填充矩形

4. 绘制圆角矩形

圆角矩形的绘制是利用矩形和弧形相结合的方式来完成的,首先看一下Graphics提供的方法drawRoundRect(),drawRoundRect()方法的定义如下:

```
drawRoundRect(int x, int y, int width, int height, int arcWidth, int arcHeight)
```

方法中有6个参数,分别为圆角矩形起始点的x坐标、起始点的y坐标、矩形的宽width、矩形的高height、圆角的宽度arcWidth和圆角的高度arcHeight。绘制的原理是先绘制一个矩形,然后再绘制一个宽和高分别为arcWidth和arcHeight的椭圆,然后用这个椭圆和刚绘制的矩形相切,从而得到4个圆角。使用drawRoundRect()方法绘制一个以(1,1)为起点、宽度为15、高度为20、圆角宽度为2、高度为2的圆角矩形代码如下:

```
private void example_drawRoundRect(Graphics gra){
    gra.drawRoundRect (50,50,100,100,20,20);
}
```

圆角矩形绘制的图像如图 4-6 所示。

5. 圆角矩形的填充

使用方法 fillRoundRect() 可以填充一个圆角矩形区域，fillRoundRect() 方法的定义如下：

```
fillRoundRect (int x, int y, int width, int height, int arcWidth, int arcHeight)
```

方法中的 6 个参数和 drawRoundRect() 方法是相同的，这里不再重复。使用 drawRoundRect() 方法绘制一个以(1,1)为起点、宽度为15、高度为20、圆角宽度为2、高度为 2 的圆角矩形代码如下：

```
private void example_fillRoundRect(Graphics gra){
    gra. fillRoundRect (50,50,100,100,20,20);
}
```

填充后的圆角矩形如图 4-7 所示。

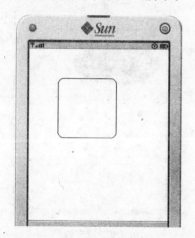 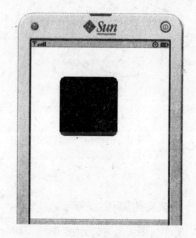

图 4-6　圆角矩形绘制　　　　　　　图 4-7　填充圆角矩形

6. 绘制弧线

弧形的绘制可以使用 Graphics 的 Arc() 方法来实现，Arc() 方法的定义如下：

```
Arc (int x, int y, int width, int height, int startAngle, int arcAngle)
```

弧形主要是利用弧形是圆形的一部分的原理进行绘制的，即把弧形当做是圆形或者椭圆的一部分。因此首先要从坐标(x,y)出发绘制一个宽度为 width、高度为 height 的虚拟的矩形，然后以这个矩形的中心为圆心绘制一个内切圆或者椭圆，然后以这个矩形的中心为圆心绘制一个内切圆或椭圆，以这个圆心为起点绘制一条直线，并以 x 轴方向作为 0 度逆时针旋转 startAngle 角度，同理再绘制一条直线逆时针旋转 arcAngle 角度，最终圆或者椭圆围起来的圆弧即为 Graphics 绘制的弧形。使用 Arc()方法绘制一段弧线的代码如下：

```java
private void example_Arc(Graphics gra){
    gra.drawArc(10,10,150,70,0,360);
}
```

360 度弧形的绘制是一个椭圆形，如图 4-8 所示。

7. 填充弧形

弧形的填充是对弧线和对应的中心点所围得的扇形区域进行填充，使用方法 fillArc()，fillArc()方法的定义如下：

fillArc (int x, int y, int width, int height, int startAngle, int arcAngle)

参数和绘制弧线相同，例如填充一段弧形，使用 fillArc()填充一个弧形的代码如下：

```java
private void example_fillArc(Graphics gra){
    gra. (1,1,4,3);
}
```

填充后的弧形如图 4-9 所示。

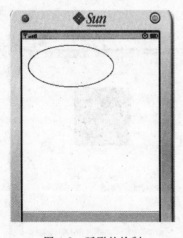

图 4-8　弧形的绘制　　　　　　　　　　图 4-9　填充弧形

4.1.4　绘制字符

字符的绘制在游戏的开发中应用得比较广泛，例如在 RPG 游戏中人物的对话、任务的描述都是以文字的形式显示出来的。字符的绘制分为简单字符的绘制和字符串的绘制。在绘制字符之前提出一个新的概念 anchor（锚点）。Graphics 在画布 Canvas 上的绘制使用绝对定位，当绘制一个字符串的时候，系统先在屏幕上确定一个矩形的区域，用于显示字符，因此在这个矩形区域只要确定一个点的位置，就可以确定整个字符串在画布中所在的位置，这个点称为 anchor（锚点）。在 Graphics 类中定义了 6 个锚点常量。在水平方向上有 LEFT、HCENTER 和 RIGHT，在垂直方向上有 TOP、VCENTER 和 BOTTOM，如图 4-10 所示。每个锚点必须是由一个水平方向上的常量和一个垂直方向上的常量组成的。

```
LEFT          HCENTER              RIGHT
                                              TOP

                                              VCENTER

                                              BOTTOM
```

图 4-10 锚点

Graphics 类提供了 drawString()方法用于绘制字符,drawString()方法的定义如下:

```
public void drawString(String text, int x, int y, int anchor);
```

该方法有 4 个参数,text 是当前需要绘制的字符串,x 和 y 是锚点的坐标,anchor 是锚点。例如绘制字符串"HelloWorld"可以使用如下代码:

```
private void example_Arc(Graphics gra){
    gra.drawString ("HelloWorld",50,50, Graphics.TOP|Graphics.HCENTER);
    gra.drawString ("HelloWorld",50,50,Graphics.BOTTOM|Graphics.LEFT);
    gra.drawString ("HelloWorld",50,50,Graphics.BASELINE|Graphics.LEFT);
}
```

该代码的运行结果如图 4-11 所示。

对字体的设定是通过 Font 类来完成的。Font 类不能直接实例化得到对象,而是通过 getFont() 方法来获得 Font 的一个实例,该方法定义如下:

```
getFont(int fontSpecifier)
getFont(int face, int style, int size)
```

图 4-11 绘制字符串

可以通过两种参数形式获得 Font 的对象,参数 fontSpecifier 为 FONT_IMPUT_TEXT 或者 FONT_STATIC _TEXT。第二种形式要传入 3 个参数:face 为字型,style 为样式,size 为字号大小。从参数形式上不难看出 Font 类的字体具有 3 个属性:字型、样式和字号,这些属性需要通过字体常量来设定。Font 定义的常量如表 4-4 所示。

表 4-4 字体列表

字 体 值	字 体 名	字 体 值	字 体 名
FACE_MONOSPACE	等宽字体	SIZE_SMALL	小号字体
FACE_PROPORTIONAL	等比例字体	STYLE_BOLD	粗体
FACE_SYSTEM	系统字体	STYLE_ITALIC	斜体
SIZE_LARGE	大号字体	STYLE_PLAIN	普通
SIZE_MEDIUM	中号字体	STYLE_UNDERLINED	下划线

使用 getFace()方法可以获取外观属性,getSize()方法可以获得字体的字号属性,getStyle()方法可以获得字型属性,getDefaultFont()方法可以返回系统默认的字体属性 STYLE_PLAIN、SIZE_MEDIUM 和 FACE_SYSTEM。

4.1.5 使用颜色

前面使用 Graphics 类进行图形文字的绘制,但是颜色都是默认的颜色,那么如何修改画笔的颜色呢? Graphics 类提供了 setColor()方法,通过这个方法可以更改当前的画笔颜色。setColor()方法的定义如下:

```
setColor(int RGB)
setColor(int red, int green, int blue)
```

setColor 方法提供了两种参数形式,第一种只有 1 个参数,这个参数需要制定十六进制的 RGB 值,例如 0xFFFFFF 代表白色,0x000000 代表黑色。另一种有 3 个参数,分别为红、绿、蓝,这 3 个参数可以通过 0~255 的数字来设置,例如白色就是(255,255,255),黑色就是(0,0,0)。两种形式为颜色的设定提供了方便。例如下面两种方式:

```
setColor(0xFFFFFF)
setColor(255, 255, 255)
```

它们所使用的颜色是相同的,同颜色相关的方法还有以下两个。

(1) getColor():获得当前使用的颜色,返回 0x00RRGGBB 格式的颜色值。

(2) getDisplayColor(int color):对当前的颜色进行转换,由于不同的机器对色彩集的定义有所不同,如果需要特定的颜色,那么可以通过 getDisplayColor()函数获得在参数中输入的 0x00RRGGBB 格式的颜色数据,函数会返回当前系统与之对应的颜色数值。例如在一个黑白色屏幕的手机上运行彩色画面的游戏,系统就需要将各种颜色转换成灰度进行显示。还有一种情况,每台手机的屏幕色彩范围是不同的,例如有 26 万色的屏幕和 1670 万色的屏幕,它们的色域明显不同,如果要准确显示同一种颜色,就有可能在 1670 万色的屏幕上可以准确显示,而在 26 万色的手机屏幕上无法显示,所以需要借助 getDisplayColor()方法进行转换。

绘制红色的矩形的代码如下:

```
private void example_fillRect(Graphics gra){
    gra.setColor(255,0,0)
    gra.drawRect (1,1,4,3);
}
```

4.1.6 调整画笔风格

在绘制基本图形的时候,可以使用不同的画笔来绘制,Graphics 提供了 getStrokeStyle()和 setStrokeStyle()两个方法,分别用于获取和设置画笔。setStrokeStyle()方法的定义如下:

```
setStrokeStyle(int style)
```

Graphics 提供了 SOLID（实线）和 DOTTED（虚线）两种画笔风格，这两种风格被定义为 Graphics 的两个常量。SOLID 的值为 0，DOTTED 的值为 1。设置画笔风格的代码如下：

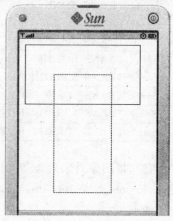

```
1   private void example_Rect(Graphics gra){
2       gra. setStrokeStyle (Graphics. SOLID);
3       gra. drawRect (10,10,200,100);
4       gra. setStrokeStyle (Graphics. DOTTED);
5       gra. drawRect (60,60,100,200);
6   }
```

代码中第 2 和第 3 行通过设置画笔风格在（10,10）点绘制一个实线的矩形，代码第 4 和第 5 行在（60,60）点绘制了一个虚线的矩形。通过 getStrokeStyle() 方法可以获得当前设置的画笔风格。上面的程序绘制的图像如图 4-12 所示。

图 4-12　画笔风格

4.2　图像的绘制

开发手机游戏程序，仅仅使用简单的绘图是远远达不到标准的，因此 Graphics 还支持图形的绘制，图像的处理主要使用 Image 类来完成。Image 类没有构造方法，因此不能直接创建，需要通过静态方法 createImage() 来获得。createImage 方法有 7 个重载函数，用于创建不同类型的 Image 对象。Image 对象分为两类：一类是从资源包、文件或者网络上的图片生成的图像，这类图像一旦加载后不能再次改变；另一类是从内存中创建的并且在程序运行过程中可以修改的可变图像。

4.2.1　不变图像的创建和绘制

不变图像是指主要来自物理文件，生成后不能再次改变的图像。Image 的静态方法中有 5 个方法是用于创建不变图像的。

（1）createImage(byte[] imageData, int imageOffset, int imageLength)：从存储在字节数组中的数据解码中获得图像，第一个参数是字节数组，第二个参数是偏移量，第三个是获取的长度。在这里需要注意偏移量和获取长度的总和不能超过图像的整体大小。

（2）createImage(Image source)：从源图像中生成新的图像。

（3）createImage(Image image, int x, int y, int width, int height, int transform)：从源图像中特定区域的像素数据创建图像并做相应的变换。参数 image 是源图像，参数 x 是获取的水平起始点，参数 y 是获取的垂直起始点，width 是截取的宽度，height 是截取的高度，transform 是将要做的变换类型。Transform 类型的定义在 Sprite 类中，如表 4-5 所示。

（4）createImage(InputStream stream)：从输入的数据流中获取数据并解码成图像。

（5）createImage(String name)：从资源文件中获得图像。

表 4-5 Transform 类型

Sprite.TRANS_NONE	没有变化的复制
Sprite.TRANS_ROT90	顺时针旋转 90°
Sprite.TRANS_ROT180	顺时针旋转 180°
Sprite.TRANS_ROT270	顺时针旋转 270°
Sprite.TRANS_MIRROR	镜像翻转
Sprite.TRANS_MIRROR_ROT90	先做镜像然后顺时针旋转 90°
Sprite.TRANS_MIRROR_ROT180	先做镜像然后顺时针旋转 180°
Sprite.TRANS_MIRROR_ROT270	先做镜像然后顺时针旋转 270°

在获得图像对象后,需要将图像对象绘制在屏幕上,图像的绘制同样需要利用 Graphics 类,Graphics 类的 drawImage()方法可以将 image 对象绘制在屏幕上,drawImage()方法的定义如下:

```
public void drawImage(Image img, int x, int y, int anchor)
```

方法中参数 img 是需要绘制的 image 对象,x 是锚点的 x 坐标,y 是锚点的 y 坐标,anchor 是绘制图像的锚点,这里的锚点同绘制文本中的锚点相似,如图 4-13 所示。绘制图像的示例代码如下:

```
1    private void example(Graphics gra){
2        try{
3            image = Image.createImage("/ball.png");
4        }catch(java.io.IOException ex)
5        {
6            System.out.println("Can not load image");
7        }
8        gra.drawImage(image,0,0,TOP|LEFT);
9    }
```

在代码的第 2～7 行从文件 ball.png 中创建了 image 对象,这里需要注意在指定资源路径的时候需要在前面加上"/",并且加上 try 和 catch 块,因为在游戏运行过程中加载外部资源经常会产生很多意外,不能正确加载,因此这里进行 IO 错误的捕捉,避免产生错误中断游戏的正常执行。代码的第 8 行中 Graphics 对象将 image 以图片的左上角作为锚点绘制在(0,0)的位置上。程序运行的结果如图 4-14 所示。

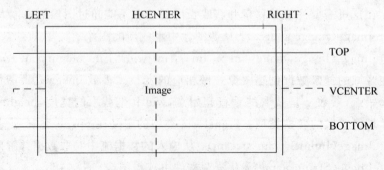

图 4-13 图像的锚点

图 4-14 不变图像的绘制

图 4-15 PNG 图片的显示

4.2.2 PNG 图像的使用

PNG 是 20 世纪 90 年代中期开始开发的图像文件存储格式,其目的是试图替代 GIF 和 TIFF 文件格式,同时增加一些 GIF 文件格式所不具备的特性。流式网络图形格式 (Portable Network Graphic Format,PNG)名称来源于非官方的"PNG's Not GIF",是一种位图文件(bitmap file)存储格式,读成"ping"。PNG 用来存储灰度图像时,灰度图像的深度可多到 16 位,存储彩色图像时,彩色图像的深度可多到 48 位,并且还可存储多到 16 位的 Alpha 通道数据。PNG 使用从 LZ77 派生的无损数据压缩算法。在手机游戏设计中可以使用 PNG 图片作为游戏的背景或者游戏中的角色,在 MIDP 的规范中要求支持 PNG 格式的图像。PNG 图像可以使用 Photoshop 等绘图软件来制作。PNG 图像导入手机游戏的方法同创建不变图像的方法相似。在图 4-15 中绘制了两个图片,一个为透明背景的 PNG 图片,另一个是不透明背景的 PNG 图片。

4.2.3 可变图像的创建

以给定的大小在内存中创建的图像称为可变图像。创建可变图像同样需要使用 createImage()方法,该方法的定义如下:

```
createImage (int width, int height)
```

这个方法有两个参数,分别为可变图像的宽和高。创建和使用可变对象的代码如下:

```
1    private void example(Graphics gra){
2        image = Image. createImage(100,100);
3        Graphics g = image.getGraphics();
4        g.drawLine(0,0,30,30);
5        gra.drawImage(image,0,0,TOP|HCENTER);
6    }
```

这段代码将可变图像 image 绘制到屏幕的左上角。代码第 2 行创建了一个新的可变图像。第 3 行通过 image 获得了一个新的 Graphics 对象 g,因为新建的可变图像是一个不透明的白色区域,即便绘制出来也无法看到,因此要在这个图像上进行绘制。在程序的第4行使用 drawLine()方法在可变图像上画出了一条直线。第5行利用 Graphics 对象最终绘制到屏幕中,这里注意区分两个 Graphics 对象的区别。

4.2.4　双缓冲技术

计算机绘图的时候如果数据量很大,绘图可能需要几秒钟甚至更长的时间,而且有时还会出现闪烁现象。为了解决这些问题,可采用双缓冲技术来绘图。双缓冲即在内存中创建一个与屏幕绘图区域一致的对象,先将图形绘制到内存中的这个对象上,再一次性将这个对象上的图形拷贝到屏幕上,这样能极大地加快绘图的速度。双缓冲的实现过程是首先在内存中创建与画布一致的缓冲区,然后在缓冲区画图,接着将缓冲区位图拷贝到当前画布上,最后释放内存缓冲区。

手机厂商可以从硬件上支持双缓冲,可以通过 Canvas 的 isDoubeBuffer()方法来判断当前设备是否支持双缓冲,如果当前设备不支持双缓冲,可以通过程序的编写来模拟双缓冲。在内存中绘制图片的机制正好和可变图像机制相符合,并且可变图像就是在内存中绘制图像然后输出到画布上,也符合双缓冲技术的特点。下面的程序展示了双缓冲技术的应用方法。

```
1    public class Midlet extends MIDlet
2    {
3        public void startApp() {
4            Display.getDisplay(this).setCurrent( new ImageCanvas());
5        }
6        public void pauseApp() {
7        }
8        public void destroyApp( boolean unconditional ) {
9        }
10   }

11   public class ImageCanvas extends Canvas
12   {
13       private Image buffer;              //用于绘制缓冲的不可变图像
14       private Image image;               //用于加载图片的不可变图像
15       public ImageCanvas()
16       {
17           try
18           {
19               image = Image.createImage( "/exampleimage.png" ); //加载外部的图片
20           } catch( java.io.IOException e )
21           {
22               System.out.println( e.getMessage() );             //处理 I/O 异常
23           }
24           //用一个可变图像作为绘制缓冲
25           buffer = Image.createImage( this.getWidth(), this.getHeight() );
26           Graphics bg = buffer.getGraphics();                   //获取缓冲的 Graphics 对象
27           bg.setColor( 0xFF00FF );
28           bg.fillRect( 0, 0, getWidth(), getHeight() );         //填充整个屏幕
29           bg.drawImage( image, this.getWidth() / 2, this.getHeight() / 2,
```

```
30                         Graphics.VCENTER | Graphics.HCENTER );
31      }
32      public void paint( Graphics g )
33      {
34      g.drawImage( buffer, 0, 0, g.TOP | g.LEFT );   //将缓冲区上的内容绘制到屏幕上
35      }
36   }
```

下面对上面代码进行分析。代码的第 13 行定义了用于绘制缓冲的不可变图像对象 buffer。第 14 行定义了用于加载图片的不可变图像对象 image。在第 19 行利用 image 对象加载外部的图片资源。在第 25 行利用 buffer 作为图片的缓冲，此时并没有对图片进行绘制，而是在后台完成的。第 27 行通过缓冲 buffer 获得用于显示的 Graphics。在第 34 行将缓冲区 buffer 里面的图片绘制到屏幕上。从而完成了图片的缓冲和绘制，避免了图片的加载延迟和闪烁问题。

总之，双缓冲技术是定义一个 Graphics 对象 bg 和一个 Image 对象 buffer，按屏幕大小建立一个缓冲对象赋给 buffer 的 Graphics 对象 bg。在这里 Graphics 对象可理解为缓冲的屏幕，Image 对象可当作缓冲屏幕的图片。在 bg（缓冲屏幕）上用 draw 方法等语句画图，相当于在缓冲屏幕上画图。最后在 paint（Graphics g）函数里，将 buffer（缓冲屏幕上的图片）画到真实的屏幕上。想要在屏幕上显示的内容，只要画在 bg 上，然后调用 repaint()将其显示出来即可。

4.3 图　　层

在游戏中，通常会看到很多不同的内容，例如超级玛丽游戏，游戏中会有水管、砖块、敌人、蘑菇等。这些图形是以图层的形式呈现的，可能是一些对象为一个图层，也可能是单独的一个对象为一个图层，利用多个图层的叠加组成了一个场景。通常游戏都会包含多个图层，至少也会包含前景和背景。MIDP 2.0 图层是通过 Layer 类来实现的，在游戏中游戏的背景通常是静态的，游戏的角色是动态的。针对不同图层的各自特点，Layer 类派生出主要应用于背景层的 TiledLayer 和主要应用于角色的精灵泪 Sprite。Layer 类是抽象类不能被直接实例化，因此只能使用它的两个派生类来获得图层的对象。Layer 类提供的方法如表 4-6 所示。

表 4-6 Layer 类的方法

方　　法	功　　能
getHeight()	取得图层的高
getWidth()	取得图层的宽
getX()	取得起始点的水平坐标 x
getY()	取得起始点的纵坐标 y
isVisible()	取得当前图层的可见性
move(int dx, int dy)	在 x 轴上移动 dx 距离在 y 轴移动 dy 距离
paint(Graphics g)	如果图层可见，将绘制图层
setPosition(int x, int y)	设置图层所在的位置
setVisible(boolean visible)	设置图层的可见性

4.3.1　图像贴图的制作和使用

在实际的开发过程中，首先要完成的便是游戏的场景，因为任何游戏都需要有一个场景。TiledLayer 通常用于绘制游戏的场景，其绘制场景的方式是将游戏地图分为若干个单元格(cell)，每个单元格可以使用一组图像来填充，这个过程称为贴图，TiledLayer 通过使用图片填满整个地图中的单元格从而形成一个完整的游戏地图。TiledLayer 类的构造函数如下：

```
public TiledLayer(int columns,int rows,Image image,int tiledWidth,int tiledHeight);
```

参数 columns 指定了图层中 cell 的列数，rows 指定了图层中 cell 的行数，image 指定用于填充的 image 对象，tiledWidth 指定用于填充的 tile 的宽度，tiledHeight 则代表用于填充的 tile 的高度。

在贴图之前，需要准备好用于贴图的 tile，tile 是一个 Image 对象，这个 Image 对象可以被分割成很多大小相同的图像，如图 4-16 所示。

图 4-16　tile 贴图 1

如图 4-16 所示，一张图片被分割为 5 张大小相同的图片，这些小图片将用于填充到 TiledLayer 当中去，每张贴图都将被赋予唯一的编号，最后按照行列的顺序进行不同的组合，从而得到不同的场景，图 4-17 即为由贴图通过组合生成的 TiledLayer 游戏地图。

TiledLayer 的所有单元格组成一个矩阵，矩阵的行列数目在 TiledLayer 的构造函数中指出，每个格子的大小是由 tile 的大小决定的，如图 4-18 所示。

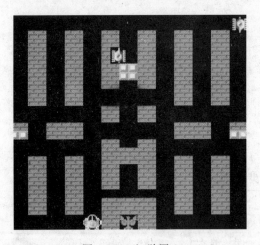

图 4-17　tile 贴图 2

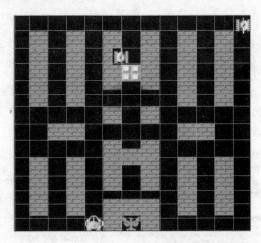

图 4-18　图形矩阵

该矩阵的值即为 tile 的编号，例如图 4-19 中的 tile 矩阵值，在这里坦克元素也视为一种贴图元素。

序号为 0 则认为是空白显示的时候是透明的，单元格默认序号为 0，默认值由系统提供。根据矩阵将 tile 贴到图像中组成了游戏地图，这样利用小图片填充的方法绘制地图可以极大地缩减原始图片的大小，节约系统资源。

0	0	0	0	0	0	0	0	0	0	0	0	4
0	2	0	2	0	2	0	2	0	2	0	2	0
0	2	0	2	0	2	4	2	0	2	0	2	0
0	2	0	2	0	2	1	2	0	2	0	2	0
0	2	0	2	0	2	0	0	0	2	0	2	0
0	2	0	2	0	0	0	0	0	0	0	2	0
0	0	0	0	0	0	2	0	0	0	0	0	0
0	0	2	2	0	0	0	0	0	2	2	0	0
0	0	0	0	0	2	0	0	0	0	0	0	0
0	2	0	2	0	2	2	2	0	2	0	2	0
0	2	0	2	0	2	0	2	0	2	0	2	0
0	2	0	2	0	0	0	0	0	2	0	2	0
0	2	0	2	0	2	2	2	0	2	0	2	0
0	0	0	0	3	2	5	2	0	0	0	0	0

图 4-19 tile 矩阵

4.3.2 静态背景

静态背景的创建是通过 TiledLayer 层来实现的,例如创建一个图 4-18 所示的背景,第一步是读取图片资源然后创建 TiledLayer 对象,代码如下:

```
Image image = Image.createImage("/tanke.png")
TiledLayer bg = new TiledLayer(13,14,image,10,10);
```

下一步就需要将贴图贴进 TiledLayer 的矩阵中相应的位置上,TiledLayer 提供了丰富的方法用于操作矩阵单元格(cell),如表 4-7 所示。

表 4-7 TiledLayer 方法

方　　法	功　　能
fillCells(int col, int row, int numCols, int numRows, int tileIndex)	使用 tile 填充指定的单元格
getCell(int col, int row)	获得各自给定行列的单元格对象
getCellHeight()	获得一个单元格的高,以像素为单位
getCellWidth()	获得一个单元格的宽,以像素为单位
getColumns()	获得 TiledLayer 列的数目
getRows()	获得 TiledLayer 行的数目
paint(Graphics g)	绘制一个 TiledLayer 对象
setCell(int col,int row, int tileIndex)	用给定的 tile 填充单元格

填充图 4-18 的静态背景代码如下:

```
try{
    Image image = Image.createImage("/tanke.png")
    TiledLayer bg = new TiledLayer(13,14,image,10,10);
    }catch(IOException e){
        System.err.println("Failed loading images!");
}
```

```
Int[] map = {0 0 0 0 0 0 0 0 0 0 0 0 4
             0 2 0 2 0 2 0 2 0 2 0 2 0
             0 2 0 2 0 2 4 2 0 2 0 2 0
             0 2 0 2 0 2 1 2 0 2 0 2 0
             0 2 0 2 0 2 0 2 0 2 0 2 0
             0 2 0 2 0 2 0 2 0 2 0 2 0
             0 2 0 2 0 0 0 0 0 2 0 2 0
             0 0 0 0 0 2 0 2 0 0 0 0 0
             0 0 2 2 0 0 0 0 0 2 2 0 0
             0 0 0 0 0 2 0 2 0 0 0 0 0
             0 2 0 2 0 2 2 2 0 2 0 2 0
             0 2 0 2 0 2 0 2 0 2 0 2 0
             0 2 0 2 0 0 0 0 0 2 0 2 0
             0 2 0 2 0 2 2 2 0 2 0 2 0
             0 0 0 0 3 2 5 2 0 0 0 0 0}
for (int i = 0; i < map.length; i++) {
    int column = i % 13;
    int row = (i - column) /14;
    bg.setCell(column, row, map[i]);
}
```

在上面的代码中定义了一个整型的二维数组 map 用作矩阵图标的存储,通过 for 循环遍历 map 数组的每一行每一列,使用 TiledLayer 类的方法 setCell()来填充矩阵。

4.3.3　动态背景

在 4.3.2 节中的贴图使用的是静态图片进行填充,除了使用静态图片进行填充,TiledLayer 还提供了另一种贴图方式就是动态贴图,动态贴图在矩阵中的序号是负数。

动态贴图需要单独创建,并且动态贴图的序号永远都是负数,第一个动态 tile 的编号为－1,第二个为－2,依次类推。动态贴图的原理是利用图片的替换来实现动态效果,若一个动态贴图的序号为－1,则这个贴图可以被其他动态贴图所代替,通过图片的不断切换来实现动态的效果。TiledLayer 类替换贴图的方法定义如下:

```
public void setAnimatedTile(int animatedTileIndex, int staticTileIndex)
```

第一个参数 animatedTileIndex 为动态贴图的序号,第二个参数 staticTileIndex 用于关联的静态贴图的序号,注意静态贴图的序号必须是 0 或者一个已经存在的序号。下面对坦克大战的静态背景进行修改,实现铁质砖块变换到普通砖块的闪烁效果。代码如下:

```
try{
    Image image = Image.createImage("/tanke.png")
TiledLayer bg = new TiledLayer(13,14,image,10,10);
}catch(IOException e){
    System.err.println("Failed loading images!");
}
Int[] map = {0 0 0 0 0 0 0 0 0 0 0 0 4
             0 2 0 2 0 2 0 2 0 2 0 2 0
             0 2 0 2 0 2 4 2 0 2 0 2 0
             0 2 0 2 0 2 -1 2 0 2 0 2 0
```

```
                  0 2 0 2 0 2 0 2 0 2 0 2 0
                  0 2 0 2 0 0 0 0 0 2 0 2 0
                  0 0 0 0 0 2 0 2 0 0 0 0 0
                  0 0 2 2 0 0 0 0 0 2 2 0 0
                  0 0 0 0 0 2 0 2 0 0 0 0 0
                  0 2 0 2 0 2 2 2 0 2 0 2 0
                  0 2 0 2 0 2 0 2 0 2 0 2 0
                  0 2 0 2 0 0 0 0 0 2 0 2 0
                  0 2 0 2 0 2 2 2 0 2 0 2 0
                  0 0 0 0 3 2 5 2 0 0 0 0 0 }
for (int i = 0; i < map.length; i++) {
        int column = i % 13;
        int row = (i - column) /14;
        bg.setCell(column, row, map[i]);
}
Counter++;
if(Counter % 10 == 0){
    bg.setAnimatedTile(-1,2);
}
else{
    bg.setAnimatedTile(-1,1);
}
```

在程序中使用计数器 Counter 来控制砖块的闪烁,闪烁是两幅图片交替呈现所得到的效果,因此这里每隔 10 帧砖块会变换一次,从而实现图 4-20 所示的动态效果。需要说明的是,当矩阵中有多个动态贴图的时候,相同序号的动态贴图会同时被替换,而不需要控制。

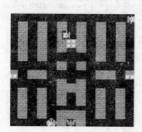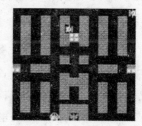

图 4-20 3 帧动态效果

4.3.4 图层管理器

由于一个游戏中会有很多的图层出现,并且会有很多场景,单独地去控制每个图层如何移动、何时隐藏、何时出现等将会是一个很复杂的事情。MIDP 2.0 中提供了 LayerManager 类,该类管理着多个图层,可以使得各个图层的显示移动变得相对简单。LayerManager 包含一个图层的列表,这个列表可以被追加插入和删除,每个图层的索引 index 代表着它所在层的深度,索引编号越小代表图层越高,反之编号越大代表图层越深越底层。这个列表可以自己维护,当一个图层被移除之后,其他被影响到的图层编号可以自动重新索引。LayerManager 提供的方法如表 4-8 所示。

表 4-8 LayerManager 类的方法

方　　法	功　　能	方　　法	功　　能
append	追加一个层到 LayerManager	getSize	获得所管理层的数目
getLayerAt	获取指定索引的层	paint	绘制被管理的所有图层
insert	插入一个新层到指定的索引	setViewWindow	设置视图窗口的位置和大小
remove	在指定的索引处移除一个图层		

LayerManager 类可以通过 new 关键字创建实例。这里给出一个 LayerManager 的应用实例,代码如下:

```
1  private void example(){
2      LayerManager objlm = new LayerManager();
3      objlm.append(layer1);
4      objlm.append(layer2);
5      objlm.insert(layer3,1);
6      objlm.setViewWindow(0,0,30,30);
7  }
```

代码的第 2 行创建了 LayerManager 的实例 objlm。代码的 3~4 行分别添加了两个层 layer1 和 layer2,layer2 将会显示在 layer1 的底层。在代码的第 5 行在索引为 1 的位置上插入了图层 layer3,由于 LayerManager 当中已经存在两个图层,并且索引为 1 的图层当前是 layer2,那么在索引为 1 的位置上插入图层 layer3 后,原来的索引为 1 的图层 layer2 将会自动编号到 2。代码第 6 行设置了一个观察窗口,位置在(0,0)大小为 30×30。

LayerManager()使用 paint()方法按照降序的方法进行图形的绘制,paint()方法的定义如下:

paint(Graphics, int, int)

paint()方法包含(x,y)坐标,通过这个坐标可以控制可视窗口在屏幕中的现实的位置,改变参数不会改变窗口的内容,仅是简单地改变可视窗口在屏幕中的位置。例如一个游戏在屏幕的顶端显示当前的分数,可视窗口需要在(17,17)的位置显示,这样才会有足够的空间来显示文字,如图 4-21 所示。

图 4-21 paint()方法绘制图片

4.3.5 设置图层的显示位置

可以使用 setPosition()方法设置图层的位置。setPosition()方法有两个参数,分别代表图层将要显示的位置,代码 Layer.setPosition(0,0);是在屏幕的坐标(0,0)开始绘制图形。当使用图层管理器 LayerManager 的时候,setPosition(int x, int y)中的参数 x 和 y 不再是屏幕上的坐标,而是变成了相对 LayerManager 位置的 x 和 y。将单独的图层和已经加入图层管理器的图层所设置的位置进行一下对比,例如:

```
1 public void example(Graphics g){
2     layer.setPosition(10,10);
```

```
3    layer.paint(g);
4    flushGraphics();
5    layerManager.append(layer);
6    layerManager.setPosition(15,15);
7    layerManager.paint(g,10,10)
8 }
```

代码第 2 行设置了 layer 层的位置在(10,10),代码第 5 行将图层 layer 添加到图层管理器 layerManager 中,第 6 行设置图层管理器的位置为(50,50)。绘制的效果如图 4-22 所示。

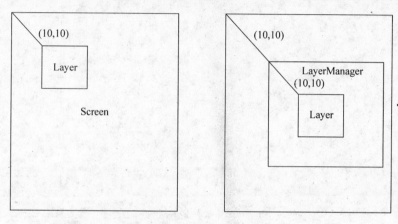

图 4-22　对比两种 setPosition()方法的显示效果

4.3.6　地图编辑器

对于手机游戏来说,目前为止,绝大多数游戏都是 2D 的。在制作小型 2D 游戏的时候,游戏策划人员所要面临的诸多问题之一便是地图的编辑,这包括地图拼合及游戏关卡设计。手动地编写二维数组的游戏地图是一件非常困难的事情,定位 tile 和更改画面都非常地费时费力,这就需要一个方便实用的工具,可以将美术人员提供的元素以最快的速度组合成可以使用的游戏资源。因此一些软件公司开发了专门的地图编辑器来设计复杂的地图,地图编辑器的使用将极大地简化工作量和工作难度。地图编辑器有很多种,常用的编辑器如下。

(1) Mappy: http://www.tilemap.co.uk/mappy.php。

(2) Tile Studio: http://mapeditor.org/index.html。

(3) Open tUME: http://members.aol.com/opentume/。

(4) Games Factory Pack 3.1: http://www.arrakis.es/~esanchez/。

这里使用 Tile Studio 作为地图的编辑工具。Tile Studio 是地图编辑器中较为出色的一款,它本身包含了两个主要功能:元素制作和地图拼合。前者可以制作元素,此功能主要面向美术人员,但一般国内的美术人员都倾向于使用 Photoshop,且游戏策划人员不必自行绘制元素。Tile Studio 支持每一块元素的大小,从 8×8 直到 64×64,小于或大于这个数字,虽然也能支持,但软件的效率就会降低很多。

图 4-23 所示为 Tile Studio 的主界面。Tile Studio 有绘图模式和拼图模式两种模式,使用图 4-24 所示的菜单可以切换两种模式,前者是绘图模式,后者为拼图模式。

图 4-25 所示为拼图模式。图 4-25(a)所示为 New Tile Set 按钮和 New Map 按钮。

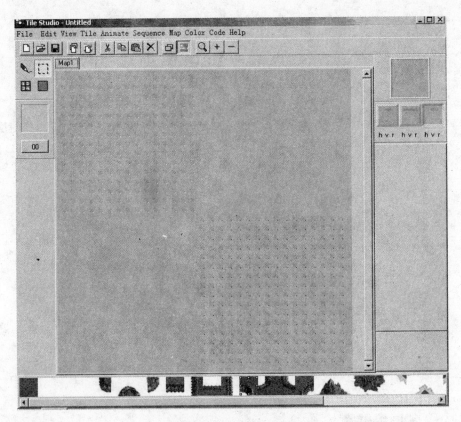

图 4-23　Tile Studio 主界面

Tile Set 是指同一组元素,每款游戏可能需要用到不同组元素,如城市、山路、雪地等,这就需要导入多组元素;而 Map 是指使用同一组元素的不同地图,例如,同样是使用山洞元素的可以有多张地图,山洞 1、山洞 2 等。图 4-25(b)所示为 Tiles 和 Map 的标签,可以通过标签在不同的组元素或地图之间切换。在逻辑关系上,Tiles 大于 Map,后者包含在前者之中。图 4-25(c)所示为拼图模式中可用的铅笔工具和选择工具。

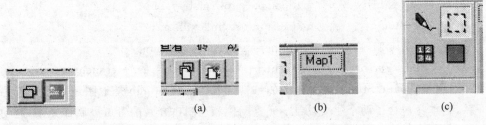

(a)　　　　　　(b)　　　　　　(c)

图 4-24　Tile Studio 模式切换菜单　　　　　　图 4-25　新建按钮

使用铅笔工具可以将当前选中的图像元素绘制到 map 中。选择工具可以用来选择大片区域,选择后按 Del 键可以删除所有当前选中内容,如果选择后右击,可以取消当前选择,若选择后单击 copy 按钮,可以将当前内容拷贝到剪贴板区,供以后使用。图 4-26 所示为单元属性设置面板。上面的方块用来设定该单元是否可以通行,在方块上的横线代表该单元格在此方向上是否可以通行,这些方向包括上、下、左、右和\、/。其下的 00 是单元格的代码,可以用来设定单元格的事件,配合程序就能设定各类事件触发点。单元格代码为 1~255,在地图上显示的是十六进制,这样可以节省存储空间,因此在地图上显示的就是 01~FF。

图 4-27 所示为组合成单元格的方式,上面的图形是最终的效果,下面三张分别是第一、第二、第三层。从图中可以看到,第一层为沙地,第二层为草,第三层为树叶。最终效果图上还多了两项,08 是指该单元格的代码,白色横线是指该单元格不可通行。最下面的 h、v、r 分别用于水平翻转、垂直翻转、90 度翻转当前元素块。

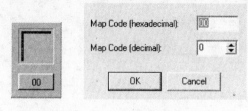

图 4-26 单元属性面板

图 4-27 单元格

1. 导入元素

创建地图的第一步是导入图片元素,按快捷键 F4 可将元素导入编辑器中,Tile Studio 支持两种格式的图像元素:bmp 和 png。此时出现图 4-28 所示的对话框,该对话框中定义导入元素的格式,Tile Width 和 Tile Height 定义了每一块元素的长宽各是多少,图中 16 是指每一小块元素是 16×16 个像素的。Transparent color 用以定义元素的透明色,先单击右面的方框,然后在元素中单击透明色即可。设置完成之后单击 Import 按钮,右面还有个 Auto-detect 按钮,这是程序自动设置。

2. 加载图层

使用 Tile Studio 可以轻松地加载现有的图层、bmp 或 png 位图文件(命令为 File→Import Tiles)。这样就可以复用以前设计好的文件或者其他游戏截取的图片。加载 bmp 位图的时候有一个自动检测(Auto-detect)的按钮,当透明颜色(Transparent color)被完全设置时,它就能自动检测出图层的大小。可以通过单击位图上的任何地方来设置透明颜色(Transparent color),当按住 Shift 键时可以选择多种颜色作为透明颜色,还可以看到当相关参数正确时,在图片上移动鼠标可以看到右下角的框图里的颜色会一直跟着移动而相应改变,如图 4-29 所示。

每个图层集合必须有唯一的标识符,这些标识符用来在游戏中产生相应的代码,这样在编写游戏时就能引用在这里所定义的标识了。如果想从多张位图中加载图层,只要一个一个地加载就可以。当要将这些图层加载到一个新的图层集合时,使用 Edit→Copy Tiles 命令就可以实现。最后,再用 Tile→Remove Duplicates 命令移除这些副本。如果加载了某个图层并修改了原先的位图,可以按 F5 键(Refresh imported tiles)来更新先前的图层。这个操作只对加载的文件有效,对于复制的文件无效。需要注意的是,这样会永久地更改先前加载的文件,同时当增加、减少移动图层或是修改位图的大小的时候,地图文件也会相应地改变。

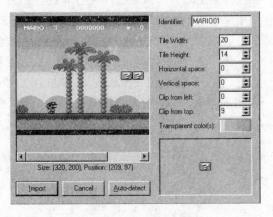

图 4-28　导入元素　　　　　　　　　　　　图 4-29　加载地图

3.选择颜色

在默认情况下,Tile Studio 使用平滑的 RGB 调色板,如图 4-30 所示。通过按快捷键 Shift+P 可以选择不同的调色板,它们包括了水平和垂直的(红,绿,蓝)渐变颜色。它所形成的颜色表具有相同的颜色阶差,并且颜色的排列顺序是可以改变的,快捷键为 Ctrl+P (Rearrange Palette)。颜色的深度变化范围为 6~10,相应的快捷键为:Ctrl+6、Ctrl+7、Ctrl+8、Ctrl+9 和 Ctrl+0。在深度为 6 时,只能有 6×6×6=216 种颜色可以使用,使得位图适合 256 色的模式。任何时候,都可以使图层与当前的调色板相匹配(命令为 Tile→Match Colors)。单击调色板可以选择相应的颜色,在调色板下方有一个颜色选择,单击它会弹出颜色对话框,可以右击选择所要的颜色,所选的颜色会作为透明颜色(Transparent color)显示出来。单击右边的颜色带,当鼠标指针在上面移动时,所选的颜色也相应地改变了。当选中某种颜色时,在其上方就有一个标志[—]以标出被选的颜色,可以按+键或—键来移动这个标识。大多数的画图工具都有这种颜色带(Color patterns),还可以用[键和]键来保存和选择所要的颜色带。正常情况下,颜色带基于一种颜色(从深到浅)。当然,可以按住鼠标来创建一种颜色带从一种颜色到另一种颜色的组合颜色。在画图时,可以右击位图以获得所需的颜色,还可以同时按快捷键 Ctrl+U 以获取一个多种不同颜色的调色板。

4.调色板管理器

Tile Studio 可被用于带有调色板的基于图像工程,调色板包含了 256 种颜色实体,其中有一部分可能没有定义(所以可以保留这些未定义的实体以作它用)。每种图层的集合可以是它自己的调色板,一个调色板可以用于多个图层集合。可以利用调色板管理器(如图 4-31 所示)创建调色板(按快捷键 Ctrl+F9),并且可以独立地编辑每种颜色,也可以使各种颜色之间平滑渐变(按住 Shift 键),同时也可以加载先前在其他的图层集合中产生或创建的调色板。

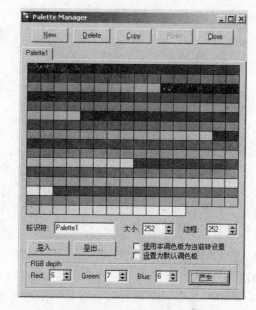

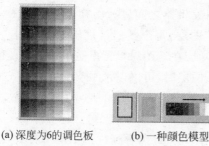

(a) 深度为6的调色板　　(b) 一种颜色模型

图 4-30　调色板　　　　　　　　　　图 4-31　调色板管理器

5. 调色板管理器

一般情况下,在自己的图层里最好也创建一个自己的调色板,按快捷键 Ctrl＋U 就能显示所有的颜色然后就可以开始调色板设置了。当创建(New)一个新的调色板时,它会包含图层集合里的所有颜色,当然颜色总数不会超过 256 种。可以通过设置颜色深度以产生更多的颜色数目。例如:按快捷键 Ctrl＋6 将颜色深度设置为 6,然后再按快捷键 Ctrl＋U 就可以产生一个新的颜色表了。

6. 画图工具

画图工具在软件的左边,图 4-32 所示的图标就是画笔工具,选择这个画笔,它会以像素级的大小画出图形,不论线条的粗细,它所画出的颜色为最后一次选定颜色表里的颜色。也可以画透明颜色:单击右边的透明颜色(Transparent color)。而当按住 Shift 键时,利用鼠标右键可以擦掉。

图 4-33(a)所示的是画刷工具,其功能与画笔的功能相似,只是它的笔画会粗一些,当选择的颜色是颜色带时,它画出来的线条会由多种颜色组成。图 4-33(b)显示了绘制图像所用线条的大小,单击它时线条会加粗,而右击时会变细。这个线条主要用于画刷、画笔、矩形、圆和各圆角矩形。图 4-33(c)所示的工具是形状工具,可以选择不同的形状来绘制,这里可以画出矩形、圆和圆角矩形等图形,线条的粗细取决于所选的画线的大小。图 4-33(d)是一些特殊的工具,主要用于图像的特殊处理,"太阳"标志的就是加亮处理,"月亮"就表示变暗处理,"绿色和黄色"按钮表示增加颜色,最后一个是进行平滑处理。图 4-33(e)所示的是图层工具,图层工具可以选择所要的图层,可以在不同的区域中拖动选择所要选中的区域,便于复制或粘贴,或加载颜色等操作。

(a)画刷　　(b)线条样式　　(c)形状工具　　(d)特殊工具　　(e)图层

图 4-32　画笔工具　　　　　　　　　　图 4-33　画刷工具

7. 地图编辑器

按快捷键 Ctrl＋Tab，就能在图层编辑器和地图编辑器之间进行转换。一张地图一般都是一些图层的集合，所以创建地图时要先创建一些图层，每个图层可用于多张地图之中。注意：在当前版本的 Tile Studio 里，"取消"(Undo)功能在地图编辑器里是不可用的。使用地图编辑器可以创建一个完整的图层，当在地图里贴图层时，可以以水平或垂直的方式来贴图，也可将多个图层组合成一个新的图层便于使用。在图 4-34 所示的例子中，小草放在树的前面，所以小草以水平的方式显示出来。

如图 4-35 所示，在屏幕右边显示出当前正使用的图层，可以看到这个图层一共有 3 层。3 个图层任何一个都可以覆盖其他两个，3 个图层从左到右依次排开。3 个图层都可以以水平、垂直的方式进行显示。如果想改变其中的某个，可以右击以上 3 个小按钮，可以按 Tab 键以选择图层(例子中选中了中间那个)，再选择相应的图层进行填充，最后还可以选择以 h (水平)或 v(垂直)的方式显示图层。

 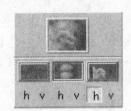

图 4-34　图层　　　　　　　　　　　图 4-35　图层管理器

地图编辑器中同样有一些工具用于编辑地图，在地图编辑状态下当画笔被选中时，就可以用它在当前的图层上画图，在地图上拖动就可以了。地图的 3 个层会被画到，而不仅仅是最上面一层，可以右击选择地图当前的图层。图层选择工具可以在地图中进行选择，用它可以很快地填充某个选择的区域，只要选定所要的区域，再单击相应的颜色就可以实现快速填充。也可以按 Del 键进行删除，可以去掉某个区域，也可以复制某个区域。右击就可以取消选择。图 4-36(a)所示的工具是在地图编辑状态下才有的工具，使用这个工具可以同时将多个位图组合成一个大的位图进行填充，选择图层最左上角，然后在地图上拖动，这样就可以在所选的图层上依次填充多个不同的位图，它可以一次将一个图层填满。图 4-36(b)所示的工具具有一般的块填充功能，它可以一次性将三个图层都进行填充，也适合于画一些大的区域。

要将剪贴板上的图像粘贴到地图中的某个选定区域，按快捷键 Ctrl＋V 就可以实现，如果所选择的区域过大，那么所填充的图层会出现重复。当然还有一种拉伸的粘贴方式以适应不同大小的粘贴区域，它可将所有的边沿区域进行扩展。图 4-37 所示的是使用剪贴板和进行拉伸粘贴的例子，在这个例子，通过将一个小墙进行拉伸粘贴就可以变成一张大的墙。

另外一种有趣的粘贴方式就是随机填充(按快捷键 Ctrl＋R),它以剪贴板上的内容对所选区域进行随机粘贴。

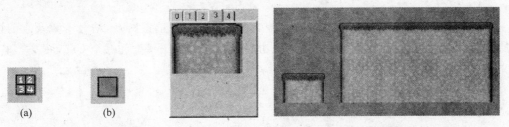

图 4-36 图层编辑器新增工具　　　　图 4-37 剪贴板和进行拉伸粘贴的示例

8. 边界和地图代码

在 Tile Studio 中,可以在图层编辑器中对边界进行定义。边界就好比是墙,意味着当物体移动通过边界时会发生碰撞。通常可以用边界来表示地面、墙或其他的板块,在上面的图像就会显示一些边界(白色的线),如图 4-38 所示。每个图片有上,下,左,右 4 个边界,斜的物体还有/和\两处边界。当画的图层有相同的边界时,可以在地图编辑器中来设置这些边界,它们会自动进行设置。可以先对地图进行图层填充,然后再进行边界设置。地图的编号范围为 1～255,可以在地图中的任何位置进行标示。这些编号可以用在游戏中以创造所要的对象或其他的东西。在地图中,这个编号是以十六进制表示的(这样比十进制节省空间),范围为 01～FF。要改变地图里的编号只要单击 00 按钮就可以进行修改。

9. 动画

Tile Studio 还提供进行动画设计得非常有用的功能。可以像设计一般层一样来设计动画,只要用几张具有分解动作的图片就可以了。要将图片设计成在跑动的动画,可以用快捷键 Shift＋[来选择动画的第一帧,用快捷键 Shift＋]选择最后一帧。然后按快捷键 Ctrl＋A打开动画功能,这样动画就可以跑动了。为了创建一个活动的动作序列,必须为这个序列创建一个特别的地图,将所有帧都并排填放到地图当中,并为每个图片加一个地图编号,以指示每个将要被显示的图层的帧数。图 4-39 所示的动画由两个图片组成,10 表示以 10(十六进制)帧的速度进行显示。可以通过选择一些图片来组成动画序列,同时按快捷键 Shift＋F7(转成图层序列),也可以单击下屏幕右下角来创建一个新的动画序列。动画序列的号码以红色的数字显示(如图 4-39 中的 01),如果想在游戏中用到这个动作序列,就一定会用到这个号码。

图 4-38 关卡的边界　　　　　　　　　图 4-39 动画序列

4.4　本 章 实 例

从本章开始将介绍一个比较完整的游戏实例——草原追逐游戏,结合本章及之前讲述的内容,本章实例实现了游戏的画面显示功能,即一个 MIDlet 类和一个 Canvas 类。其中,文件 grassland.java 的完整代码如下:

```java
import javax.microedition.midlet.*;
import javax.microedition.lcdui.*;
public class HighSeasMIDlet extends MIDlet implements CommandListener {
  private GrassLCanvas canvas;
    public void startApp() {
    if (canvas == null) {
      canvas = new GrassLCanvas(Display.getDisplay(this));
      Command exitCommand = new Command("Exit", Command.EXIT, 0);
      canvas.addCommand(exitCommand);
      canvas.setCommandListener(this);
    }
    // Start up the canvas
    canvas.start();
  }
  public void pauseApp() {}
  public void destroyApp(boolean unconditional) {
    canvas.stop();
  }
  public void commandAction(Command c, Displayable s) {
    if (c.getCommandType() == Command.EXIT) {
      destroyApp(true);
      notifyDestroyed();
    }
  }
}
```

文件 GrassLCanvas.java 的完整代码如下:

```java
1 import javax.microedition.lcdui.*;
2 import javax.microedition.lcdui.game.*;
3 import java.util.*;
4 import java.io.*;
5 import javax.microedition.media.*;
6 import javax.microedition.media.control.*;

7 public class GrassLCanvas extends GameCanvas implements Runnable {
8   private Random        rand;
9   private Display       display;
10   private boolean      sleeping;
11   private long         frameDelay;
12   private LayerManager layers;
13   private int          xView, yView;
14   private TiledLayer   grassLayer;
```

```
15   private TiledLayer      disabilityLayer;
16   private int             waterDelay;
17   private int[]           waterTile = { 1, 3 };
18   private Image           infoBar;
19   private ChaseSprite     oxSprite;
20   private boolean         gameOver;
21   private int             energy, piratesSaved;

22   public GrassLCanvas(Display d) {
23     super(true);
24     display = d;
25       //Initialize the random number generator
26     rand = new Random();
27       //Set the frame rate (30 fps)
28     frameDelay = 33;
29   }
30   public void start() {
31       //Set the canvas as the current screen
32     display.setCurrent(this);
33       //Create the info bar image and water and land tiled layers
34     try {
35       infoBar = Image.createImage("/InfoBar.png");
36       grassLayer = new TiledLayer(24, 24, Image.createImage("/grass.png"), 32, 32);
37       disabilityLayer = new TiledLayer(24, 24, Image.createImage("/Land.png"), 32, 32);
38     }
39     catch (IOException e) {
40       System.err.println("Failed loading images!");
41     }
42       //Setup the water tiled layer map
43     grassLayer.createAnimatedTile(1);
44     grassLayer.createAnimatedTile(3);
45     int[] waterMap = {
     0,0,0,0,0,0,0,0,0,0,0,0,0,0,0,0,0,0,0,0,0,0,0,0,
     0,0,0,0,0,0,0,0,0,0,0,0,0,0,0,0,0,0,0,0,0,0,0,0,
     0,0,-1,1,-1,1,1,-1,-2,1,-1,1,1,-1,1,1,-1,1,1,-1,1,-2,0,0,
     0,0,1,1,-1,1,-1,1,1,-1,1,1,-2,1,-1,1,1,-2,1,1,-1,1,0,0,
     0,0,-2,-1,1,-1,1,-2,1,1,-2,1,1,-1,1,-2,1,1,-2,1,1,-1,0,0,
     0,0,-1,1,-1,1,-1,1,1,-1,1,1,-1,1,-1,1,-1,-1,1,1,-1,1,0,0,
     0,0,1,-1,1,-1,1,1,-1,1,1,-1,1,-2,1,-1,1,1,-1,1,1,1,0,0,
     0,0,-1,1,-1,1,1,-1,1,1,-1,1,1,-1,1,1,-1,1,1,-1,1,-1,0,0,
     0,0,1,-1,-2,1,1,1,-1,1,1,-2,-1,1,1,-2,1,1,-2,-1,-2,0,0,
     0,0,-2,1,1,1,-1,-2,1,-1,1,-1,1,1,-1,1,-1,1,-1,1,1,1,0,0,
     0,0,1,1,1,-1,1,1,-1,1,1,1,-2,-1,1,1,1,-1,1,-1,1,-1,0,0,
     0,0,1,-1,-2,1,-1,-2,1,-2,-1,1,-1,1,-1,-1,-1,1,-1,1,-1,1,0,0,
     0,0,-2,1,1,1,1,1,1,1,-1,-1,1,-1,1,1,1,-2,1,1,-2,-1,0,0,
     0,0,-1,1,-1,-1,1,-1,-2,-1,1,1,-2,1,-1,1,-1,1,1,-1,1,1,0,0,
     0,0,1,-2,1,1,-1,1,1,1,-1,-1,1,-1,1,1,1,1,-1,1,1,-1,0,0,
     0,0,-1,1,1,-2,-2,-1,1,-1,1,-1,1,1,-1,-2,1,-1,1,-2,1,0,0,
     0,0,-2,1,-1,1,-1,1,1,-1,1,-1,1,-2,-1,1,1,-1,1,-1,1,1,0,0,
     0,0,1,1,-1,1,1,-1,1,1,-2,1,-1,1,1,1,-1,1,-1,1,-1,-1,0,0,
     0,0,1,-1,1,-2,1,-2,-1,1,1,-1,1,-1,1,-1,1,-1,-2,-1,1,1,0,0,
```

```
         0,0, -1,1, -1,1,1, -1,1, -2, -1,1, -2, -1, -2,1, -1, -2,1, -1, -2,1,0,0,
         0,0,1, -1,1, -1,1, -1,1, -1,1,1, -1,1, -1,1, -1,1, -1,1,1, -1,0,0,
         0,0, -2, -1,1,1, -2,1, -1,1, -1, -2,1, -2,1, -1, -2,1,1, -2, -1,1,0,0,
         0,0,0,0,0,0,0,0,0,0,0,0,0,0,0,0,0,0,0,0,0,0,0,0,
         0,0,0,0,0,0,0,0,0,0,0,0,0,0,0,0,0,0,0,0,0,0,0,0
46   };
47   for (int i = 0; i < waterMap.length; i++) {
48     int column = i % 24;
49     int row = (i - column) / 24;
50     grassLayer.setCell(column, row, waterMap[i]);
51   }
52   //Initialize the animated water delay
53   waterDelay = 0;
54   //Setup the land tiled layer map
55   int[] landMap = {
         1, 1, 1, 1,1,1,1,1,1,1,1,1,1,1,1,1,1,1,1,1,1,1,1,1,
         1,1,1,1,1,1,1,1,1,1,1,1,1,1,1,1,1,1,1,1,1,1,1,1,
         1,1,32,25,17,8,25,25,25,25,25,25,25,25,25,25,25,25,25,25,26,1,1,
         1,1,31,0,29,20,0,0,0,0,0,0,0,0,0,0,0,0,0,0,27,1,1,
         1,1,31,0,0,0,0,6,7,0,0,6,11,11,7,0,6,11,11,7,0,27,1,1,
         1,1,31,0,0,0,0,10,12,0,0,10,1,1,12,0,10,1,1,12,0,27,1,1,
         1,1,31,0,6,11,11,14,12,0,0,10,1,1,12,0,10,1,1,12,0,27,1,1,
         1,1,31,0,10,16,9,9,8,0,0,5,9,9,8,0,5,9,9,8,0,27,1,1,
         1,1,31,0,10,12,0,0,0,0,0,0,0,0,0,0,0,0,0,0,27,1,1,
         1,1,31,0,10,15,7,0,6,7,0,0,6,11,7,0,0,0,0,0,0,27,1,1,
         1,1,31,0,10,16,8,0,5,8,0,6,14,16,8,0,0,0,0,0,0,27,1,1,
         1,1,31,0,10,12,0,0,0,0,0,10,1,12,0,0,0,6,7,0,0,27,1,1,
         1,1,31,0,10,15,11,7,0,6,11,14,16,8,0,0,6,14,12,0,0,27,1,1,
         1,1,31,0,5,9,9,8,0,5,9,9,8,0,0,0,10,16,8,0,0,27,1,1,
         1,1,31,0,0,0,0,0,0,0,0,0,0,0,0,0,5,8,0,0,0,27,1,1,
         1,1,31,0,17,18,0,0,0,0,0,0,0,0,0,0,0,0,0,0,27,1,1,
         1,1,31,0,19,20,6,7,0,0,0,0,0,0,0,0,6,7,0,27,1,1,
         1,1,31,0,0,0,5,8,0,17,18,0,0,0,6,11,7,0,5,8,0,27,1,1,
         1,1,31,0,17,18,0,0,0,19,20,0,0,0,10,1,12,0,0,0,0,27,1,1,
         1,1,31,0,19,20,0,17,18,0,17,18,0,0,5,9,8,0,0,0,0,27,1,1,
         1,1,31,0,0,0,0,19,20,0,19,20,0,0,0,0,0,0,0,0,27,1,1,
         1,1,30,29,29,29,29,29,29,29,29,29,29,29,29,29,29,29,29,29,28,1,1,
         1,1,1,1,1,1,1,1,1,1,1,1,1,1,1,1,1,1,1,1,1,1,1,1,
         1,1,1,1,1,1,1,1,1,1,1,1,1,1,1,1,1,1,1,1,1,1,1,1
56   };
57   for (int i = 0; i < landMap.length; i++) {
58     int column = i % 24;
59     int row = (i - column) / 24;
60     disabilityLayer.setCell(column, row, landMap[i]);
61   }
62   //Create the layer manager
63   layers = new LayerManager();
64   //Start a new game
65   newGame();
66   //Start the animation thread
67   sleeping = false;
```

```
68   Thread t = new Thread(this);
69   t.start();
70   }

71   public void stop() {
72   //Stop the animation
73   sleeping = true;
74   }

75   public void run() {
76   Graphics g = getGraphics();
77   //The main game loop
78   while (!sleeping) {
79     update();
80     draw(g);
81     try {
82       Thread.sleep(frameDelay);
83     }
84     catch (InterruptedException ie) {}
85   }
86 }

87   private void draw(Graphics g) {
88   //Draw the info bar with energy and pirate's saved
89     g.drawImage(infoBar, 0, 0, Graphics.TOP | Graphics.LEFT);
90     g.setColor(0, 0, 0); //black
91         g.setFont(Font.getFont(Font.FACE_SYSTEM, Font.STYLE_PLAIN, Font.SIZE_MEDIUM));
92     g.drawString("Energy:", 2, 1, Graphics.TOP | Graphics.LEFT);
93     g.drawString("Pirates saved: " + piratesSaved, 88, 1, Graphics.TOP | Graphics.LEFT);
94     g.setColor(32, 32, 255); //blue
95     g.fillRect(40, 3, energy, 12);
96     //Draw the layers
87     layers.paint(g, 0, infoBar.getHeight());
98     if (gameOver) {
99     //Draw the game over message and score
100     g.setColor(255, 255, 255); //white
101     g.setFont(Font.getFont(Font.FACE_SYSTEM, Font.STYLE_BOLD, Font.SIZE_LARGE));
102     g.drawString("GAME OVER", 90, 40, Graphics.TOP | Graphics.HCENTER);
103     g.setFont(Font.getFont(Font.FACE_SYSTEM, Font.STYLE_BOLD, Font.SIZE_MEDIUM));
104     if (piratesSaved == 0)
105         g.drawString("You didn't save any pirates.", 90, 70, Graphics.TOP | Graphics.HCENTER);
106     else if (piratesSaved == 1)
107     g.drawString("You saved only 1 pirate.", 90, 70, Graphics.TOP | Graphics.HCENTER);
108     else
109         g.drawString("You saved " + piratesSaved + " pirates.", 90, 70, Graphics.TOP |
110         Graphics.HCENTER);
111     }
112     //Flush the offscreen graphics buffer
113     flushGraphics();
114   }
```

```
115   private void newGame() {
116     //Initialize the game variables
117     gameOver = false;
118     energy = 45;
119     piratesSaved = 0;
120     layers.setViewWindow(xView, yView, getWidth(), getHeight() - infoBar.getHeight());
121   }
122 }
```

图 4-40.　图像的绘制

在上面的代码中,第 32 行 display.setCurrent(this);设置当前的对象为显示对象。第 36 和第 37 行利用 image 分别读取外部图像创建了水和草地的 TiledLayer 图层。为了做出水流动的效果在第 43 和第 44 行为水层通过 createAnimatedTile 方法建立了两个动态 tile。第 45 行和第 55 行通过矩阵数组分别创建了动态背景水和静态背景陆地。第 57～61 行对背景进行了填充。第 63 行创建了图层管理器,用于多个图层的管理。在这个例子中完成了海盗船游戏的场景和道具的绘制。代码运行的效果如图 4-40 所示。

4.5　本章小结

本章介绍了游戏图形绘制的基本方法,结合实例介绍了动态图像和静态图像的绘制方法,可以了解到游戏场景和道具的绘制原理。图层管理器 LayerManager 可以帮助开发者管理不同图层的叠加和显示,本章的难点是动态和静态图像的绘制方法。

习　题　4

1. 手机的坐标系同普通的直角坐标系有什么异同?

2. 为什么要使用矩阵填充的方式来显示背景图像?

3. 图层管理器的特点是什么?

4. 什么是双缓冲技术?双缓冲技术解决的问题是什么?

5. 绘制一个 1 个单位长度的矩形 drawRect(10,10,1,1),填充长度为 1 个单位的矩形 fillRect(10,10,1,1),它们绘出的区域所包含的像素数目相同吗?为什么?

6. 利用所学知识完成坦克大战的场景和游戏对象的绘制。

第5章

在游戏中使用动画

任何一款能够引起玩家兴趣的游戏都离不开动画。孤零零的线条和图形不具备什么趣味性，即使被赋予绚丽的色彩，这种静态的界面也不能称之为游戏。为了让屏幕上的元素动起来，进而通过运动之中发生的各种关系引导游戏情节发展，J2ME 提出了精灵的概念。本章围绕精灵动画的原理和实现机制展开介绍，读者将学到：

◇ 什么是动画，人为什么会感觉到动画的存在；

◇ 精灵类是如何定义的，它与屏幕上的图形图像有什么关系；

◇ 如何在游戏中创建一个精灵；

◇ 怎样控制精灵的显示和移动效果。

5.1 动画的概念

动画是通过把人、物的表情、动作、变化等分段画成许多幅画，再用摄影机连续拍摄成一系列画面，给视觉造成连续变化的效果。它的基本原理与电影、电视一样，都是视觉原理。医学已证明，人类具有"视觉暂留"的特性，就是说人的眼睛看到一幅画或一个物体后，在 1/24 秒内不会消失。利用这一原理，在一幅画还没有消失前播放出下一幅画，就会给人造成一种流畅的视觉变化效果。

图 5-1 所示是一个简单的飞行动画，它将两幅独立的图画打印在白纸上。把这两张纸叠在一起，当快速、反复翻动第一页纸时，人们仿佛看到翅膀上下扇动的情景。

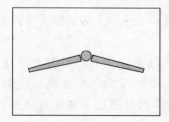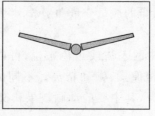

图 5-1　简单的动画实例

与现实中的电影和电视不一样的是,手机游戏中的动画受到设备的限制比较多。高速图形切换需要更多的处理器开销,因此手机游戏开发者必须在动画效果和有限的系统资源之间寻找平衡。一种可能的策略是,选用一些相对简单和不那么精致的图形作为动画的元素来换取游戏速度的保证。

5.2　Sprite 类

在 J2ME 中,动画的一系列属性和动作被封装在 Sprite 类内部。与游戏动画有关的类存在图 5-2 所示的层次关系。

其中,GameCanvas 类负责提供面向玩家的基本游戏界面;Layer 是一个抽象类,代表游戏中具有实际大小和位置的元素(物体),Sprite 和 TiledLayer 都是 Layer 类的派生;LayerManager 类是一个管理器,协调多个图层之间的关系。

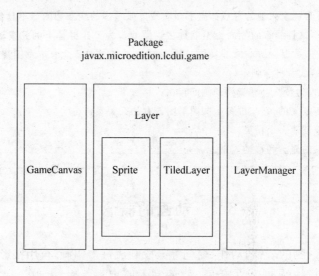

图 5-2　精灵类的层次结构

Sprite 类的来源如下所示。

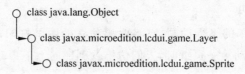

Sprite 类包含大量的成员变量和函数,并且从 Layer 类那里继承了许多方法,它们的关系如图 5-3 所示。

对于一个游戏中的人物或角色来说,可以为其建立不同层次上的视角,按照分解的细微程度排列依次是像素、帧和精灵。不同的层次可能独自或共同拥有某些方法,作为玩家可见的精灵对象,其主要的动画效果和操作都是通过与其他对象的碰撞检测和处理来实现的。

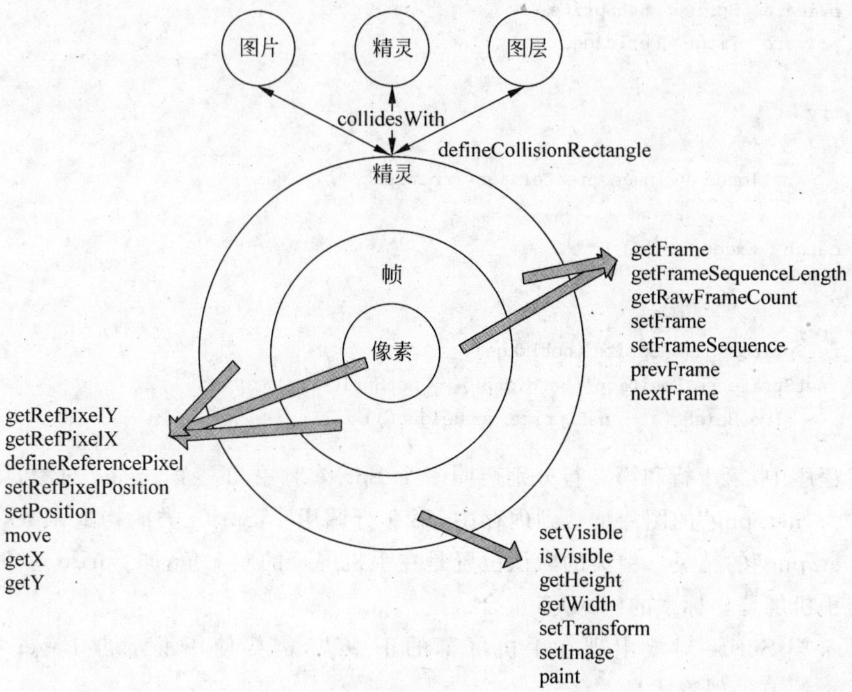

图 5-3　精灵操作的函数关系

5.3　手机游戏中的动画实现

动画一般可以划分成两种不同的类型：基于图片的动画和基于对象的动画。前者不区分游戏中的角色和背景，统一地把它们看作一幅完整的图片，通过快速变换图片实现动画的效果。这种方式在手机游戏中不太适用，因为连续的图片中通常含有大量不变的信息，这种重复和浪费在有限的手机资源面前是不可接受的。J2ME 采用基于对象的动画机制，Sprite 类以及定义在其中的各种函数为设计者提供了操纵游戏角色的途径，可以让手机游戏更加真实、高效和有趣。

5.3.1　创建精灵

在手机游戏中要想实现动画，必须首先创建一个 Sprite 对象（精灵），这就需要用到 Sprite 类的构造函数。Sprite 类有 3 个不同的构造函数，用于从不同数据来源中获取构成动画的元素。

1. 第一种构造函数形式

第一种构造函数定义如下：

```
Sprite(Image image);
```

这个函数用于生成最简单的精灵对象，屏幕中的精灵实际上就是 image 本身。利用这个构造函数生成精灵的代码如下：

```
1    private  Sprite  netSprite;
2    private  Image  netImage;

3    try
4    {
5        netImage = Image.createImage("/net.png");
6    }
7    catch ( Exception e )
8    { }

9    netSprite = new Sprite (netImage);
10   netSprite.setPosition((getWidth() - netSprite.getWidth()) / 2,
         (getHeight() - netSprite.getHeight()) / 2);
```

上述程序中,第 1 行和第 2 行分别声明一个 Sprite 对象和一个 Image 对象,第 3～8 行将一幅名为"net.png"的图片加载到内存中,第 9 行调用了 Sprite 类的构造函数,生成一个显示为"net.png"的精灵。精灵的默认位置是在手机屏幕的左上角,即 Sprite 对象的左上顶点恰好与手机屏幕坐标系的(0,0)点重合。

如果希望 Sprite 对象出现在手机屏幕的正中央,需要使用继承自 Layer 类的函数 setPosition(),其一般形式是:

public void setPosition (int x, int y)

这个函数使得 Sprite 对象的左上顶点定位于屏幕坐标系的(x,y)位置,第 10 行调用了这个方法,其坐标关系如图 5-4 所示。

getWidth()和 getHeight()用于获取手机屏幕的宽和高,当 Sprite 对象调用同名函数时就可以分别得到精灵的宽和高。图 5-4 中通过指定 netSprite 的左上顶点使得精灵位于屏幕的正中央。

运行程序,显示效果如图 5-5 所示,一幅篮网图片位于屏幕正中。

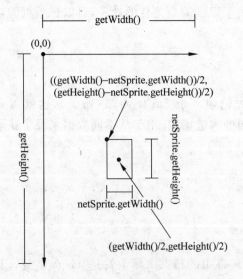

图 5-4　手机坐标系

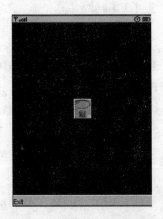

图 5-5　创建一个篮网精灵

2．第二种构造函数形式

第二种构造函数定义如下：

```
Sprite(Image image, int frameWidth, int frameHeight)
```

这是最常用的一个构造函数，用于生成一个具有动画效果的精灵，精灵的不同画面来自将 image 切割成的若干小块。每个小块叫做一帧，所有帧具有同样的大小，它们的宽和高分别由 frameWidth 和 frameHeight 决定。在将原始图像切成小块的过程中，小块按照从左向右、自上而下的顺序从 0 开始依次编号，最左上方的小块编号为 0。frameWidth 和 frameHeight 可以相等，此时帧是一个正方形；二者也可以取不同的值，此时的帧是一个普通的矩形。需要注意的是，不同的图像来源可能切割出完全一致的帧序列，如图 5-6 所示。

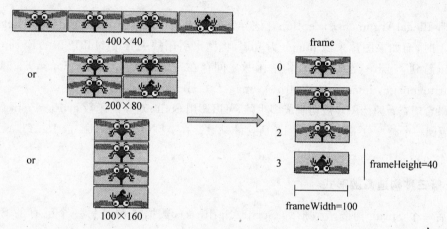

图 5-6　帧的切割

利用这个构造函数生成精灵的代码如下：

```
1    private  Sprite  beeSprite;
2    private  Image  beeImage;

3    try
4    {
5        beeImage = Image.createImage("/bee.png");
6    }
7    catch ( Exception e )
8    { }

9    beeSprite = new Sprite (beeImage, 100, 40);
```

第 9 行指示将图片"/bee.png"切割成宽为 100、高为 40 的帧，得到 4 个大小相等的小块，各帧编号如图 5-7 右上所示；如果令 frameHeight 仍为 40，而改变 frameWidth 为 200，则仅切割得到 2 个小块，如图 5-7 右下所示。

需要注意的是，原始图片的宽和高必须恰好是 frameWidth 和 frameHeight 的整数倍，即原始图片可以被切割成若干帧而没有剩余。如果不满足这一条件，构造函数将抛出非法

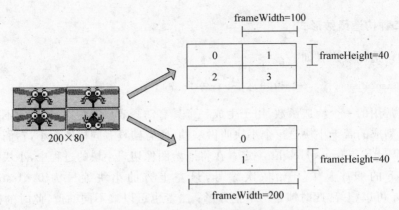

图 5-7　同一幅图像的不同切割方式

参数异常 IllegalArgumentException。该异常同样出现于 frameWidth 或 frameHeight 的赋值小于 1 时,而如果图片来源 image 为 null,将抛出引用缺失异常 NullPointerException。

可以看到,Sprite 类的这两个构造函数之间存在一定的关系,Sprite(image)实际上可以看做 Sprite(image, image. getWidth(),image. getHeight())的简写。

如果希望查看原始图片被切割成多少帧,可以调用 Sprite 对象的函数 getRawFrameCount(),该函数返回一个整型数字显示原始图片所含的帧数。在上例中,beeSprite. getRawFrameCount() 的值为 4。

3. 第三种构造函数形式

最后一个 Sprite 构造函数形如 Sprite(Sprite s),数据来源是另一个已有的 Sprite 对象,其实例如下:

```
1     private  Sprite  beeSprite, beeCopySprite;
2     private  Image  beeImage;

3     try
4     {
5         beeImage = Image.createImage("/bee.png");
6     }
7     catch ( Exception e )
8     { }

9     beeSprite = new Sprite (beeImage, 100, 40);
10    beeCopySprite = new Sprite ( beeSprite );
```

第 10 行完全复制一个已有 Sprite 对象 beeSprite 的属性,如原始帧、位置、可视性等,得到新的精灵 beeCopySprite。

5.3.2　帧的控制

通过学习 5.3.1 节,已经可以利用 Sprite 的构造函数 Sprite(Image image, int frameWidth, int frameHeight)将原始图片切割并从中生成一个精灵对象。但是默认情况下精灵对象只会静止在初始位置并且显示第 1 帧,没有任何动画效果。要将精灵真正地应用于手机游戏之中还需要做两件事:一是让精灵在不同时刻显示为不同图画,即为精灵设定帧序列;二是指挥精灵在手机屏幕上移动。

帧序列规定了精灵显示的顺序。生成一个精灵对象后,默认指定帧的播放序列是原始帧集合的一个镜像,也就是说初始情况下,帧序列的编号和原始帧集合的编号一一对应。此时调用 getFrameSequenceLength() 函数查看当前帧序列的长度,与调用 getRawFrameCount() 函数查看原始帧集合所含帧数得到的结果相等,如图 5-8 所示。

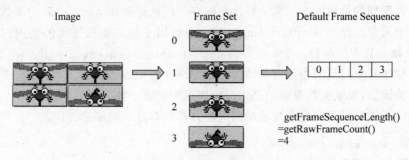

图 5-8　默认的帧序列

1. SetFrameSequence() 函数

利用 setFrameSequence() 函数可以人为地设定不同于默认值的帧显示顺序。其一般形式是:

```
public void setFrameSequence ( int[] sequence )
```

参数 sequence 是一个整型数组,用于存放指定的帧序列。这个数组需要符合一定的规范才能发挥作用,如果数组的长度小于 1 将抛出非法参数异常 IllegalArgumentException,如果数组的元素取值小于 0 或者大于等于原始帧序列的长度,将抛出索引超界异常 ArrayIndexOutOfBoundsException。图 5-9 显示了用户自定义的帧序列及对应的帧出现顺序。

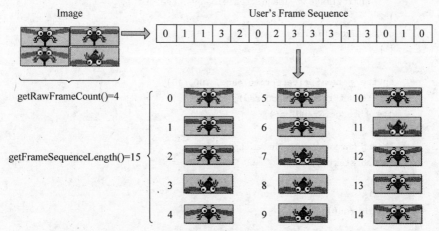

图 5-9　用户定义的帧序列

在图 5-9 中仍然使用大小为 200×80 的图片作为动画帧的来源,但是人为设定一个长度为 15 的用户帧序列。此时查看当前帧序列的长度 getFrameSequenceLength()＝15,与调用 getRawFrameCount()函数查看原始帧集合所含帧数得到的结果 4 不再相等。

可以使用一系列方法方便地控制用户帧序列中的每个元素以及任意时刻手机屏幕上显示的帧。prevFrame()函数用于选择当前帧的前一帧,nextFrame()函数则选择当前帧的下一帧,使用这两个函数时需要注意:用户定义的帧序列实际上是一个循环体,并非仅限于getFrameSequenceLength()得到的长度。也就是说,当在帧序列的队首调用 prevFrame()函数时将得到序列的最后一个元素;同样在帧序列的队尾调用 nextFrame()函数也将得到序列的第一个元素。此外,setFrame(int index)函数用于指定当前显示的是用户帧序列中的"第 index 帧",其中的参数 index 需要位于 $0\sim$ getFrameSequenceLength()范围内,它代表的是用户帧序列中的某个序号而非动画开始到现在的帧编号。最后,使用 getFrame()函数得到一个整数值,反映当前显示的是用户帧序列中的哪一帧。

下面的例子说明了用户将图片源切割为帧并控制其显示顺序的方法。

```
1    import javax.microedition.lcdui. * ;
2    import javax.microedition.lcdui.game. * ;

3    public class SpriteTestCanvas extends GameCanvas implements Runnable
4    {
5        private Sprite sprite;
6        private Image spriteImage;
7        private Graphics g;
8        private int seg[] = { 0, 1, 1, 3, 2, 0, 2, 3, 3, 3, 1, 3, 0, 1, 0 };
9        private int second = 0;

10       protected SpriteTestCanvas()
11       {
12           super(true);
13           try
14           {
15               spriteImage = Image.createImage("/bee.png");
16           }
17           catch (Exception e)
18           { }

19           sprite = new Sprite(spriteImage, 100, 40);
20           sprite.setFrameSequence(seg);
21           g = this.getGraphics();

22           Thread thread = new Thread(this);
23           thread.start();
24       }

25       public void run()
26       {
27           while (true)
28           {
```

```
29              try
30              {
31                  Thread.sleep(1000);
32              }
33              catch(InterruptedException e){}

34              if (0 <= second && second < 15)
35              {
36                  sprite.nextFrame();
37              }
38              else if (15 <= second && second < 30)
39              {
40                  sprite.prevFrame();
41              }
42              else if (second % 2 == 0)
43              {
44                  sprite.setFrame(2);
45              }
46              else
47              {
48                  sprite.setFrame(sprite.getFrame() + 2);
49              }
50              second++;

51              sprite.paint(g);
52              flushGraphics();
53          }
54      }
55  }
```

第 5~7 行依次声明了一个 Sprite 对象、一个 Image 对象和一个 Graphics 对象,第 8 行创建了一个整型数组,其 15 个元素{ 0,1,1,3,2,0,2,3,3,3,1,3,0,1,0 }代表用户定义的动画帧显示顺序,第 9 行定义了一个整型数 second,用于为动画的播放计时,second 的初值赋为 0。

第 10~24 行是 SpriteTestCanvas 类的构造函数,用于初始化成员变量及规定对象的初始状态,其中第 20 行将预先定义的数组 seg 指定为 Sprite 对象 sprite 的帧显示序列。由于第 19 行的精灵构造函数将图片"/bee.png"分割为了 4 帧,所以显然 seg 的所有元素都在帧序列 0~3 范围之内,可以被正常显示。

第 25~54 行的长函数体 run()规定了该游戏的运行方式,其主体是一个条件恒满足的循环。第 29~33 行指定循环每隔 1 秒(=1000 毫秒)执行一次,前 15 秒内精灵动画按照 seg 的规定从前往后依次显示,当执行到帧序列队尾后接下来 15 秒反向从后往前依次显示各帧。从第 30 秒开始判断当前时间,如果是偶数秒,指定显示用户帧序列中的第 2 个元素对应的帧,此时 index(2)=1;如果是奇数秒则显示第 4 个元素对应的帧,此时 index(2+2)=2。需要注意的是,由于用户帧序列有 15 个元素,所以 index 的取值范围是 0~14。循环体 while 的条件 true 恒满足,所以除非用户强行关闭游戏,否则一定时间以后蜜蜂的两帧动画将一直交替显示下去。图 5-10 是游戏在几个时刻的状态。

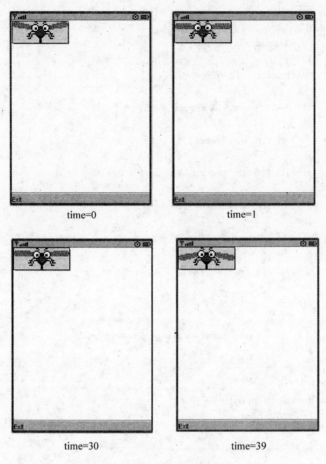

图 5-10 蜜蜂扇动翅膀

2. setImage()函数

某些时候,开发者希望在游戏进行过程中改变精灵图片的来源,此时可以使用 setImage()函数,其形式与 Sprite 的构造函数类似:

```
public void setImage ( Image img, int frameWidth, int frameHeight)
```

使用该函数,将在当前时刻 frameWidth 和 frameHeight 切割新的图片 img,得到的帧构成新的精灵动画。

5.3.3 让精灵移动

为了使玩家从视觉上觉得精灵在屏幕上移动(走动),可以通过两种途径实现:一种是使用前面介绍的 setPosition()方法,实时设定精灵在手机屏幕上显示的坐标位置;另一种是调用继承自 Layer 类的 move()方法,通过指定水平方向和竖直方向的移动距离形成移动的效果。下面的例子展示了如何让蜜蜂精灵移动,一只蜜蜂扇着翅膀从屏幕的左上角向右下方飞行,显示蜜蜂飞行的 BeeFlyCanvas 类代码如下:

```
1   import javax.microedition.lcdui. * ;
```

```
2   import javax.microedition.lcdui.game. * ;

3   public class BeeFlyCanvas extends GameCanvas implements Runnable
4   {
5       private Sprite sprite;
6       private Image spriteImage;
7       private Graphics g;
8       private int seg[] = { 0, 1, 2, 1 };
9       private int drawX = 0;
10      private int drawY = 0;

11      protected BeeFlyCanvas()
12      {
13          super(true);
14          try
15          {
16              spriteImage = Image.createImage("/bee.png");
17          }
18          catch (Exception e)
19          { }

20          sprite = new Sprite(spriteImage, 100, 40);
21          sprite.setFrameSequence(seg);
22          g = this.getGraphics();

23          Thread thread = new Thread(this);
24          thread.start();
25      }

26      public void run()
27      {
28          while (true)
29          {
30              try
31              {
32                  Thread.sleep(200);
33              }
34              catch (InterruptedException e) { }

35              g.setColor(255, 255, 255);
36              g.fillRect(0, 0, getWidth(), getHeight());
37              sprite.nextFrame();
38              if (drawY + 10 < getHeight())
39              {
40                  drawY += 10;
41                  sprite.setPosition(drawX, drawY);
42              }
43              else
44              {
45                  drawY = 0;
46                  sprite.setPosition(drawX, drawY);
```

```
47                  }
48                  if (drawX + 10 < getWidth())
49                  {
50                      drawX += 10;
51                      sprite.setPosition(drawX, drawY);
52                  }
53                  else
54                  {
55                      drawX = 0;
56                      sprite.setPosition(drawX, drawY);
57                  }
58                  sprite.paint(g);
59                  flushGraphics();
60              }
61          }
62  }
```

第 8 行将帧序列设定为{0,1,2,1}，相应地蜜蜂的翅膀按照上、平、下、平、上、平、……的顺序扇动，配合第 30～34 行将帧切换间隔设为 0.2 秒，实现的动画效果更接近真实。第 35～36 行先将画笔的颜色设为白色，然后填充整个手机屏幕。第 38～57 行使用 setPosition() 方法控制蜜蜂飞行，drawX、drawY 分别记录精灵当前的位置，正常情况下每次帧切换精灵向右和向下分别移动 10 个像素，但是当图片超出屏幕范围时将重新从左侧或上侧进入，如此循环一直到程序关闭为止。下述代码可以完全替代第 38～57 行的作用：

```
if (sprite.getX() + 10 < getWidth())
{
    sprite.move(10, 0);
}
else
{
    sprite.move(10 - getWidth(), 0);
}
if (sprite.getY() + 10 < getHeight())
{
    sprite.move(0, 10);
}
else
{
    sprite.move(0, 10 - getHeight());
}
```

代码指示当精灵图片在水平方向上超出手机屏幕时，相当于向左移动 getWidth()−10 个像素，竖直方向同理。运行 BeeFlyCanvas 类的主程序 BeeFlyMIDlet 的代码如下：

```
1  import javax.microedition.lcdui. * ;
2  import javax.microedition.midlet. * ;

3  public class BeeFlyMIDlet extends MIDlet implements CommandListener
4  {
5      private BeeFlyCanvas canvas;
```

```
6      public void startApp()
7      {
8          if (canvas == null) {
9              canvas = new SpriteTestCanvas();
10             Command exitCommand = new Command("Exit", Command.EXIT, 0);
11             canvas.addCommand(exitCommand);
12             canvas.setCommandListener(this);
13         }

14         Display.getDisplay(this).setCurrent(canvas);
15     }

16     public void pauseApp()
17     {}

18     public void destroyApp(boolean unconditional)
19     {}

20     public void commandAction(Command c, Displayable s)
21     {
22         if (c.getCommandType() == Command.EXIT) {
23             destroyApp(true);
24             notifyDestroyed();
25         }
26     }
27 }
```

5.3.4　参照点和精灵旋转

1. 精灵旋转

Sprite 类提供了旋转精灵图片的功能,这个功能由 setTransform()函数实现,其基本形式是:

```
public void setTransform ( int transform )
```

通过设置不同的参数 transform,可以得到原图的旋转和翻转效果。transform 是一个整数,它的 8 种取值被赋予了一些直观的名字,其中默认值 TRANS_NONE 表示不旋转,TRANS_ROT90、TRANS_ROT180、TRANS_ROT270 依次表示原图沿着顺时针方向旋转 90 度、180 度、270 度得到的结果,具体对照关系如图 5-11 所示。

如果将上述图形翻转,则依次得到 TRANS_MIRROR、TRANS_MIRROR _ROT90、TRANS_MIRROR _ROT180、TRANS_MIRROR _ROT270 对应的形式,如图 5-12 所示。

调用 setTransform()函数可能改变精灵的另两个函数 getWidth()和 getHeight()的返回值,例如在上例中与 TRANS_NONE 的情况相比 TRANS_ROT90 的精灵的宽度和高度发生了互换。

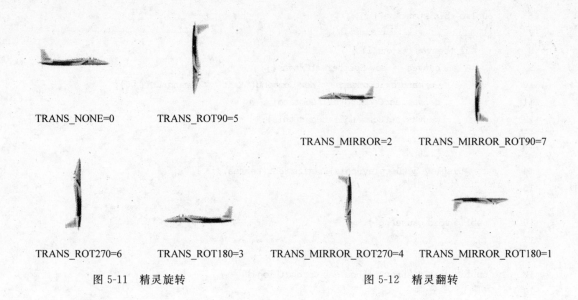

图 5-11　精灵旋转　　　　　　　　　　　图 5-12　精灵翻转

2. 参照点

参照点是精灵动画中的一个重要概念，Sprite 类的任何函数的调用都与参照点有关。默认情况下，选取精灵区域的左上角作为参照点，但是在一些特殊的场景中需要人为指定其他位置作为用户使用的参照点，完成这一任务主要有两个函数：

```
public  void  defineReferencePixel ( int x, int y )
public  void  setRefPixelPosition ( int x, int y )
```

它们二者都可以指定像素点(x,y)作为精灵新的参照点，其主要区别是：defineReferencePixel(x, y)的坐标参数 x 和 y 以精灵的左上顶点为原点进行计算，而 setRefPixelPosition(x,y)以手机屏幕的左上顶点作为坐标系的原点。不论采用哪种定义方式，得到的参照点既可能是精灵区域内的某个点，也可能是精灵区域之外手机屏幕上的任意一个点。需要注意的是：由于精灵图片是以选定的参照点为依据进行旋转和翻转的，所以虽然变换后的精灵宽度和高度可能发生互换，但是参照点本身的坐标不会发生改变。参照点坐标可以由 getRefPixelX() 和 getRefPixelY()得到。

下面的例子显示了精灵参照点选取和方向变换的操作。

```
1   import javax.microedition.lcdui. * ;
2   import javax.microedition.lcdui.game. * ;

3   public class PlaneCanvas extends GameCanvas implements Runnable
4   {
5       private Sprite sprite;
6       private Image spriteImage;
7       private Graphics g;

8       protected PlaneCanvas()
9       {
10          super(true);
```

```
11          try
12          {
13              spriteImage = Image.createImage("/plane.jpg");
14          }
15          catch (Exception e)
16          { }

17          sprite = new Sprite(spriteImage);
18          g = this.getGraphics();

19          Thread thread = new Thread(this);
20          thread.start();
21      }

22      public void run()
23      {
24          sprite.setPosition(30, 60);

25          Sprite spriteRP90 = new Sprite(sprite);
26          spriteRP90.defineReferencePixel(100, 100);
27          spriteRP90.setTransform(5);
28          g.setColor(255, 0, 0);
29          g.fillArc(spriteRP90.getRefPixelX() - 5, spriteRP90.getRefPixelY() - 5, 10,
                    10, 0, 360);

30          Sprite spriteRP270 = new Sprite(sprite);
31          spriteRP270.setRefPixelPosition(30, 86);
32          spriteRP270.setTransform(4);
33          g.setColor(0, 255, 0);
34          g.fillRect(spriteRP270.getRefPixelX() - 3, spriteRP270.getRefPixelY() - 3, 6,
                    6);

35          sprite.paint(g);
36          spriteRP90.paint(g);
37          spriteRP270.paint(g);
38          flushGraphics();
39      }
40  }
```

第 13 行导入图片"/plane.jpg"创建了一个单帧的飞机精灵对象,它的大小是 100×26,随后在第 24 行指定该精灵显示在距手机屏幕左上角(30,60)的位置。第 25、30 两行分别由已有的精灵对象 sprite 复制了两个新的单帧飞机精灵 spriteRP90 和 spriteRP270,复制之初 3 个精灵具有完全相同的大小、位置、参照点等属性。

第 26 行调用了 defineReferencePixel()函数设定 spriteRP90 的参照点位于距该精灵左上顶点(100,100)处,实际在手机屏幕上该点的真实坐标是 A(130,160),显然该点位于精灵区域之外。第 27 行将 spriteRP90 以(130,160)为参照点顺时针旋转 90 度,第 28~29 行使用一支红色的画笔以点 A 为圆心绘制了一个直径为 10 的圆用以标记该点。

第 31 行调用了 setRefPixelPosition()函数设定 spriteRP270 的参照点位于手机屏幕

(30,86)处,显然该点位于精灵区域之内且恰好是精灵的左下顶点。第32行首先将精灵图片水平翻转,然后沿顺时针方向旋转270度,接下来两行以一个66的绿色区域标记了spriteRP270的参照点。

　　最后,第35～38行在手机屏幕上依次绘制这3个飞机精灵。可以发现,不论采用哪种方式更改精灵的参照点,getRefPixelX()和getRefPixelY()得到的都是参照点在整个手机屏幕上的坐标值。上述代码的实际运行效果如图5-13所示。

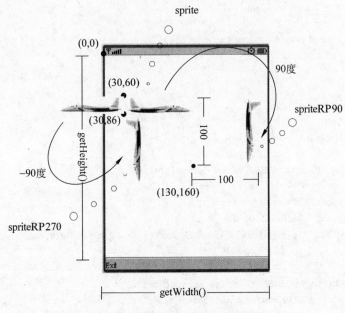

图 5-13　手机游戏中的飞机精灵

　　一般来说,精灵动画的显示属性包括大小、位置、帧序列、可见性等,其中两个继承自Layer类的函数 setVisible()和 isVisible()与精灵可见性有关。isVisible()的返回值是 true或 false,分别反映精灵的状态是显示或隐藏,通过执行 Sprite.setVisible(false)命令则可以强行将精灵对象设为不可见。

5.4　碰　撞　处　理

　　精灵的碰撞在手机游戏中有众多的应用场景,简而言之,“碰撞”就是指精灵之间或精灵与其他对象在某一时刻是否处于重叠的状态。在 RPG 游戏中,往往要判断一个行走的人物是否遇到了障碍物,如果遇到障碍物必须绕道而行。类似地,在射击类游戏中判断是否射中目标实际上就是检查玩家发射的子弹与敌方目标是否发生了重叠或接触,如果射中则进一步触发后续的显示效果。

5.4.1　碰撞的处理机制

Sprite 类的碰撞检查可以分为两种:像素检查和矩形检查。

像素检查顾名思义就是仅仅关注代表实际对象的两组像素是否重叠,与其他辅助区域无关,适用于两个精灵的背景颜色趋于一致且该颜色几乎不在精灵主体中出现的情况。图 5-14 显示了这种检测方法,虽然明显地两幅图片发生了交叠,但是由于图片主体绵羊和老虎没有发生真正的碰触,所以不认为这两个精灵图片发生了碰撞。显然,基于像素的碰撞检查非常精确和真实,但是它也具有计算复杂、系统资源占用严重等缺点。

图 5-14　像素检查碰撞

在大多数游戏设计中采用的是另一种碰撞检测方法,即矩形检查。因为游戏中出现的任何对象都可以描述为一个矩形区域,所以通常简单地检查不同对象的外接矩形是否接触来判断两个精灵是否发生了碰撞。图 5-15 中虽然绵羊和老虎没有真正接触,但是由于它们各自所处的图片矩形有所交叠,所以仍然认定两个精灵发生了碰撞。

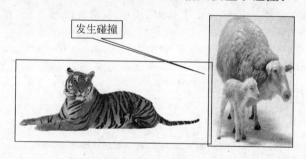

图 5-15　矩形检查碰撞

矩形检查的一种特殊情况是由用户自定义精灵的碰撞区域,其函数原型是:

```
public  void  defineCollisionRectangle ( int x,  int y,  int width,  int height )
```

碰撞区域的定义与精灵的左上顶点密切相关,参数 x 和 y 分别代表碰撞区域相对于精灵左上顶点的水平和竖直位移,参数 width 和 height 则指定了碰撞区域的宽度和高度。显然,默认状态下的碰撞区域可以看做由 defineCollisionRectangle (0,0,sprite. getWidth(),sprite. getHeight())指定。如图 5-16 所示,老虎和绵羊的外接矩形相互覆盖而且虎爪已经触碰到了绵羊,但是因为对于老虎精灵定义了一个较小的有效碰撞区域,所以碰撞检查的结果应该是两个精灵没有发生碰撞。

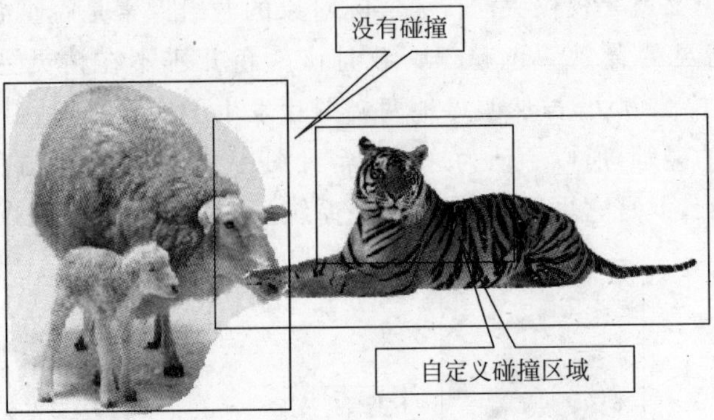

没有碰撞

自定义碰撞区域

图 5-16　自定义碰撞区域

5.4.2　精灵之间的碰撞

精灵经常用来表示游戏中移动的人或物,检查两个精灵之间是否发生碰撞的函数原型如下:

```
public final boolean collidesWith ( Sprite s, boolean pixelLevel )
```

参数 s 是待检测的目标精灵,pixelLevel 指示碰撞检查的方式,true 代表像素级检查、fasle 则代表矩形检查。函数的返回值也是一个布尔值,如果两个精灵确实发生了碰撞,对应的检测结果为 true,反之为 false。下面是一个小鸡过马路的例子,一辆汽车从上向下变速行驶,小鸡则从左向右横穿马路,如果小鸡位于马路中央时没有汽车经过则其可以安全通过;如果小鸡精灵和汽车精灵恰好发生了接触,说明小鸡被汽车轧死,游戏重新开始。

具体的代码如下:

```
1   import javax.microedition.lcdui.*;
2   import javax.microedition.lcdui.game.*;
3   import java.util.*;
4   import java.io.*;

5   public class CarCanvas extends GameCanvas implements Runnable {
6       private Display    display;
7       private boolean    sleeping;
8       private long       frameDelay;
9       private Random     rand;
10      private Sprite     chickenSprite;
11      private Sprite     carSprite;
12      private int        carYSpeed;

13      public CarCanvas(Display d) {
14          super(true);
15          display = d;
16          frameDelay = 100;
17      }

18      public void start() {
```

```
19          display.setCurrent(this);
20          rand = new Random();

21          try {
22              chickenSprite = new Sprite(Image.createImage("/Chicken.png"), 22, 22);
23              chickenSprite.setPosition(getWidth() / 2 - chickenSprite.getWidth() / 2 -
                              50, getHeight() / 2 - chickenSprite.getHeight() / 2);
24              carSprite = new Sprite(Image.createImage("/Car.png"));
25              carSprite.setPosition(getWidth()/2 - carSprite.getWidth()/2, 0);
26          }
27          catch (IOException e) {
28              System.err.println("Failed loading images!");
29          }

30          sleeping = false;
31          Thread t = new Thread(this);
32          t.start();
33      }

34      public void stop() {
35          sleeping = true;
36      }

37      public void run() {
38          Graphics g = getGraphics();
39          while (!sleeping) {
40              update();
41              draw(g);
42              try {
43                  Thread.sleep(frameDelay);
44              }
45              catch (InterruptedException ie) {}
46          }
47      }

48      private void update() {
49          int keyState = getKeyStates();
50          if ((keyState & LEFT_PRESSED) != 0) {
51              chickenSprite.move(-6, 0);
52              chickenSprite.nextFrame();
53          }
54          else if ((keyState & RIGHT_PRESSED) != 0) {
55              chickenSprite.move(6, 0);
56              chickenSprite.nextFrame();
57          }
58          if ((keyState & UP_PRESSED) != 0) {
59              chickenSprite.move(0, -6);
60              chickenSprite.nextFrame();
61          }
62          else if ((keyState & DOWN_PRESSED) != 0) {
63              chickenSprite.move(0, 6);
```

```
64              chickenSprite.nextFrame();
65          }
66          checkBounds(chickenSprite, false);

67          if (chickenSprite.getX() > getWidth() / 2 + chickenSprite.getWidth() / 2 + 50)
68          {
69              chickenSprite.setPosition(getWidth() / 2 - chickenSprite.getWidth() / 2 -
                        50,getHeight() / 2 - chickenSprite.getHeight() / 2);
70          }

71          carYSpeed = rand.nextInt(20);
72          carSprite.move(0, carYSpeed);
73          checkBounds(carSprite, true);

74          if (chickenSprite.collidesWith(carSprite, true)) {
75              chickenSprite.setPosition(getWidth() / 2 - chickenSprite.getWidth() / 2 -
                        50,getHeight() / 2 - chickenSprite.getHeight() / 2);
76          }
77      }

78      private void draw(Graphics g) {
79          chickenSprite.paint(g);
80          carSprite.paint(g);
81          flushGraphics();
82          g.setColor(255, 255, 255);
83          g.fillRect(0, 0, getWidth(), getHeight());
84          g.setStrokeStyle(1);
85          g.setColor(0, 0, 0);
86          g.drawLine(getWidth() / 2 - 20, 0, getWidth() / 2 - 20, getHeight());
87          g.drawLine(getWidth() / 2 + 20, 0, getWidth() / 2 + 20, getHeight());
88          g.drawLine(getWidth() / 2 - 18, 0, getWidth() / 2 - 18, getHeight());
89          g.drawLine(getWidth() / 2 + 18, 0, getWidth() / 2 + 18, getHeight());
90      }

91      private void checkBounds(Sprite sprite, boolean wrap) {
92          if (wrap) {
93              if (sprite.getX() < - sprite.getWidth()) {
94                  sprite.setPosition(getWidth(), sprite.getY());
95              }
96              else if (sprite.getX() > getWidth()) {
97                  sprite.setPosition( - sprite.getWidth(), sprite.getY());
98              }
99              if (sprite.getY() < - sprite.getHeight()) {
100                 sprite.setPosition(sprite.getX(), getHeight());
101             }
102             else if (sprite.getY() > getHeight())
103                 sprite.setPosition(sprite.getX(), - sprite.getHeight());
104             }
105         }
106         else {
107             if (sprite.getX() < 0) {
```

```
108                  sprite.setPosition(0, sprite.getY());
109              }
110              else if (sprite.getX() > (getWidth() - sprite.getWidth())) {
111                  sprite.setPosition(getWidth() - sprite.getWidth(), sprite.getY());
112              }
113              if (sprite.getY() < 0) {
114                  sprite.setPosition(sprite.getX(), 0);
115              }
116              else if (sprite.getY() > (getHeight() - sprite.getHeight())) {
117                  sprite.setPosition(sprite.getX(), getHeight() - sprite.getHeight());
118              }
119          }
120      }
121  }
```

第 8 行声明一个长整型数用于存放精灵动画任意两帧之间的时间间隔,并在随后的第 16 行赋值为 100,它的含义是每两帧之间播放间隔设为 0.1 秒(＝100 毫秒),即动画的帧频率是每秒播放 10 帧(10fps)。第 9 行声明一个随机数 rand,第 10 行和第 11 行分别声明一个小鸡精灵和一个汽车精灵,第 12 行声明的整型数 carYSpeed 将用于指定汽车精灵在 Y 轴方向上的移动速度。第 21～29 行初始化精灵对象,其中第 22 行导入小鸡图片 "/Chicken.png"并切割为宽高均为 22 个像素的小块,由于"/Chicken.png"本身的大小是 22×44,所以实际切割出两帧;又因为代码中没有专门指定帧显示的顺序,所以小鸡精灵将按照默认的帧序列{0,1}显示。第 23 行指定小鸡精灵的初始位置是手机屏幕中心向左偏移 50 个像素。第 24 行由图片"/Car.png"创建了一个大小为 28×42 的单帧汽车精灵,第 25 行指定其位置为手机屏幕顶端的中央。

update()函数执行每次界面更新时游戏中元素的改变。第 49 行调用 getKeyStates() 函数得到手机键盘的当前状态,接下来根据玩家通过手机键盘发出的指示控制小鸡精灵移动。手机坐标系与传统的直角坐标系不同,水平方向上仍然以向右为正、向左为负;竖直方向上则以向下为正、向上为负。根据用户指示,小鸡精灵在两帧之间变换,同时沿某个方向移动 6 个像素。第 67 行判断小鸡精灵水平移动的右边界,如果小鸡到达了这个边界则通过 setPosition()重新设置其为初始位置。第 71 行和第 72 行生成一个 0～20 范围内的随机数并指定其为汽车精灵竖直向下的移动速度,游戏中设定汽车的速度为随机值更加接近现实。

第 74～76 行是检测精灵是否碰撞的核心函数。chickenSprite 是碰撞检测函数 collidesWith()的调用者,carSprite 则作为参数被传入。如果检测的结果为 true,唯一所做的处理就是将小鸡精灵置回初始的位置。需要说明的是,上述的程序仅仅为演示精灵碰撞的检测处理,因此没有就小鸡撞车后的碰撞效果做更多实现。

第 78～90 行在屏幕上绘制了游戏的所有元素。第 82 行和第 83 行用白色填充屏幕区域,接下来用黑色的画笔绘制了 4 条竖直虚线简单地表示汽车行驶的路面。

程序的第 66 行和第 73 行两次调用了自定义的 checkBounds()函数用于处理精灵图片移动到手机屏幕边界的情况。该方法有两个参数,sprite 代表要检测的精灵对象,wrap 则指定精灵触碰屏幕边界后的处理方式,true 代表越过,fasle 代表停止不动。第 91～120 行是 checkBounds()函数的具体定义,在穿越方式下,如果汽车整体超过了手机屏幕的下边界则被重置于屏幕的最上端,如果汽车整体超过了屏幕的上边界则被重置于屏幕的最下端。

虽然本例中汽车仅沿竖直方向移动,但是水平方向上的穿越边界的处理仍然按照同样的规则做了定义以供后续使用。对于小鸡精灵则采用停止不动的触界处理机制,不论小鸡触碰到任何一条边界,它都不能再继续向前移动而只能停留在原地或者在玩家的控制下反向行进。图 5-17 是游戏在某一时刻的显示效果。

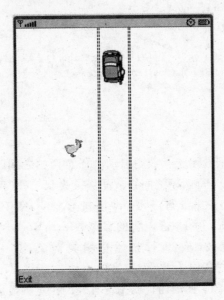

图 5-17 小鸡过马路

5.5 为草原添加生物

利用本章所学知识为草原追逐游戏添加活动着的精灵。首先 DriftSprite.java 定义了一些随意移动的精灵特性,包括精灵的速度、方向、阻碍精灵移动的图层等。

```java
import javax.microedition.lcdui.*;
import javax.microedition.lcdui.game.*;
import java.util.*;

public class DriftSprite extends Sprite {
  private Random      rand;
  private int         speed;
  private TiledLayer barrier;

  public DriftSprite(Image image, int frameWidth, int frameHeight, int driftSpeed,
    TiledLayer barrierLayer) {
    super(image, frameWidth, frameHeight);

    rand = new Random();              /* 生成一个随机数 */
    speed = driftSpeed;               /* 设置精灵的移动速度 */
    barrier = barrierLayer;           /* 设置障碍 */
  }

  public void update() {
```

```
    int xPos = getX();
    int yPos = getY();

    /* 分支结构指明随机移动规则 */
    switch (Math.abs(rand.nextInt() % 4)) {
    case 0:                          /* 精灵左移 */
      move( - speed, 0);
      break;

    case 1:                          /* 精灵右移 */
      move(speed, 0);
      break;

    case 2:                          /* 精灵上移 */
      move(0, - speed);
      break;

    case 3:                          /* 精灵下移 */
      move(0, speed);
      break;
    }

    /* 检查碰撞情况 */
    if ((barrier != null) && collidesWith(barrier, true)) {
      setPosition(xPos, yPos);       /* 将精灵置于原位 */
    }

    nextFrame();                     /* 令精灵显示下一帧 */
  }
}
```

随后 Chase.java 文件定义了具有追逐功能的精灵,这里"追逐"的含义是精灵被赋予了移动方向和移动速度两个参数,使得这样的精灵可以主动向其他对象靠近,仿佛是拥有追逐的能力一样,其中的 speed 参数用于灵活地控制精灵的移动速度。

```
import javax.microedition.lcdui. * ;
import javax.microedition.lcdui.game. * ;
import java.util. * ;

public class ChaseSprite extends Sprite {
  private Random   rand;
  private int        speed;
  private TiledLayer barrier;
  private boolean    directional;
  private Sprite     chasee;
  private int        aggression;

  public ChaseSprite(Image image, int frameWidth, int frameHeight, int chaseSpeed,
    TiledLayer barrierLayer, boolean hasDirection, Sprite chaseeSprite,
    int aggressionLevel) {
    super(image, frameWidth, frameHeight);
```

```java
        rand = new Random();
        speed = chaseSpeed;
        barrier = barrierLayer;

        directional = hasDirection;                    /*设置精灵的方向性*/
        chasee = chaseeSprite;
        aggression = aggressionLevel;                  /*设置精灵的追逐能力*/
    }

public void update() {
    int xPos = getX();
    int yPos = getY();
    int direction = 0;                          /* up = 0, right = 1, down = 2, left = 3 */

    /*基于追逐能力的随机移动*/
    if (Math.abs(rand.nextInt() % (aggression + 1)) > 0) {
        if (getX() > (chasee.getX() + chasee.getWidth() / 2)) {
            /*向左移动*/
            move( - speed, 0);
            direction = 3;
        }
        else if ((getX() + getWidth() / 2) < chasee.getX()) {
            /*向右移动*/
            move(speed, 0);
            direction = 1;
        }
        if (getY() > (chasee.getY() + chasee.getHeight() / 2)) {
            /*向上移动*/
            move(0, - speed);
            direction = 0;
        }
        else if ((getY() + getHeight() / 2) < chasee.getY()) {
            /*向下移动*/
            move(0, speed);
            direction = 2;
        }
    }
    else {
        /*向一个随机方向移动*/
        switch (Math.abs(rand.nextInt() % 4)) {
        /*向左移动*/
        case 0:
            move( - speed, 0);
            direction = 3;
            break;
        /*向右移动*/
        case 1:
            move(speed, 0);
            direction = 1;
            break;
```

```
      /*向上移动*/
      case 2:
        move(0, - speed);
        direction = 0;
        break;
      /*向下移动*/
      case 3:
        move(0, speed);
        direction = 2;
        break;
      }
    }

    /*冲突检测*/
    if (barrier != null && collidesWith(barrier, true)) {
      setPosition(xPos, yPos);                    /*将精灵置回原位*/
    }

    /*设置精灵的下一帧*/
    if (directional)
      setFrame(direction);
    else
      nextFrame();
  }
}
```

最后，在 GrassLCanvas.java 文件中利用上述定义分别声明了兔子、地雷、幽灵等总计 16 个具体的精灵对象，基本的游戏情节即在这些对象之间展开。

```
import javax.microedition.lcdui. * ;
import javax.microedition.lcdui.game. * ;
import java.util. * ;
import java.io. * ;
import javax.microedition.media. * ;
import javax.microedition.media.control. * ;

public class GrassLCanvas extends GameCanvas implements Runnable {
  /*之前添加的一些成员*/
  …… ……
  /*所有精灵对象*/
  private Sprite          playerSprite;
  private DriftSprite[] rabbitSprite = new DriftSprite[2];
  private DriftSprite[] barrelSprite = new DriftSprite[2];
  private DriftSprite[] stoneSprite = new DriftSprite[5];
  private ChaseSprite[] ghostSprite = new ChaseSprite[5];
  private ChaseSprite oxSprite;
  private int           energy, piratesSaved;

  public GrassLCanvas(Display d) {
  /*初始化工作*/
  }
```

```java
public void start() {
  /*设置画布*/
  /*创建信息条和图层*/
  /*设置图层的具体内容*/

  /*初始化精灵对象*/
  try {
    playerSprite = new Sprite(Image.createImage("/PlayerShip.png"), 43, 45);

    int sequence2[] = { 0, 0, 0, 1, 1, 1 };
    int sequence4[] = { 0, 0, 1, 1, 2, 2, 3, 3 };
    for ( int i = 0; i < 2; i++ ) {
      rabbitSprite[i] = new DriftSprite(Image.createImage("/rabbit.png"), 29, 29, 2,
disabilityLayer);
      rabbitSprite[i].setFrameSequence(sequence2);
      placeSprite(rabbitSprite[i], disabilityLayer);

      barrelSprite[i] = new DriftSprite(Image.createImage("/Barrel.png"), 24, 22, 1,
disabilityLayer);
      barrelSprite[i].setFrameSequence(sequence4);
      placeSprite(barrelSprite[i], disabilityLayer);
    }

    for ( int i = 0; i < 5; i++ ) {
      stoneSprite[i] = new DriftSprite(Image.createImage("/Mine.png"), 27, 23, 1,
disabilityLayer);
      stoneSprite[i].setFrameSequence(sequence2);
      placeSprite(stoneSprite[i], disabilityLayer);

      ghostSprite[i] = new ChaseSprite(Image.createImage("/ghost.png"), 24, 35, 3,
disabilityLayer,
        false, playerSprite, 3);
      ghostSprite[i].setFrameSequence(sequence2);
      placeSprite(ghostSprite[i], disabilityLayer);
    }

    oxSprite = new ChaseSprite(Image.createImage("/EnemyShip.png"), 86, 70, 1,
disabilityLayer,
        true, playerSprite, 10);
    oxSprite.setPosition((disabilityLayer.getWidth() - oxSprite.getWidth()) / 2,
      (disabilityLayer.getHeight() - oxSprite.getHeight()) / 2);
  }
  catch (IOException e) {
    System.err.println("Failed loading images!");
  }

  /*创建图层管理器*/
  layers = new LayerManager();
  layers.append(playerSprite);
  layers.append(oxSprite);
```

```
  for (int i = 0; i < 2; i++) {
    layers.append(rabbitSprite[i]);
    layers.append(barrelSprite[i]);
  }
  for (int i = 0; i < 5; i++) {
    layers.append(stoneSprite[i]);
    layers.append(ghostSprite[i]);
  }
  layers.append(disabilityLayer);
  layers.append(grassLayer);

  newGame();

  sleeping = false;
  Thread t = new Thread(this);
  t.start();
}

public void stop() {
  sleeping = true;
}


public void run() {
  Graphics g = getGraphics();

  /* 游戏的主循环 */
  while (!sleeping) {
    update();
    draw(g);
    try {
      Thread.sleep(frameDelay);
    }
    catch (InterruptedException ie) {}
  }
}

private void draw(Graphics g) {
  /* 绘制信息条用于显示游戏进度 */
  g.drawImage(infoBar, 0, 0, Graphics.TOP | Graphics.LEFT);
  g.setColor(0, 0, 0);
  g.setFont(Font.getFont(Font.FACE_SYSTEM, Font.STYLE_PLAIN, Font.SIZE_MEDIUM));
  g.drawString("Energy:", 2, 1, Graphics.TOP | Graphics.LEFT);
  g.drawString("Pirates saved: " + piratesSaved, 88, 1, Graphics.TOP | Graphics.LEFT);
  g.setColor(32, 32, 255);
  g.fillRect(40, 3, energy, 12);

  layers.paint(g, 0, infoBar.getHeight());

  if (gameOver) {
    /* 绘制游戏结束的画面 */
    g.setColor(255, 255, 255);
```

```
g.setFont(Font.getFont(Font.FACE_SYSTEM, Font.STYLE_BOLD, Font.SIZE_LARGE));
g.drawString("GAME OVER", 90, 40, Graphics.TOP | Graphics.HCENTER);
g.setFont(Font.getFont(Font.FACE_SYSTEM, Font.STYLE_BOLD, Font.SIZE_MEDIUM));
if (piratesSaved == 0)
    g.drawString("You didn't save any pirates.", 90, 70, Graphics.TOP | Graphics.
HCENTER);
else if (piratesSaved == 1)
    g.drawString("You saved only 1 pirate.", 90, 70, Graphics.TOP | Graphics.HCENTER);
else
    g.drawString("You saved " + piratesSaved + " pirates.", 90, 70, Graphics.TOP |
        Graphics.HCENTER);
}

flushGraphics();
}

private void newGame() {
    /*初始化游戏变量*/
    gameOver = false;
    energy = 45;
    piratesSaved = 0;

    playerSprite.setVisible(true);

    /*随机放置精灵对象并且设置当前视图*/
    placeSprite(playerSprite, disabilityLayer);
    xView = playerSprite.getX() - ((getWidth() - playerSprite.getWidth()) / 2);
    yView = playerSprite.getY() - ((getHeight() - playerSprite.getHeight()) / 2);
    layers.setViewWindow(xView, yView, getWidth(), getHeight() - infoBar.getHeight());
}

private void placeSprite(Sprite sprite, TiledLayer barrier) {
    sprite.setPosition(Math.abs(rand.nextInt() % barrier.getWidth()) -
        sprite.getWidth(), Math.abs(rand.nextInt() % barrier.getHeight()) -
        sprite.getHeight());

    while (sprite.collidesWith(barrier, true)) {
        sprite.setPosition(Math.abs(rand.nextInt() % barrier.getWidth()) -
            sprite.getWidth(), Math.abs(rand.nextInt() % barrier.getHeight()) -
            sprite.getHeight());
    }
}
}
```

5.6　本章小结

　　本章主要介绍了利用 javax.microedition.lcdui.game.Sprite 类实现手机游戏中动画效果的方法。在游戏开发中,通常要赋予角色连续的动作或者使它们在屏幕上移动起来,

Sprite 类封装了相关的属性和操作。

精灵对象的创建有 3 种方式,其中的关键是寻找图片素材并将其切割成合适的大小。利用 setFrameSequence() 函数可以设定帧显示顺序,这个顺序的不同直接决定了精灵完成怎样的动作。

setPosition() 函数和 move() 函数都可以令精灵移动,虽然在手机坐标系中位置的变迁实际上是离散的,但是这种移动仍然能够满足玩家视觉上的要求。

碰撞是指精灵与精灵,或者与其他游戏元素在空间上发生重叠的现象,这种现象在游戏中非常普遍。检测碰撞有两种形式:像素检查和矩形检查,无论哪种检测形式,碰撞的处理机制都是游戏中最重要的部分。

习 题 5

1. 什么是动画? 你能列举并描述你在游戏中曾经遇到的动画场景吗?

2. 什么是帧? 帧和动画有什么关系?

3. 如何利用 Sprite 类的构造函数创建一个精灵对象? Sprite 类还包含哪些重要的操作?

4. 利用互联网寻找一些卡通小人的图片,设计一个程序,使得小人在手机屏幕上沿着正方形的边顺时针转圈。

5. 本章重点讲解了如何检测并处理两个精灵对象碰撞,尝试设计一个简单的场景,处理精灵与图片或图层碰撞。

第6章

响应用户事件

通过前几章的学习,已经掌握了在手机屏幕上绘制图形、文字和动画的基本技术,这些元素帮助游戏系统把一些信息提供给它的用户。但是仅有这些是不够的,用户还希望通过按下手机按键向游戏系统发出各种指令,并要求游戏接收到这些指令后以比较丰富和准确的形式作出回应,J2ME 设计了一整套用户事件响应机制满足这一要求。

在本章,读者将学习到:

◇ 事件和事件响应;

◇ J2ME 实现事件响应的类和函数的层次结构;

◇ 按键事件的检测和使用;

◇ 一些高级界面元素,如窗体、文本框、列表等。

6.1 事 件 响 应

在前面的章节中,已经学会在手机屏幕上创建比较丰富的图形、图像,甚至是动画效果,游戏看起来像模像样了。然而,不论在这些元素上投入多少时间和精力,如果没法让玩家与游戏系统进行交互,那么它仍然不能被称为是一个真正的游戏。接收手机用户的命令和请求,然后指挥游戏做出合理有效的反应成为当务之急。

在计算机中,事件是可以被控件识别的操作,如单击"确定"按钮、选中某个单选按钮或者复选框。每一种控件有自己可以识别的事件,如窗体的加载、单击、双击等事件,编辑框的文本改变等。事件有系统事件和用户事件:系统事件由系统激发,如时间每隔 24 小时,银行储户的存款日期增加一天;用户事件由用户激发,如用户单击按钮,在文本框中显示特定的文本。

对于手机游戏来说,用户事件比系统事件出现得更为普遍。绝大多数用户意图都通过玩家按下手机按键提交给系统,相应地,游戏控制中心在屏幕上利用各种图形、图像、声音对玩家的要求做出响应。

6.2 类 结 构

在 J2ME 中,画布和屏幕、元件等成分一起被用来解决用户事件响应的问题,相关的类被组织到图 6-1 所示的方块中。

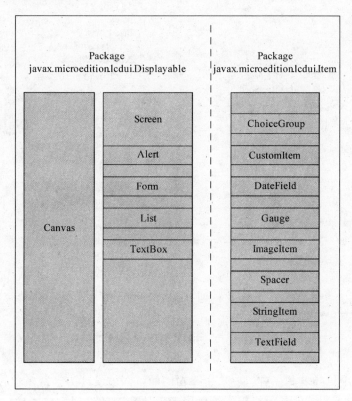

图 6-1 事件响应的层次结构

其中 Canvas、Screen 和 Item 是 3 个比较重要的类。Screen 包含 4 种常用的屏幕元素,而 Item 可以细化为 8 种具体的形式。它们的继承关系如下。

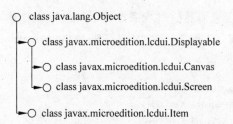

Canvas、Screen、Item 三个类中涵盖了非常多的事件响应函数,大致可以分成两个部分。图 6-2 左端的函数代表由游戏玩家发出的指令,主要与手机的按键操作有关;右端的函数则是系统对玩家指令的回应,集中在屏幕元素的显示和更新上。

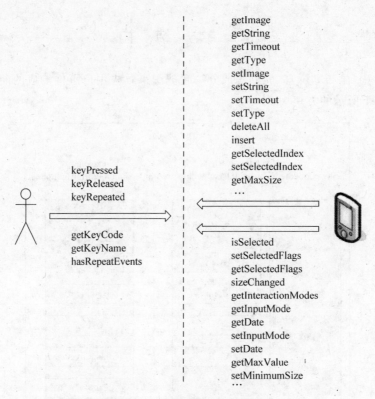

图 6-2　事件响应的函数关系

6.3　手机中的事件

一般来说,手机随着其品牌、型号、主要功能的不同被设计为丰富多彩的样式,尺寸规格和外壳颜色千差万别。但是手机提供给使用者下达命令的途径大体一致,主要包括手机键盘、手机屏幕以及手写笔等。

6.3.1　MIDP1 按键处理

目前,绝大多数游戏命令仍然通过玩家按下手机按键来传达,因此按键的操纵也就成为了最重要的手机事件形式。3 种必不可少的按键事件是 keyPressed()、keyRepeated()和 keyReleased(),其函数原型如下:

```
protected void keyPressed(int keyCode)
protected void keyRepeated(int keyCode)
protected void keyReleased(int keyCode)
```

其中,keyPressed()在键被按下时调用,keyRepeated()在键被按住不放时调用,而keyReleased()则在玩家松开一个键时调用。3 个函数具有同样的参数 keyCode,它代表Canvas 类对手机各个按键的定义,每个按键对应一个静态的 int 型数值,具体如下。

```
public static final int KEY_NUM0: 值是 48,对应手机键"0";
public static final int KEY_NUM1: 值是 49,对应手机键"1";
```

```
public static final int KEY_NUM2: 值是 50,对应手机键"2";
public static final int KEY_NUM3: 值是 51,对应手机键"3";
public static final int KEY_NUM4: 值是 52,对应手机键"4";
public static final int KEY_NUM5: 值是 53,对应手机键"5";
public static final int KEY_NUM6: 值是 54,对应手机键"6";
public static final int KEY_NUM7: 值是 55,对应手机键"7";
public static final int KEY_NUM8: 值是 56,对应手机键"8";
public static final int KEY_NUM9: 值是 57,对应手机键"9";
public static final int KEY_STAR: 值是 42,对应手机键" * ";
public static final int KEY_POUND: 值是 35,对应手机键" # ".
```

Canvas 类仅仅是定义了 keyPressed()、keyRepeated()和 keyReleased()三个函数的形式,在游戏设计过程中,还需要为它们填充实际的内容以明确当某种键盘事件发生时游戏将作出怎样的反应。

下面的实例显示了如何利用按键事件控制一个方块在手机屏幕上移动。

```java
1    import javax.microedition.lcdui. * ;

2    public class KeyCanvas extends Canvas
3    {
4        private Display display;
5        private static int left = 0;
6        private static int top = 0;
7        public KeyCanvas(Display d)
8        {
9            super();
10           display = d;
11       }
12       void start()
13       {
14           display.setCurrent(this);
15           repaint();
16           if (hasRepeatEvents())
17           {
18               System.out.println("当前手机支持按键重复");
19           }
20       }
21       public void paint(Graphics g)
22       {
23           g.setColor(255, 255, 255);
24           g.fillRect(0, 0, getWidth(), getHeight());

25           g.setColor(255, 0, 0);
26           g.fillRect(left, top, 20, 30);
27       }
28       public void keyPressed(int key)
29       {
30           String name = this.getKeyName(key);
31           System.out.println("您按下了'" + name + "'键");
32           if(name.compareTo("UP") == 0)
```

```
33              {
34                  top -= 30;
35                  System.out.println("方块向上移动");
36              }
37              if (name.compareTo("DOWN") == 0)
38              {
39                  top += 30;
40                  System.out.println("方块向下移动");
41              }
42              if(name.equals("LEFT"))
43              {
44                  left -= 20;
45                  System.out.println("方块向左移动");
46              }
47              if(name.equals("RIGHT"))
48              {
49                  left += 20;
50                  System.out.println("方块向右移动");
51              }
52              checkBound();
53              repaint();
54          }

55      public void keyReleased(int key)
56      {
57          String name = this.getKeyName(key);
58          System.out.println("您松开了'" + name + "'键");
59      }
60      public void keyRepeated(int key)
61      {
62          String name = this.getKeyName(key);
63          System.out.println("您一直按着'" + name + "'键");
64          if (name.compareTo("UP") == 0)
65          {
66              top -= 30;
67              System.out.println("方块向上移动");
68          }
69          if (name.compareTo("DOWN") == 0)
70          {
71              top += 30;
72              System.out.println("方块向下移动");
73          }
74          if (name.equals("LEFT"))
75          {
76              left -= 20;
77              System.out.println("方块向左移动");
78          }
79          if (name.equals("RIGHT"))
80          {
81              left += 20;
82              System.out.println("方块向右移动");
```

```
83              }
84              checkBound();
85              repaint();
86          }
87      public void checkBound()
88      {
89              int screenHeight = this.getHeight();
90              int screenWidth = this.getWidth();
91              if (left < 0)
92              {
93                  left = 0;
94              }
95              if (top < 0)
96              {
97                  top = 0;
98              }
99              if (left >= screenWidth)
100             {
101                 left = 0;
102             }
103             if (top >= screenHeight)
104             {
105                 top = 0;
106             }
107         }
108     public void stop() { }
109 }
```

在上述程序中,第 5 行和第 6 行声明了两个整型数、用于记录操作对象方块在屏幕上的位置。第 16～19 行使用 hasRepeatEvents()函数判断当前移动设备是否支持键盘重复事件,它的函数原型如下:

```
public boolean hasRepeatEvents()
```

其返回值是一个布尔值,如果手机能够检测并处理按键重复事件则返回 true,否则返回 false;只有当 hasRepeatEvents()函数的返回值为真时,定义的 keyRepeated()函数才能发挥作用。

第 21～27 行给出了一个绘图函数,它的任务包括用纯白色填充整个手机屏幕,并根据变量 left 和 top 的值在指定位置用红色绘制一个宽为 20、高为 30 的矩形框。

第 28～54 行指定了键被按下时游戏的响应方式。其中第 30 行通过调用 getKeyName()函数获得当前按键的名称,与按键的编号 keyCode 相比,按键名更容易被人记忆和使用。函数接下来连续规定了方块的 4 种移动形式,当玩家按下"↑"、"↓"键时,方块在竖直方向上移动 30 个像素;而当玩家按下"←"、"→"键时,方块在水平方向上移动 20 个像素。这里演示了两种字符串比较的途径,一种是 name.compareTo("DOWN")==0,另一种是 name.equals("LEFT"),它们的作用一致。

第 55～59 行的 keyReleased()函数比较简单,仅仅是向控制台输出玩家松开按键的信息而已。第 60～86 行定义了某个键一直被按着的处理,即红色方块根据玩家的指令在屏幕上连续移动。

最后,第 87~106 行补充了一个边界检测函数,用以保证玩家不会将方块移动到屏幕区域之外。

执行上述程序,运行结果如图 6-3 所示。

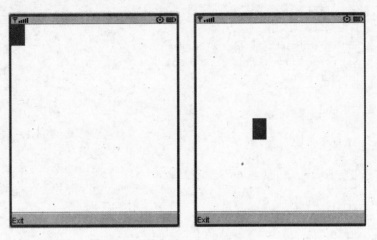

图 6-3　玩家控制方块移动

可以看到,经过一系列按键操作红色方块从初始状态下的左上顶角位置移动到了手机屏幕的中下位置。同时控制台上依次输出了如下信息:

```
当前手机支持按键重复
您按下了'SELECT'键
您松开了'SELECT'键
当前方块位于(0, 0)位置
您按下了'RIGHT'键
方块向右移动20
您松开了'RIGHT'键
您按下了'RIGHT'键
方块向右移动20
您一直按着'RIGHT'键
方块向右移动20
您一直按着'RIGHT'键
方块向右移动20
您松开了'RIGHT'键
您按下了'DOWN'键
方块向下移动30
您一直按着'DOWN'键
方块向下移动30
您一直按着'DOWN'键
方块向下移动30
您一直按着'DOWN'键
方块向下移动30
您一直按着'DOWN'键
方块向下移动30
您松开了'DOWN'键
您按下了'SELECT'键
您松开了'SELECT'键
当前方块位于(80, 150)位置
```

6.3.2　MIDP2 按键处理

事实上,在 MIDP 2.0 中可以直接调用 GameCanvas 的 getKeyStates()函数来得到键盘的状态。函数返回一个整型数,其中的每一位对应手机设备上的一个按键。如果某一位为 1,代表对应的按键正被玩家按下或者从上一次调用该方法到现在曾经被按下至少一次;如果某一位为 0,代表对应的按键正处于松弛的状态而且从上一次调用该方法到现在从未被按下过。

　　下面是一个示例代码。首先程序得到键盘的状态,然后通过位操作判断方向键的状态后作出适当的响应。

```
protected void keyPressed( int keyCode)
{
    int move = 0;
    int keyState = getKeyStates( );          / * 调用 getKeyStates( )函数获取按键状态 * /
    if ((keyState & LEFT_PRESSED) != 0)
    {
        / * 执行左键对应的操作 * /
    }
    if ((keyState & RIGHT_PRESSED) != 0)
    {
        / * 执行右键对应的操作 * /
    }
    if ((keyState & UP_PRESSED) != 0)
    {
        / * 执行上键对应的操作 * /
    }
    if ((keyState & DOWN_PRESSED) != 0)
    {
        / * 执行下键对应的操作 * /
    }
}
```

6.4　屏幕响应方式

　　游戏系统的一个重要任务就是对玩家的指令作出回应,就手机平台来说,这种回应一般是通过手机屏幕进行的。根据响应信息的不同,J2ME 设计了多种类型的界面元素。与已经学过的线条、图形、文字相比,本节介绍的界面元素结构更加复杂一些,可能包含特殊的函数操作。

6.4.1　Form

　　Form 类是 Screen 类的一个子类,代表手机屏幕上的窗体。窗体本身不具备什么实际含义,它的主要功能是存放各种屏幕元件,如图像、只读文字、可编辑文字、列表框等,因此可以将 Form 视为一个元件的容器。Form 类的构造函数如下:

public Form(String title)

其中参数 title 指定 Form 对象的标题。下面的代码说明了 Form 类的使用方式。

```
1    import javax.microedition.midlet. * ;
2    import javax.microedition.lcdui. * ;
3    import java.util. * ;
```

```
4    public class MyFormMIDlet extends MIDlet implements CommandListener
5    {
6         private Display display;
7         private Form form;
8         private Image image;
9         private Command commandInsert;
10        private Command commandDelete;

11        public MyFormMIDlet()
12        {
13            display = Display.getDisplay(this);
14            form = new Form("Form");
15            try
16            {
17                image = Image.createImage("/circle.png");
18            }
19            catch (Exception e)
20            {
21                System.out.println("加载图片错误");
22            }

23            form.append(image);
24            form.append("Form 实例");
25            form.append(image);
26            commandInsert = new Command("Insert", "插入", Command.SCREEN, 1);
27            commandDelete = new Command("Delete", "删除", Command.SCREEN, 1);
28            form.addCommand(commandInsert);
29            form.addCommand(commandDelete);
30            form.setCommandListener(this);
31        }

32        public void commandAction(Command command, Displayable displayable)
33        {
34            if (command == commandInsert)
35            {
36                form.append("新增的文字");
37                System.out.println("成功添加了一个对象");
38                return;
39            }
40            if (command == commandDelete)
41            {
42                Random random = new Random();
43                int number = random.nextInt() % form.size();
44                number = Math.abs(number);
45                form.delete(number);
46                System.out.println("成功删除了一个成员");
47                return;
48            }
49        }

50        public void startApp()
51        {
52            display.setCurrent(form);
53        }
```

```
54        public void pauseApp() { }

55        public void destroyApp(boolean unconditional) { }
56    }
```

在上面的代码中,第 7 行声明了一个 Form 对象 form,第 9 行和第 10 行各声明了一个 Command 对象 commandInsert 和 commandDelete。第 14 行调用 Form 类的构造函数将 form 实例化,并且指定窗体的标题是"Form"。

第 15~22 行读入一个资源图片 circle.png 并将它置于内存对象 image 中。第 23~30 行是对 form 对象的一系列设置,其中第 23~25 行调用 append() 函数依次为 form 添加了两个图像成员和一个文本成员。Append() 函数的原型有以下 3 种形式:

```
public int append(Image img)
public int append(String str)
public int append(Item item)
```

参数 img、str、item 分别是向窗体中添加的图片、文字和 Item 对象,新增的成员将置于窗体的末尾,并且使得窗体的 size 加 1。上述 3 种参数都不能为 null,否则将引发空指针异常 NullPointerException。

第 26 行和第 27 行新建了两个 Command 命令"插入"和"删除",紧接着调用 addCommand() 函数将这两个命令附加到窗体对象上,这里的 addCommand() 函数继承自 Form 的祖先类 Displayable。

第 32~49 行是两种命令触发的实际操作。如果玩家下达了"插入"指令,则仍然使用 append() 函数在 Form 成员集合的尾部添加一串文字"新增的文字";如果是"删除"指令,则随机选取一个当前的 Form 成员并删除。第 43 行用到的 size() 函数返回一个整型数值,表示 Form 对象中含有的 Item 个数。第 45 行的 delete(number) 函数则负责删除指定位置的一个 Item 对象,它的参数必须介于 0 和 form.size()−1 之间,如果超出这个界限将引发 IndexOutOfBoundsException 异常。

执行上述代码,得到的结果如图 6-4 所示。

图 6-4　Form 的使用

6.4.2　Alert

Alert 是 Screen 的另一个子类,负责向玩家显示一些信息并在转向新的界面元素前维持一段时间。Alert 对象内部可以包含一个文本对象和一个图像对象,一般来说它显示的信息通常是提醒玩家游戏发生了某些错误或者异常状况。Alert 的构造函数有两种不同的形式,分别如下:

```
public Alert(String title)
public Alert(String title, String alertText, Image alertImage, AlertType alertType)
```

第一种构造函数结构比较简单,参数 title 指定了 Alert 的标题,如果 title 为空表示 Alert 暂时没有标题。

第二种构造函数是一个比较完整的形式,参数 alertText 和 alertImage 分别指定了 Alert 内部的文本和图像,参数 alertType 代表 Alert 的类型,其可能的取值如下。

null:Alert 没有特殊的类型;

ALARM:向玩家提醒有一个预先设定的通知;

INFO:提供一个不属于危险的提示;

WARNING:向玩家发出警告,提示某种潜在的风险;

ERROR:报错,例如“空间不足,无法继续操作”;

CONFIRMATION:用来确认一个玩家动作。

可以看到两个构造函数之间存在一定的联系,执行 Alert(title)等效于执行 Alert(title, null,null,null)。

下面的实例显示了如何利用 Alert 与玩家交互。

```
1    import javax.microedition.midlet.*;
2    import javax.microedition.lcdui.*;

3    public class MyAlertMIDlet extends MIDlet implements CommandListener
4    {
5        private Display display;
6        private Form form;
7        private Alert alert;
8        private Image image;
9        private Command commandExit;
10       private Command commandPlay;
11       private Command commandView;

12       public MyAlertMIDlet()
13       {
14           display = Display.getDisplay(this);
15           form = new Form("这是一个 Alert 实例");
16           alert = new Alert("Alert 标题");
17           alert.setString("这里是 Alert 内容");
18           try
19           {
20               image = Image.createImage("/App.png");
```

```
21              }
22          catch (Exception e)
23          {
24              System.out.println("加载图片错误");
25          }
26          alert.setImage(image);
27          alert.setTimeout(Alert.FOREVER);
28          commandExit = new Command("Exit", "退出 Alert", Command.EXIT, 3);
29          commandPlay = new Command("Play", "播放 Alert 声音", Command.ITEM, 2);
30          commandView = new Command("View", "显示 Alert 信息", Command.ITEM, 1);
31          alert.addCommand(commandExit);
32          alert.addCommand(commandPlay);
33          alert.addCommand(commandView);
34          alert.setCommandListener(this);
35      }

36      public void startApp()
37      {
38          display.setCurrent(form);
39          display.setCurrent(alert);
40      }

41      public void commandAction(Command command, Displayable displayable)
42      {
43          if (command == commandExit)
44          {
45              display.setCurrent(form);
46          }
47          if (command == commandPlay)
48          {
49              AlertType.WARNING.playSound(display);
50          }
51          if (command == commandView)
52          {
53              try
54              {
55                  System.out.println("Alert 的内容是: " + alert.getString());
56              }
57              catch (Exception e)
58              {
59                  System.out.println("读取内容错误!");
60              }
61              try
62              {
63                  System.out.println("Alert 的类型是: " + alert.getType());
64              }
65              catch (Exception e)
66              {
67                  System.out.println("读取类型错误!");
68              }
69              try
70              {
```

```
71                         System.out.println("Alert 的默认有效时间是: " +
                               alert.getDefaultTimeout());
72                   }
73               catch (Exception e)
74               {
75                         System.out.println("读取默认有效时间错误!");
76               }
77           }
78       }

79       public void pauseApp() { }

80       public void destroyApp(boolean unconditional) { }
81   }
```

在上述程序中,第7行首先声明了一个 Alert 对象 alert 作为实验的主体。第16行调用 Alert 的第一种构造函数简单地指定了 Alert 的标题,与之配合,下一行设定了 Alert 的文本内容,使用的函数是 setString(),而26行设定了 Alert 的图片内容。

第27行调用 setTimeout()函数设置了 alert 的显示时间,其原型如下:

```
public void setTimeout(int time)
```

参数 time 单位是毫秒,代表 Alert 的显示时间,如果希望 Alert 一直存在,则需要把 time 设为 FOREVER。

运行上述程序,得到的界面效果如图 6-5 所示。

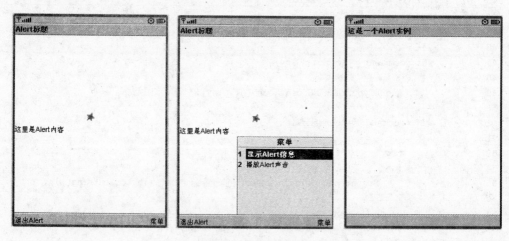

图 6-5　Alert 的使用

其中,单击"显示 Alert 信息"菜单项在控制台上输出如下信息:

```
Alert的内容是: 这里是Alert内容
Alert的类型是: null
Alert的默认有效时间是: 2000
```

6.4.3　List

List 是 Screen 的一个子类,负责提供列表的形式供玩家选择。List 的大多数行为都与

ChorceGroup 的规定类似,其构造函数有如下两种:

```
public List(String title, int listType)
public List(String title, int listType, String[] stringElements, Image[] imageElements)
```

参数 listType 指定 List 的类型,stringElements 和 imageElements 则以集合的形式分别提供列表项的文字部分和图片部分,如果 imageElements 不为空但是长度又与 stringElements 的长度不一样,将引发参数非法错误 IllegalArgumentException。

1. 单选列表

List 有两种主要的类型:单选列表和多选列表。下面的代码显示了如何构建和使用一个单选列表。

```
1   import javax.microedition.midlet. * ;
2   import javax.microedition.lcdui. * ;

3   public class MyListMIDlet extends MIDlet implements CommandListener
4   {
5       private Display display;
6       private List list;
7       private Image image;
8       private Command commandExit;
9       private Command commandConfirm;
10       private Command commandDeleteFirst;

11       public MyListMIDlet()
12       {
13           display = Display.getDisplay(this);
14           list = new List("单选列表:你最爱吃的水果", Choice.EXCLUSIVE);
15           list.append("桔子", null);
16           list.append("苹果", null);
17           list.append("香蕉", null);
18           try
19           {
20               image = Image.createImage("/circle.png");
21           }
22           catch (Exception e)
23           {
24               System.out.println("加载图片错误");
25           }
26           list.append("添加一种新的水果:火龙果", image);
27           commandExit = new Command("Exit", "退出 Alert", Command.EXIT, 3);
28           commandConfirm = new Command("Confirm", "确定", Command.ITEM, 1);
29           commandDeleteFirst = new Command("Delete", "删除第一个选项",
                                      Command.ITEM, 2);
30           list.addCommand(commandExit);
31           list.addCommand(commandConfirm);
32           list.addCommand(commandDeleteFirst);
33           list.setCommandListener(this);
```

```
34          }

35      public void commandAction(Command command, Displayable displayable)
36      {
37          List mylist = (List)displayable;
38          int index = mylist.getSelectedIndex();
39          if (command == commandExit)
40          {
41              destroyApp(true);
42              notifyDestroyed();
43          }
44          if (command == commandConfirm)
45          {
46              if (index < mylist.size() - 1)
47              {
48                  System.out.println("您选择的是：" + mylist.getString(index));
49              }
50              if (index == mylist.size() - 1)
51              {
52                  mylist.delete(index);
53                  mylist.append("火龙果", null);
54                  mylist.setSelectedIndex(mylist.size() - 1, true);
55                  System.out.println("添加选项成功!");
56              }
57          }
58          if (command == commandDeleteFirst)
59          {
60              mylist.delete(0);
61              mylist.setSelectedIndex(0, true);
62              System.out.println("删除选项成功!");
63          }
64      }

65      public void startApp()
66      {
67          display.setCurrent(list);
68      }

69      public void pauseApp() { }

70      public void destroyApp(boolean unconditional) { }
71  }
```

    在上述程序中，第 6 行声明了一个 List 对象 list，第 14 行调用 List 的构造函数为 list 创建了实际内容，其中指定 list 的标题是"单选列表：你最爱吃的水果"，同时指定 list 的类型是单选列表。

    第 15~17 行为 list 添加了 3 个列表项"桔子"、"苹果"和"香蕉"，它们没有对应的图片；第 26 行添加了另外一条提示信息"添加一种新的水果：火龙果"，因为提示信息并不是一种实际的水果，所以加上一个圆圈图片与之前的 3 项区分开来。

第 35～64 行是对 3 种命令 commandExit、commandConfirm 和 commandDeleteFirst 的定义。其中第 38 行调用 getSelectedIndex() 函数得到当前选中的列表项序号,如果玩家发出的是"确认"命令且当前的选择是最后一个选项,程序将最后一个选项的内容替换为"火龙果",如果是"删除"命令,程序调用 delete(0) 函数删除排在第一位的列表项。

执行上述程序,手机界面效果如图 6-6 所示。

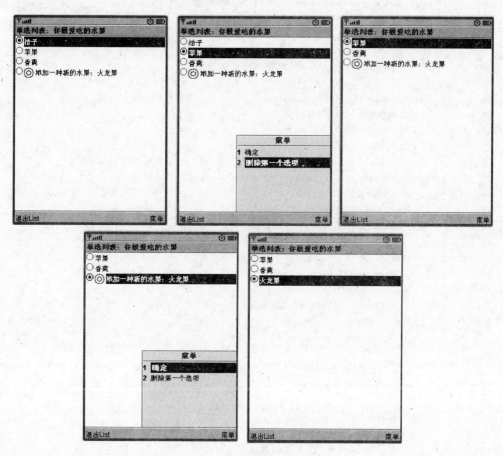

图 6-6　单选列表的使用

2. 多选列表

List 的另外一种形式是多选列表,下面的代码显示了如何构造并使用一个多选列表。

```
1   import javax.microedition.midlet.*;
2   import javax.microedition.lcdui.*;

3   public class MyListMIDlet extends MIDlet implements CommandListener
4   {
5       private Display display;
6       private List list;
7       private Image image;
8       private Command commandExit;
9       private Command commandView;
```

```
10      public MyListMIDlet()
11      {
12          display = Display.getDisplay(this);
13          list = new List("多选列表：你喜欢的运动", Choice.MULTIPLE);
14          try
15          {
16              image = Image.createImage("/circle.png");
17          }
18          catch (Exception e)
19          {
20              System.out.println("加载图片错误");
21          }
22          list.append("篮球", image);
23          list.append("足球", image);
24          list.append("网球", image);
25          list.append("乒乓球", image);
26          commandExit = new Command("Exit", "退出 List", Command.EXIT, 2);
27          commandView = new Command("Confirm", "查看", Command.OK, 1);
28          list.addCommand(commandExit);
29          list.addCommand(commandView);
30          list.setCommandListener(this);
31      }

32      public void commandAction(Command command, Displayable displayable)
33      {
34          List mylist = (List)displayable;
35          int size = mylist.size();
36          if (command == commandExit)
37          {
38              destroyApp(true);
39              notifyDestroyed();
40          }
41          if (command == commandView)
42          {
43              String str = "你喜欢的运动有：";
44              for (int i = 0; i < size; i++)
45              {
46                  if (mylist.isSelected(i))
47                  {
48                      str += mylist.getString(i);
49                      str += "、";
50                  }
51              }
52              str = str.substring(0, str.length() - 1);
53          System.out.println(str);
54          }
55      }

56      public void startApp()
57      {
58          display.setCurrent(list);
```

```
59        }

60        public void pauseApp() { }

61        public void destroyApp(boolean unconditional) { }
62   }
```

在上述代码中,第 13 行将 list 初始化为一个多选列表,紧接着第 22~30 行先后为 list 添加了 4 个列表项"篮球"、"足球"、"网球"和"乒乓球"以及 2 个命令 commandExit 和 commandView。

如果玩家下达的是"查看"命令,第 41~54 行指定了处理方法。具体地,程序遍历所有 4 个列表项,使用 isSelected()函数判断当前项是否被玩家选中。如果被选中则返回 true,否则返回 false。如果某一项被选中,进一步使用 getString()函数获取其文字描述并将其格式化到一个预定义的字符串 str 中,最后将获取的全部选择信息输出到控制台上。

程序的运行效果如图 6-7 所示,显然多选列表的显示形式与单选列表相比有所区别。

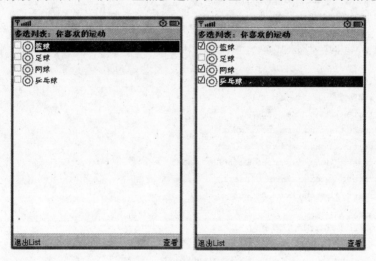

图 6-7　多选列表的使用

在第二幅图片所示的界面上单击"查看",控制台输出如下信息:

你喜欢的运动有: 篮球、网球、乒乓球

6.4.4　TextBox

TextBox 是 Screen 4 个子类中的最后一个,它允许玩家在其中输入和编辑文本。一个 TextBox 有最大字符数限制,也就是它所拥有的最大容量,这种限制在 TextBox 初始化时、玩家手动编辑文字时或者程序修改文本内容时都是有效的,与 TextBox 当前的显示内容没有直接关系。TextBox 的构造函数如下:

public TextBox(String title, String text, int maxSize, int constraints)

参数 title 表示 TextBox 的标题,参数 text 是 TextBox 第一次显示时的文本内容,如果赋值为 null,此时生成的 TextBox 内容为空。整型参数 maxSize 是一个大于 0 的数,指明 TextBox 所容许的最大输入字符数。参数 constraints 则是对于输入内容的约束,一些常见的取值如下。

public static final int ANY:值是 0,可以输入任意文本;

public static final int EMAILADDR:值是 1,输入 E-mail 地址;

public static final int NUMERIC:值是 2,输入一个整数;

public static final int PHONENUMBER:值是 3,输入电话号码;

public static final int URL:值是 4,输入 URL 地址;

public static final int DECIMAL:值是 5,输入一个实数;

public static final int PASSWORD:值是 0x10000,输入密码;

public static final int UNEDITABLE:值是 0x20000,TextBox 不可编辑。

下面的代码显示了如何使用 TextBox。

```
1   import javax.microedition.midlet. * ;
2   import javax.microedition.lcdui. * ;

3   public class MyTextBoxMIDlet extends MIDlet implements CommandListener
4   {
5       private Display display;
6       private TextBox textbox;
7       private Command commandExit;
8       private Command commandViewMax;
9       private Command commandViewCur;
10      private Command commandDeleteLastChar;
11      private Command commandInsert;
12      private Command commandChange;

13      public MyTextBoxMIDlet()
14      {
15          display = Display.getDisplay(this);
16          textbox = new TextBox("TextBox", "一个普通的 TextBox", 40, 0);
17          commandExit = new Command("Exit", "退出 TextBox", Command.EXIT, 2);
18          commandViewMax = new Command("ViewMax", "查看最大空间",
                                          Command.ITEM, 1);
19          commandViewCur = new Command("ViewCur", "查看当前位置",
                                          Command.ITEM, 1);
20          commandDeleteLastChar = new Command("Delete", "删除最末字符",
                                          Command.ITEM, 1);
21          commandInsert = new Command("Insert", "插入", Command.ITEM, 1);
22          commandChange = new Command("Change", "替换", Command.ITEM, 1);
23          textbox.addCommand(commandExit);
24          textbox.addCommand(commandViewMax);
25          textbox.addCommand(commandViewCur);
26          textbox.addCommand(commandDeleteLastChar);
27          textbox.addCommand(commandInsert);
28          textbox.addCommand(commandChange);
29          textbox.setCommandListener(this);
```

```
30        }

31      public void commandAction(Command command, Displayable displayable)
32      {
33          TextBox mytextbox = (TextBox)displayable;
34          if (command == commandExit)
35          {
36              destroyApp(true);
37              notifyDestroyed();
38          }
39          if (command == commandViewMax)
40          {
41              System.out.println("TextBox 的最大输入空间是: " + textbox.getMaxSize());
42              return;
43          }
44          if (command == commandViewCur)
45          {
46              System.out.println("光标当前所在的位置是: " + textbox.getCaretPosition());
47              return;
48          }
49          if (command == commandDeleteLastChar)
50          {
51              textbox.delete(textbox.size() - 1, 1);
52              System.out.println("成功删除了最后一个字符");
53              return;
54          }
55          if (command == commandInsert)
56          {
57              textbox.insert("'这是插入的字符'", Math.min(4,textbox.size()));
58              System.out.println("成功插入了一组字符");
59              return;
60          }
61          if (command == commandChange)
62          {
63              textbox.setString("'这是替换的字符'");
64              System.out.println("成功替换了一组字符");
65              return;
66          }
67      }

68      public void startApp()
69      {
70          display.setCurrent(textbox);
71      }

72      public void pauseApp() { }

73      public void destroyApp(boolean unconditional) { }
74  }
```

在上述代码中,第 6 行声明了一个 TextBox 对象 textbox 并在 16 行将其实例化,指定
textbox 的标题是"Textbox",初始显示内容是"一个普通的 TextBox",最大字符容量是 40,

可以输入任何文字。接下来依次创建了 6 个 Command 对象："退出"、"查看最大空间"、"查看当前位置"、"删除最末字符"、"插入"和"替换",将它们与 textbox 绑定在一起。

处理玩家的各种命令时,用到了 TextBox 的一些重要函数,它们的含义分别如下。

(1) public int getMaxSize():获取 TextBox 的最大字符容量,返回值是一个整型数。

(2) public int getCaretPosition():获取当前的输入位置。

(3) public void delete(int offset,int length):在 TextBox 的现有内容中寻找参数 offset 指定的位置,删除之后长度为 length 的串。

(4) public void insert(String src,int position):将参数 src 包含的字符串插入到 TextBox 的第 position 个位置。

(5) public void setString(String text):将 TextBox 的显示内容替换为 text。

执行上述程序,运行界面如图 6-8 所示。

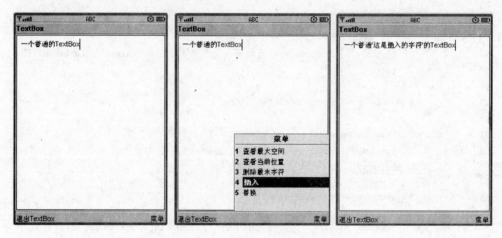

图 6-8　TextBox 的使用

同时在控制台上输出如下信息:

```
TextBox的最大输入空间是：40
光标当前所在的位置是：12
成功删除了最后一个字符
成功删除了最后一个字符
光标当前所在的位置是：10
成功插入了一组字符
成功替换了一组字符
光标当前所在的位置是：9
```

6.4.5　DateField

DateField 是 Item 的子类,放置在 Form 内部用于显示和编辑日期及时间信息。它的构造函数有两种形式:

```
public DateField(String label, int mode)
public DateField(String label, int mode, TimeZone timeZone)
```

参数 label 表示 DateField 的标签,参数 mode 是一个整型数,指定了 DateField 的显示模式,可能的取值如下。

public static final int DATE：值是 1，显示日期信息（年、月、日）；

public static final int TIME：值是 2，显示时间信息（时、分）；

public static final int DATE_TIME：值是 3，显示日期信息和时间信息。

第三个参数 timeZone 用于指定时区。下面的例子显示了使用 DateField 的方法。

```
1   import javax.microedition.midlet. * ;
2   import javax.microedition.lcdui. * ;
3   import java.util. * ;

4   public class MyDateFieldMIDlet extends MIDlet implements CommandListener
5   {
6       private Display display;
7       private Form form;
8       private DateField datetime;
9       private DateField date;
10       private Command commandSet;
11       private Command commandView;

12       public MyDateFieldMIDlet()
13       {
14           display = Display.getDisplay(this);
15           form = new Form("DateField");
16           datetime = new DateField("完整的时间", DateField.DATE_TIME);
17           date = new DateField("简略的时间", DateField.DATE);
18           form.append(datetime);
19           form.append(date);
20           commandSet = new Command("Set", "设置时间", Command.ITEM, 1);
21           commandView = new Command("View", "查看信息", Command.ITEM, 1);
22           form.addCommand(commandSet);
23           form.addCommand(commandView);
24           form.setCommandListener(this);
25       }

26       public void commandAction(Command command, Displayable displayable)
27       {
28           if (command == commandSet)
29           {
30               Date currentdate = new Date();
31               datetime.setDate(currentdate);
32               date.setDate(currentdate);
33               System.out.println("成功设置了时间");
34               return;
35           }
36           if (command == commandView)
37           {
38               System.out.println("DateField 显示的时间是: " + datetime.getDate());
39               System.out.println("第一个 DateField 的模式是: " +
                                    datetime.getInputMode());
40               System.out.println("第二个 DateField 的模式是: " + date.getInputMode());
41               return;
42           }
43       }
```

```
44      public void startApp()
45      {
46          display.setCurrent(form);
47      }

48      public void pauseApp() { }

49      public void destroyApp(boolean unconditional) { }
50  }
```

在上面的代码中,第 8 行和第 9 行声明了两个 DateField 对象 datetime 和 date。第 16 行和第 17 行分别指定两个 DateField 对象的输入模式是日期-时间模式和单纯日期模式,它们的标签被描述为"完整的时间"和"简略的时间"。

如果玩家下达"设置时间"命令,程序首先获取当前的系统时间,然后调用 setDate()函数分别设置。如果是"查看信息"命令,在控制台上分别输出 DateField 的显示时间和输入模式。

程序的运行效果如图 6-9 所示。

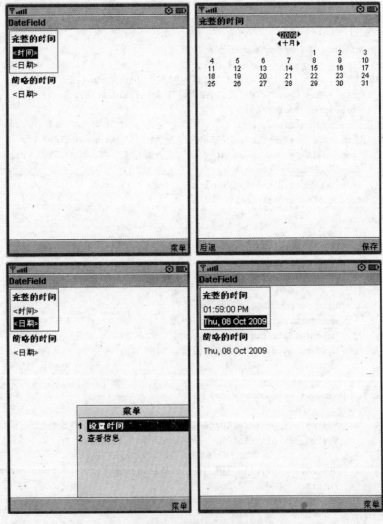

图 6-9 DateField 的使用

先后两次下达"查看信息"命令,在控制台上依次输出如下信息:

```
DateField显示的时间是: null
第一个DateField的模式是: 3
第二个DateField的模式是: 1
成功设置了时间
DateField显示的时间是: Thu Oct 08 13:59:00 UTC 2009
第一个DateField的模式是: 3
第二个DateField的模式是: 1
```

6.4.6 Gauge

Gauge 是 Item 的另一个常用子类,用于显示游戏中的进度条。它的本质是将一个整数值用图形的方式表现出来,这个整数值介于 0 和最大值之间,当前值和最大值都可以被程序控制。Gauge 的构造函数如下:

```
public Gauge(String label, boolean interactive, int maxValue, int initialValue)
```

参数 label 是 Gauge 的标签,设置为 null 时表示标签为空。参数 interavtive 是一个布尔值,表示 Gauge 的交互模式,即用户是否能够改变 Gauge 的值。参数 maxValue 表示 Gauge 内含的最大数值,与之对应,参数 initialValue 表示 Gauge 的初始值。

下面的例子显示了 Gauge 的使用方法。

```
1   import javax.microedition.midlet. * ;
2   import javax.microedition.lcdui. * ;
3   import java.util. * ;

4   public class MyGaugeMIDlet extends MIDlet implements CommandListener
5   {
6       private Display display;
7       private Form form;
8       private Gauge gauge;
9       private Command commandExit;

10      public MyGaugeMIDlet()
11      {
12          display = Display.getDisplay(this);
13          form = new Form("Gauge");
14          gauge = new Gauge("进度条", false, 50, 0);
15          form.append(gauge);
16          commandExit = new Command("Exit", "退出 Gauge", Command.EXIT, 2);
17          form.addCommand(commandExit);
18          form.setCommandListener(this);
19      }

20      public void commandAction(Command command, Displayable displayable)
21      {
22          if (command == commandExit)
23          {
24              destroyApp(true);
25              notifyDestroyed();
```

```
26              }
27          }

28      public void startApp()
29      {
30          display.setCurrent(form);
31          Thread thread = new Thread();
32          for (int i = 0; i <= 50; i++)
33          {
34              try
35              {
36                  thread.sleep(500);
37              }
38              catch (Exception e)
39              {
40                  System.out.println(e);
41              }
42              gauge.setValue(i);
43          }
44      }

45      public void pauseApp() { }

46      public void destroyApp(boolean unconditional) { }
47  }
```

在上面的代码中,第 8 行声明了一个 Gauge 对象 gauge,第 14 行设定 gauge 的标签是"进度条",玩家不可以更改 gauge 的取值,数的最大值是 50 且初始情况下值为 0。

第 32～43 行的含义是:令 gauge 的值每半秒钟增加 1,以使得进度条显示出一种渐进的状态。

程序运行时,截取初始状态和中间某一个状态的屏幕效果如图 6-10 所示。

图 6-10　Gauge 的使用

6.5 赋予玩家操纵生物的能力

在草原追逐游戏中,当玩家按下手机键盘上的一些"有效键"时将指挥玩家精灵向某个方向移动,其操作原理如下面的代码所示:

```
private void update() {
  /*检查游戏是否重启*/
  if (gameOver) {
    int keyState = getKeyStates();
    if ((keyState & FIRE_PRESSED) != 0)
      // Start a new game
      newGame();

    /*游戏结束,直接返回*/
    return;
  }

  /*用户的输入控制图层*/
  int keyState = getKeyStates();
  int xMove = 0, yMove = 0;
  if ((keyState & LEFT_PRESSED) != 0) {
    xMove = -4;
    playerSprite.setFrame(3);
  }
  else if ((keyState & RIGHT_PRESSED) != 0) {
    xMove = 4;
    playerSprite.setFrame(1);
  }
  if ((keyState & UP_PRESSED) != 0) {
    yMove = -4;
    playerSprite.setFrame(0);
  }
  else if ((keyState & DOWN_PRESSED) != 0) {
    yMove = 4;
    playerSprite.setFrame(2);
  }
  if (xMove != 0 || yMove != 0) {
    layers.setViewWindow(xView + xMove, yView + yMove, getWidth(),
      getHeight() - infoBar.getHeight());
    playerSprite.move(xMove, yMove);
  }

  /*玩家精灵的冲突检测*/
  if (playerSprite.collidesWith(disabilityLayer, true)) {
    layers.setViewWindow(xView, yView, getWidth(),
      getHeight() - infoBar.getHeight());
    playerSprite.move(-xMove, -yMove);
  }
  else {
```

```
      /* 如果没有发生冲突,向窗口提交 */
      xView += xMove;
      yView += yMove;
    }

    for (int i = 0; i < 2; i++) {
      /* 更新精灵 */
      rabbitSprite[i].update();
      barrelSprite[i].update();

      /* 玩家精灵的冲突检测 */
      if (playerSprite.collidesWith(rabbitSprite[i], true)) {
        piratesSaved++;

        /* 将精灵置于一个随机位置 */
        placeSprite(rabbitSprite[i], disabilityLayer);
      }

      /* 玩家精灵的冲突检测 */
      if (playerSprite.collidesWith(barrelSprite[i], true)) {
        energy = Math.min(energy + 5, 45);

        /* 将精灵置于一个随机位置 */
        placeSprite(barrelSprite[i], disabilityLayer);
      }
    }

    for (int i = 0; i < 5; i++) {
      /* 更新精灵 */
      stoneSprite[i].update();
      ghostSprite[i].update();

      /* 玩家精灵的冲突检测 */
      if (playerSprite.collidesWith(stoneSprite[i], true)) {
        energy -= 10;

        /* 将精灵置于一个随机位置 */
        placeSprite(stoneSprite[i], disabilityLayer);
      }

      /* 玩家精灵的冲突检测 */
      if (playerSprite.collidesWith(ghostSprite[i], true)) {
        energy -= 5;
      }
    }

    oxSprite.update();

    /* 玩家精灵的冲突检测 */
    if (playerSprite.collidesWith(oxSprite, true)) {
      energy -= 10;
```

```
    }

    /* 检测是否满足游戏结束的条件 */
    if (energy <= 0) {
      playerSprite.setVisible(false);

      gameOver = true;
    }

    /* 更新图层 */
    if (++ waterDelay > 3) {
      if (++ waterTile[0] > 3)
        waterTile[0] = 1;
      grassLayer.setAnimatedTile( - 1, waterTile[0]);
      if ( -- waterTile[1] < 1)
        waterTile[1] = 3;
      grassLayer.setAnimatedTile( - 2, waterTile[1]);
      waterDelay = 0;
    }
  }
```

6.6 本章小结

通过本章的学习了解到手机游戏的趣味部分来自于玩家与手机的交互响应。玩家通过按下手机按键向游戏发送指令,游戏逻辑经过分析和处理后将结果通过手机屏幕上的各种形式的元素反馈给玩家。

按键事件包括3种类型:keyPressed()、keyReleased()、keyRepeated(),不同的游戏可能使用到它们之中的一种或几种。每个按键对应着自己的 code 和 name,游戏系统正是通过区分它们而采取合适的处理策略。同时,在 MIDP 2.0 中也可以直接调用 GameCanvas 的 getKeyStates()函数来得到键盘的状态,返回值是一个整型数,每一位记录一个按键的状态。

屏幕元素有两大类:Screen 和 Item,其中 Form 窗体用于放置其他的界面元素。通过使用 Alert、List、TextBox、DateField、Gauge 等对象,游戏的信息以丰富多彩的形式被展现出来供玩家查看和使用。

习 题 6

1. 本章介绍了按键事件的原理和响应方式,你还了解别的什么手机事件吗?

2. Form 和其他界面元素是什么关系? Alert 和 DateField 各有几种不同的类型?

3. 单选列表和多选列表在形式、用法上各有什么不同? 你能为它们各举一个实际应用的例子吗?

4. 利用本章学习到的知识,尝试制作一个自己的俄罗斯方块游戏,要求如下。

(1) 为不同的基本方块设计好看的颜色。

（2）应该具备左右横移、旋转、加速下落的功能。

（3）当屏幕的某一行堆满方块时判定为玩家得分，同时消除这一行。

（4）设定一个初始的游戏时间，比如说 5 分钟，在屏幕上显示一个进度条代表游戏的当前进程。

（5）如果玩家在指定游戏时间内挑战失败，用一个弹出框提示失败并告知玩家这一局游戏的最后得分。

第7章

为游戏添加声音

在游戏中,声音能够为玩家提供非常丰富的虚拟世界信息,能够让这个虚拟世界从心理上真正变得丰满而逼真。正是因为有了声音,游戏才能够变得如此真实,如此让人轻易沉迷。为了增强真实感、临场感和趣味性,多数游戏都为玩家的各个动作设定了详细的声音,这些声音有些来自器物模仿,有些则完全来自电子合成。这些声音往往比较形象,且不同的动作发出的声音在音色上一般也具备明显的不同,使玩家都能够轻易辨别各个声音所对应的动作。

在本章,读者将学习到:

◇ MMAPI 播放媒体文件的方法;

◇ 播放乐音的方法;

◇ 播放外部文件声音的方法。

7.1 J2ME 声音的播放

为了使移动装置能够访问这些不同格式的媒体数据,必须为其设计一个规范化的、强大的、可扩充的应用接口。J2ME 中就提供了一套为规范的播放和录制音频或视频接口,即 Mobile Media API(MMAPI)。

7.1.1 MMAPI

MMAPI 是 Mobile Media API 的简称。MMAPI 的实现体现在 javax. microedition. media 包当中。MMAPI 实现了 5 个非常有用的接口。

(1)Control:控制接口,这个接口的实现主要是体现在 ToneContro 和 VolumeControl 类上。

(2)Controlable:获取声音播放的控制权接口。

(3)Player:声音播放器接口。

(4)PlayerListener:监听媒体播放过程时间接口。

(5)Manager:主要用于对系统资源的获取,通常 Player 类的实例需要通过 Manager 的方法来获得。

7.1.2 播放器 Player

在 J2ME 的 API 当中定义了专门用于音乐播放的 Player 接口,Player 提供了特殊的方法用于管理播放器的生命周期,控制回放过程等。Player 可以通过 Manager 类的 createPlayer 方法来创建,播放器创建后,调用方法 start 可以即刻播放音乐,音乐开始播放后,Player 将会转到后台播放并且在音乐播放结束后自动停止。一个播放器有 5 种播放状态:UNREALIZED、REALIZED、PREFETCHED、STARTED、CLOSED。

(1) UNREALIZED:没有实现状态,在这个状态中 Player 不能获取对应资源的信息,如 getContentType、setMediaTime、getControls、getControl,当执行这些方法的时候系统会抛出 IllegalStateException 异常,使用 realize()方法可以更改状态。

(2) REALIZED:当播放器获得资源信息后的状态,播放器处于 REALIZED 状态后只有调用 deallocate()方法后才会返回到 UNREALIZED 状态。

(3) PREFETCHED:当播放器 REALIZED 后,仍需要一些时间才可以进行播放,这个状态就是 PREFETCHED,这段时间内,Player 通常用于缓存媒体数据或者处理媒体资源。当调用 stop()方法后状态会从 STARTED 转换到 PREFETCHED。

(4) STARTED:播放状态,当执行 start()方法后 Player 进入到 STARTED 状态。

(5) CLOSED:关闭状态,调用 close()方法后进入关闭状态,在关闭状态 Player 会释放它做控制的所有资源。Player 的状态如图 7-1 所示。

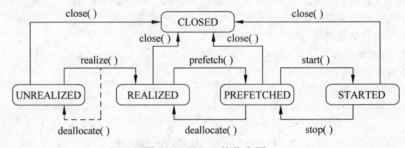

图 7-1 Player 的状态图

Player 类方法定义如表 7-1 所示。

表 7-1 Player 方法

定　义	描　述
public static player createPlayer(InputStream stream, String type)	
public static player (String locator)	
addPlayerListener(PlayerListener playerListener)	添加监听事件
close()	关闭播放器释放资源
deallocate()	释放设备句柄
getContentType()	获得当前媒体的类型
getDuration()	获得媒体的长度
getMediaTime()	获得当前媒体的时间
getState()	获得当前播放器的状态
realize()	转换状态
removePlayerListener(PlayerListener playerListener)	移除监听事件
setLoopCount(int count)	设置循环播放的次数
setMediaTime(long now)	设置媒体的时间
start()	开始播放
stop()	停止播放

7.2 播放乐音

乐音本身是单个的音调，MIDP 1.0 当中，手机只能播放简单的音调，在 MIDP 2.0 当中仍然保留了播放单个音调的功能。MMAPI 对多媒体文件的支持还是有一定的限制，目前支持的文件类型如表 7-2 所示。

表 7-2　MMAPI 支持的多媒体文件类型

MIME 类型	描　　述	MIME 类型	描　　述
audio/midi	MIDI 文件	audio/x-wav	WAV PCM 取样音频
audio/sp-midi	可升级的多音 MIDI	video/mpeg	MPEG1 视频
audio/x-tone-seq	MIDP 2.0 音调序列	video/vnd. sun. rgb565	视频记录

7.2.1 播放单个乐音

用 MIDP 发出一个单个乐音有两种方式，一种是使用 Manager 类播放声音，另一种是使用 Player 类来播放声音。使用 Manager 类的静态方法 playTone() 就可以完成单乐音的播放。方法的定义如下：

```
public static void playTone( int note, int duration, int volume)
```

其中，参数 note 表示单音符，取值范围为 0～127，duration 表示持续播放此音符的时间，volume 表示音量，范围是 0～70。

下面的例子给出了播放单音的方式。

```
1 import javax.microedition.midlet.MIDlet;
2 import javax.microedition.midlet.MIDletStateChangeException;
3 import javax.microedition.media. * ;

4 public class mediaexample extends MIDlet {
5     public mediaexample() {
6     }
7     protected void destroyApp(boolean arg0) throws MIDletStateChangeException {
8     }
9     protected void pauseApp() {
10     }
11     protected void startApp() throws MIDletStateChangeException {
12         try {
13             Manager. playTone(60, 2000, 90);
14         } catch (MediaException ex) {
15             System. out. println("can't play tone");
16         }
17     }
18 }
```

运行上述程序，便可以听到一个单音的乐音，第 13 行是使用 Manager 类播放音调的代码,使用 Manager 播放音调的时候应该使用 try-catch 块来处理媒体设备可能出现的异常情况。如果单乐音不能播放,系统会抛出 MediaException 异常。

7.2.2　播放乐音序列

声音的序列是由高低不同的乐音按顺序排列起来构成的。播放乐音序列需要用到 Player 接口,首先要导入 javax. microedition. media. control 包。音乐序列的定义是一个 byte 数组,数组中定义了该序列的属性,定义乐音序列的语法如下:

```
sequence                    = version * 1tempo_definition
version                     = VERSION version_number
VERSION                     = byte - value
version_number              = 1      ; version # 1
tempo_definition            = TEMPO tempo_modifier
TEMPO                       = byte - value
tempo_modifier              = byte - value
resolution_definition       = RESOLUTION resolution_unit
RESOLUTION                  = byte - value
resolution_unit             = byte - value
block_definition            = BLOCK_START block_number /BLOCK_END block_number
BLOCK_START                 = byte - value
BLOCK_END                   = byte - value
block_number                = byte - value
sequence_event              = tone_event / block_event/volume_event / repeat_event
tone_event                  = note duration
note                        = byte - value ; note to be played
duration                    = byte - value ; duration of the note
block_event                 = PLAY_BLOCK block_number
PLAY_BLOCK                  = byte - value
block_number                = byte - value
volume_event                = SET_VOLUME volume
SET_VOLUME                  = byte - value
volume                      = byte - value ; new volume
repeat_event                = REPEAT multiplier tone_event
REPEAT                      = byte - value
multiplier                  = byte - value
byte - value                = - 128 - 127
```

下面的代码定义了一组乐音序列并播放。

```
1 import java.io.IOException;
2 import javax.microedition.midlet.MIDlet;
3 import javax.microedition.midlet.MIDletStateChangeException;
4 import javax.microedition.media. * ;
5 import javax.microedition.media.control. * ;

6 public class mediaexample extends MIDlet {
7     public mediaexample() {
8 }
```

```
9 potected void destroyApp(boolean arg0) throws MIDletStateChangeException {
10   protected void pauseApp() {
11   }

12   protected void startApp() throws MIDletStateChangeException {
13       byte tempo = 30; // set tempo to 120 bpm
14           byte d = 8;                    // eighth-note

15           byte C4 = ToneControl.C4;;
16           byte D4 = (byte)(C4 + 2);      // a whole step
17           byte E4 = (byte)(C4 + 4);      // a major third
18           byte G4 = (byte)(C4 + 7);      // a fifth
19           byte rest = ToneControl.SILENCE;// rest

20           byte[] mySequence = {
21               ToneControl.VERSION, 1,      // version 1
22               ToneControl.TEMPO, tempo,    // set tempo
23               ToneControl.BLOCK_START, 0,  // start define "A" section
24               E4,d, D4,d, C4,d, E4,d,      // content of "A" section
25               E4,d, E4,d, E4,d, rest,d,
26               ToneControl.BLOCK_END, 0,    // end define "A" section
27               ToneControl.PLAY_BLOCK, 0,   // play "A" section
28               D4,d, D4,d, D4,d, rest,d,    // play "B" section
29               E4,d, G4,d, G4,d, rest,d,
30               ToneControl.PLAY_BLOCK, 0,   // repeat "A" section
31               D4,d, D4,d, E4,d, D4,d, C4,d // play "C" section
32           };

33           try{
34               Player p =
Manager.createPlayer(Manager.TONE_DEVICE_LOCATOR);
35               p.realize();
36               ToneControl c = (ToneControl)p.getControl("ToneControl");
37               c.setSequence(mySequence);
38               p.start();
39           } catch (IOException ioe) {
40           } catch (MediaException me) { }
41   }
42 }
```

代码中 mySequence 是定义的乐音序列,第 21 行代码设置了版本号,当前必须设为 1。第 22 行代码定义了声音播放的速度,值越小播放的速度越慢。第 23 行代码定义了播放块,当前设置的块为 0 号。第 26 行代码为块定义结束符,第 27 行代码播放当前 0 号块号。第 34 行代码创建了播放器 p,第 35 行代码实现了播放器,第 36 行代码获取音调控制句柄,第 37 行代码获取播放设备,第 38 行代码播放乐音序列。

7.3 播放 wav 文件声音

wav 文件的播放同样需要借助 Player 播放器,根据文件的来源不同,分为两种创建播放器的方法,一种是播放资源 jar 文件中的 wav 文件,另一种是播放来自 URL 的声音,URL

中的文件即为网络文件,播放网络文件使用得很少。

7.3.1 播放来自 jar 文件的 wav

播放来自 jar 文件中 wav 的第一步是从 jar 文件中获得 wav 数据流。下列代码中第 2 行创建了 InputStream 类型的对象 is,is 用于控制 wav 数据流的句柄,getClass(). getResourceAsStream ("audio. wav")实现了从资源文件中获得 audio. wav 音乐文件流。代码的第 3 行通过 Manager 的 createPlayer()方法创建了播放器 Player 的实例 p,第 4 行执行 Player 的方法 start()播放文件。当文件读取或者播放出现错误的时候系统会抛出不同类型的异常,读取出现错误会抛出 IOException 异常,播放出现错误会抛出 MediaException 异常,代码的第 5 行和第 6 行分别对两种异常做了处理。

```
1 try {
2     InputStream is = getClass().getResourceAsStream("audio.wav");
3     Player p = Manager.createPlayer(is, "audio/X-wav");
4     p.start();
5 } catch (IOException ioe) {
6 } catch (MediaException me) { }
```

7.3.2 播放来自 URL 的 wav

播放来自网络 URL 的 wav 比播放来自 jar 文件的 wav 要简单一些,只是等待的时间会比较久,因为手持设备上网的速度受到了一定的限制,不过随着 3G 网络的普及,播放网络 URL 文件的机会会变得更多。播放网络文件的代码如下:

```
1 try {
2     Player p = Manager.createPlayer("http://abc.wav");
3     p.start();
4 } catch (MediaException pe) {
5 } catch (IOException ioe) {
6 }
```

代码第 2 行直接使用 Manager 类的 createPlayer()方法通过给定网络地址 URL 参数创建了播放器 Player。

其他格式的文件播放方法与播放 wav 格式的文件类似,读者可自行学习。

7.4 在游戏中使用声音

游戏中的声音通常作为背景音乐及发生事件的音效,因此对于音乐的要求是可以烘托出环境气氛,在发生事件的时候,背景音乐的播放通常是连续的,而音效则是不连续的,在发生事件的时候才会播放。

在草原故事游戏中的部分代码示例如下:

```
import javax.microedition.lcdui.*;
import javax.microedition.lcdui.game.*;
```

```
import java.io. * ;
import javax.microedition.media. * ;
import javax.microedition.media.control. * ;
public class HLCanvas extends GameCanvas implements Runnable {
  private Player        musicPlayer;
  private Player        rescuePlayer;
  private Player        minePlayer;
  private Player        gameoverPlayer;
  public void start() {
    // Initialize the music and wave players
    try {
      InputStream is = getClass().getResourceAsStream("Music.mid");
      musicPlayer = Manager.createPlayer(is, "audio/midi");
      musicPlayer.prefetch();
      musicPlayer.setLoopCount( - 1);
      is = getClass().getResourceAsStream("Rescue.wav");
      rescuePlayer = Manager.createPlayer(is, "audio/X - wav");
      rescuePlayer.prefetch();
      is = getClass().getResourceAsStream("Mine.wav");
      minePlayer = Manager.createPlayer(is, "audio/X - wav");
      minePlayer.prefetch();
      is = getClass().getResourceAsStream("GameOver.wav");
      gameoverPlayer = Manager.createPlayer(is, "audio/X - wav");
      gameoverPlayer.prefetch();
    }
    catch (IOException ioe) {
    }
    catch (MediaException me) {
    }
}
  public void stop() {
    // Close the music and wave players
    musicPlayer.close();
    rescuePlayer.close();
    minePlayer.close();
    gameoverPlayer.close();
    // Stop the animation
    sleeping = true;
  }

  private void update() {
      // Check for a collision with the player and the barrel sprite
    if (playerSprite.collidesWith(barrelSprite[i], true)) {
      // Play a tone sound for gaining energy from a barrel
      try {
        Manager.playTone(ToneControl.C4 + 12, 250, 100);
      }
      catch (MediaException me) {
      }
    }
  }
```

```
for (int i = 0; i < 5; i++) {
  // Update the mine and squid sprites
  mineSprite[i].update();
  squidSprite[i].update();
  // Check for a collision with the player and the mine sprite
  if (playerSprite.collidesWith(mineSprite[i], true)) {
    // Play a wave sound for hitting a mine
    try {
      minePlayer.start();
    }
    catch (MediaException me) {
    }
    // Decrease the player's energy
    energy -= 10;
    // Randomly place the mine in a new location
    placeSprite(mineSprite[i], landLayer);
  }
  // Check for a collision with the player and the squid sprite
  if (playerSprite.collidesWith(squidSprite[i], true)) {
    // Play a tone sound for hitting a squid
    try {
      Manager.playTone(ToneControl.C4, 250, 100);
    }
    catch (MediaException me) {
    }
    // Decrease the player's energy
    energy -= 5;
  }
}
// Update the enemy ship sprite
enemyShipSprite.update();
// Check for a collision with the player and the enemy ship sprite
if (playerSprite.collidesWith(enemyShipSprite, true)) {
  // Play a wave sound for hitting the enemy ship
  try {
    minePlayer.start();
  }
  catch (MediaException me) {
  }
  // Decrease the player's energy
  energy -= 10;
}
// Check for a game over
if (energy <= 0) {
  // Stop the music
  try {
    musicPlayer.stop();
  }
  catch (MediaException me) {
  }
  // Play a wave sound for the player ship sinking
```

```
        try {
          gameoverPlayer.start();
        }
        catch (MediaException me) {
        }
        // Hide the player ship sprite
        playerSprite.setVisible(false);
        gameOver = true;
      }
      // Update the animated water tiles
      if (++ waterDelay > 3) {
        if (++ waterTile[0] > 3)
          waterTile[0] = 1;
        waterLayer.setAnimatedTile(-1, waterTile[0]);
        if (-- waterTile[1] < 1)
          waterTile[1] = 3;
        waterLayer.setAnimatedTile(-2, waterTile[1]);
        waterDelay = 0;
      }
    }
    private void newGame() {
      // Start the music (at the beginning)
      try {
        musicPlayer.setMediaTime(0);
        musicPlayer.start();
      }
      catch (MediaException me) {
      }
    }
  }
```

在上述代码中使用了常见的几种方式来播放声音,在程序的开头定义了4个Player分别播放不同的声音,分别为musicPlayer、rescuePlayer、minePlayer和gameoverPlayer。在start()方法中对4个Player分别进行了初始化,musicplayer播放的是来自jar文件的midi音乐"Music.mid",所以首先定义了输入流对象is,代码如下:

```
InputStream is = getClass().getResourceAsStream("Music.mid");
musicPlayer = Manager.createPlayer(is, "audio/midi");
musicPlayer.prefetch();
musicPlayer.setLoopCount(-1);
```

is是输入流对象,"audio/midi"代表的是声音的格式为"audio/midi"。初始化之后通过方法setLoopCount()设置循环模式为不停止的循环。

rescuePlayer、minePlayer和gameoverPlayer对象播放的是wav格式的声音文件,代码如下:

```
is = getClass().getResourceAsStream("Rescue.wav");
rescuePlayer = Manager.createPlayer(is, "audio/X-wav");
rescuePlayer.prefetch();
is = getClass().getResourceAsStream("Mine.wav");
```

```
minePlayer = Manager.createPlayer(is, "audio/X - wav");
minePlayer.prefetch();
is = getClass().getResourceAsStream("GameOver.wav");
gameoverPlayer = Manager.createPlayer(is, "audio/X - wav");
gameoverPlayer.prefetch();
```

开始游戏的第一步是创建新的游戏,通过函数 newGame()来创建一个新的游戏,在 newGame 函数中对声音有如下处理:

```
musicPlayer.setMediaTime(0);
musicPlayer.start();
```

musicPlayer 用于播放游戏的背景音乐,创建新游戏有两种可能的情况,第一次开始游戏、游戏未结束重新开始和游戏结束重新开始,所以当前 musicPlayer 播放的音乐的位置是不确定的。这里通过 setMediaTime()方法来设定当前播放的位置,参数 0 代表的是文件的开头,然后通过 start()方法播放声音。在游戏的过程中线程在不停地运转,人物移动的过程中要不断地判断当前的人物是否激发了任何游戏事件,当人物碰到酒桶的时候系统会播放一个单音乐音,在 update()方法中有这样的一行代码:

```
Manager.playTone(ToneControl.C4 + 12, 250, 100);
```

在 update()方法中通过 for 循环来更新 mine 和 squid 的状态,并且判断人物是否与 mine 相碰,如果碰到了则在激发游戏的事件同时播放相应的音效,代码如下:

```
minePlayer.start();
```

在判断人物是否激发了游戏事件后,需要判断当前任务的生命值是否小于或者等于 0,当生命值小于或者等于 0 的时候游戏结束,播放游戏结束声音并关闭背景声音,相关代码如下:

```
if (energy <= 0) {
    try {
        musicPlayer.stop();
    }
    catch (MediaException me) {
    }
    try {
        gameoverPlayer.start();
    }
    catch (MediaException me) {
    }
```

7.5　本章小结

本章讲述了播放不同类型声音(乐音和数字声音)的方法,介绍了利用不同的构造方法播放来自文件和网络声音的方法,以及对播放器的控制方法。但是由于声音的播放受限于手机硬件设备,所以开发后的程序在不同的设备中运行的效果可能会有差异。在章节的最后通过游戏案例介绍了在实际游戏开发过程中如何利用声音来增加游戏的可玩效果。

习 题 7

1. 打开手机播放一个铃声,想一想这个铃音属于哪种类型的声音,手机程序是如何播放这个铃音的?

2. 播放器有哪些状态,它们是如何转换的?

3. 利用播放器 Player 设计一个模拟电子琴,通过不同的按键来播放不同的乐音,记录下这些单音节乐音,通过程序连续播放。

第8章

游戏数据存储

在很多情况下，手机游戏需要实时保存一些数据。

大多数手机游戏都拥有各自的记分机制，一个最高得分记录表是必要的。一方面，这是炫耀玩家游戏成就的重要途径；同时其中也蕴涵着一种乐趣，就是挑战并击败最好的玩家，激励自己不断磨砺游戏的技能。另外，由于设备的特殊性，手机上的游戏经常被各种情况打断，这时必须保存当前的游戏进度以便于玩家在方便的时候继续游戏。

以大家都非常熟悉的"都市摩天楼"游戏为例，它可以在任何时刻随意退出并保存当时的楼房层数、入住情况及其他信息，玩家下一次进入游戏时可以选择"继续建设城市"以完成之前的建设工作。当然，"都市摩天楼"也配备了最高得分功能，其中含有取得高分的玩家姓名、人口和摩天楼高度等信息。玩家得以随时看见自己的游戏成果并了解自己的排名，玩起来也会更有挑战性。

在本章，读者将学习到：

◇ RecordStore 类及其函数的层次关系；

◇ 如何创建、打开、关闭和删除一个记录文件；

◇ 如何在记录文件中操作具体的记录。

8.1 RecordStore 类

手机游戏中的数据存储在面向记录的数据库中，一个记录文件类似于关系型数据库中的一张表。表由多条记录组合而成，这些记录将持久保存并可供多个 MIDlet 套件使用。J2ME 中，数据的持久存储和操作都被置于一个专门包内，这个包叫做记录管理系统（Record Management System，RMS），它包含的内容如图 8-1 所示。

rms 的核心是 RecordStore 类，它被用于构建记录文件（类似于计算机数据库管理系统中的表格），对数据的一些简单操作（诸如增、删、改、查）也封装在其中；RecordListener 是一个接口，用于监听记录文件上的任何操作并作出相应处理；另外 3 个接口 RecordEnumeration、RecordFilter 和 RecordComparator 则分别负责记录的遍历、筛选和排序；由于数据库管理的复杂性，错误管理在其中起着非常重要的作用，上图列举了一些常见的数据操作异常。

RecordStore 类的来源如下所示。

```
○ class java.lang.Object
  └○ class javax.microedition.rms.RecordStore
```

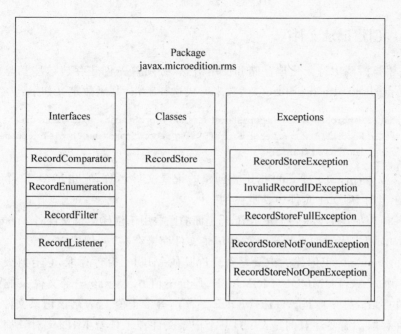

图 8-1　RMS 层次结构

RecordStore 类的变量和函数如图 8-2 所示，这些成员分布在记录、记录文件、存储器 3 个层次上。

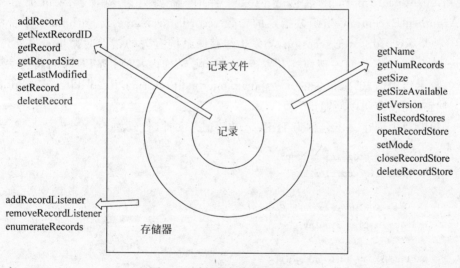

图 8-2　手机数据存储函数关系

8.2　记录文件操作

学习游戏数据存储和使用的第一步是了解记录文件的概念和操作。记录文件形如一张张两列多行的表格，每一行是一条实际的记录信息。与表格一样，记录文件也拥有创建、打开、关闭和删除这样完整的生存周期。

8.2.1 创建记录文件

要想在手机游戏中持久化地存储和使用信息，必须首先创建存放这些信息的文件。使用 rms 包提供的 openRecordStore()函数来完成这一工作，其函数定义如下：

```
public static RecordStore openRecordStore(String recordStoreName, boolean createIfNecessary)
public static RecordStore openRecordStore(String recordStoreName, boolean createIfNecessary,
int authmode, boolean writable)
```

其中，参数 recordStoreName 指定要创建的记录文件名称，它由最多 32 个 Unicode 字符组成，且在当前 MIDlet 套件中是唯一的。

参数 createIfNecessary 是一个布尔值，当上面的函数用于创建记录文件时，createIfNecessary 应赋为真值 true，它表示如果指定名称的记录文件尚未存在，就创建它。

参数 authmode 标识创建的记录是否允许其他 MIDlet 套件存取，它有且仅有两种可能的取值。一种是 AUTHMODE_PRIVATE，等价于值 0，表示该记录文件只能由创建它的 MIDlet 套件存取；另一种是 AUTHMODE_ANY，等价于值 1，表示该记录文件可以由任何 MIDlet 套件存取。需要注意的是：一旦某个记录文件授予任意 MIDlet 对其拥有读写权限时，在其上进行操作应该首先判断记录是否已经或正在被其他 MIDlet 改写。

参数 writable 标识是否授予其他 MIDlet 套件改写该套件的权利，显然该参数仅在参数 authmode 取值为 AUTHMODE_ANY 时有效。

使用 openRecordStore 函数创建记录文件时，需要处理两种异常情况。一种是 IllegalArgumentException，当函数指定的参数 recordStoreName 或 authmode 不合法时抛出；另一种是 RecordStoreException，当发生与存储系统有关的错误时抛出。另外，在使用 openRecordStore()函数时一般应将其置于 try-catch 结构内，否则 WTK 平台将无法生成相关项目并提示错误信息"未报告的异常 javax. microedition. rms. RecordStoreException；必须对其进行捕捉或声明以便抛出"。

在手机游戏中创建一个名称为 HiRecord 的记录文件，代码如下：

```
1   import javax.microedition.lcdui. * ;
2   import javax.microedition.rms. * ;

3   public class MYRCanvas extends Canvas{
4       private Display display;

5       public MYRCanvas(Display d){
6           super();
7           display = d;
8       }

9       void start(){
10          display.setCurrent(this);

11          try
12          {
```

```
13              RecordStore rs = null;
14              rs = RecordStore.openRecordStore("HiRecord",true);
15          }
16          catch (RecordStoreException e)
17          {
18              System.out.println(e);
19          }
20          catch (IllegalArgumentException e)
21          {
22              System.out.println(e);
23          }

24          repaint();
25      }
26  }
```

代码第 2 行导入了 javax.microedition.rms 包，其中包含了接下来要用到的一些与数据记录有关的函数。第 3～26 行创建了一个名为 MYRCanvas 的类，用于演示本小节介绍的记录文件的创建过程，后面小节的其他记录控制方法也将在这个类中实现。第 11～23 行是实际的创建记录文件的代码，第 13 行声明了一个 RecordStore 类型的对象 rs 并将其初值置为空，第 14 行调用 openRecordStore() 函数并将其 RecordStore 类型的返回值赋给 rs，其中参数 HiRecord 是新建的记录文件的名字，参数 true 指定函数的调用模式是"创建"。第 16～19 行和第 20～23 行分别尝试捕捉 RecordStoreException 异常和 IllegalArgumentException 异常，并将捕获的结果输出到控制台。

第 14 行也可以使用 openRecordStore() 函数的其他形式，其中一种是 openRecordStore("HiRecord",true, AUTHMODE_ANY,false)，它代表的意思是：创建一个名为 HiRecord 的记录文件，任意 MIDlet 套件都可以访问该记录文件，但是除其创建者外任何其他 MIDlet 套件都没有修改它内容的权力。

对于一个已经存在的记录文件，如果希望修改其访问限制，可以使用 setMode() 函数。setMode 的函数原型如下：

```
public void setMode( int authmode, boolean writable)
```

和前面一样，authmode 的取值有且仅有 AUTHMODE_PRIVATE 和 AUTHMODE_ANY 两种可能的形式。当 writable 赋为 true 且 authmode 同时为 AUTHMODE_ANY 时，指定设备上除记录文件创建者之外的其他 MIDlet 套件拥有对该记录文件的写权限。调用 setMode() 函数可以直接将记录文件的访问限制设定为新参数指定的形式，但是如果贸然赋予设备上的所有 MIDlet 套件对某个重要数据的读写权限，极有可能引发一系列安全问题，所以 setMode() 函数应该谨慎使用。对 setMode() 函数的非正常使用可能造成 3 种错误：RecordStoreException 表示抛出与记录文件有关的异常；SecurityException 则指示当前的 MIDlet 套件并非记录文件的宿主，无权修改记录文件的访问权限；IllegalArgumentException 则代表使用了不合规格的参数，例如当 authmode 被赋予了 AUTHMODE_PRIVATE 和 AUTHMODE_ANY 之外的第三种取值时将引发这一异常。

8.2.2　打开记录文件

1. 查看单个文件

在上一小节中,创建一个新的记录文件的同时也就打开了该文件。如果希望打开一个已经存在的记录文件,同样需要使用 openRecordStore( )函数,仅需将其参数 createIfNecessary 设为 false 即可。示例如下:

```
RecordStore rs = RecordStore.openRecordStore("HiRecord",false);
```

该语句的作用是如果名为 HiRecord 的记录文件已经存在,则打开它;如果该记录文件并不存在,则抛出 RecordStoreNotFoundException 异常。

openRecordStore()函数还有一种形式也可以用来打开一个记录文件,其原型如下:

```
public RecordStore openRecordStore ( String recordStoreName, String vendorName, String
    suiteName)
```

与 openRecordStore()函数的前两种形式不同,上述原型只能用于打开记录文件,而不能用于创建。参数 recordStoreName 表示要打开的记录文件的名字;参数 vendorName 表示拥有记录文件的 MIDlet 套件的提供厂商名称,即 MIDlet 的 MIDlet-Vendor 属性的内容;参数 suiteName 则是拥有记录文件的 MIDlet 套件的名字。这个函数主要用于打开非当前 MIDlet 套件所拥有的记录文件。默认情况下,当前 MIDlet 应该拥有对目标记录文件的访问权限,如果这一权限不存在,函数将抛出 SecurityException 异常;如果参数 recordStoreName 指定的目标记录文件本身不存在,将抛出参数异常错误 IllegalArgumentException。当用户指定的 MIDlet 套件正好是当前 MIDlet 套件时,调用上述函数等价于调用 openRecordStore (recordStoreName, false)。

手机中的数据记录文件有一些常用的属性可以被用户查看,具体函数形式如下。

(1) public String getName():返回记录文件的名称。

(2) public int getVersion():返回记录文件的版本号。每当记录文件中新增、删除或者修改了记录时,它的版本号都会顺序递增,因此适时地读取记录文件版本号可以确认其是否发生了改动。根据设备的不同,初始状态下的记录文件版本号并不确定,但是一般来说每当记录文件被用户更新,它的版本号都会相应地改变为一个更大的正整数。

(3) public int getNumRecords():返回记录文件中的记录总数。

(4) public int getSize():返回记录文件占用的物理空间大小,默认以字节为单位。记录文件除了包含数据记录本身以外,一般还存储一些描述记录文件本身结构信息的内容,因此即使记录文件当前不含有任何实际记录,它所占用的物理空间也不会为 0。

(5) public int getSizeAvailable():返回记录文件的可用空间,默认以字节为单位。这些空间不仅可供记录文件增加其实际记录,也可以用来存放已有记录的一些扩展结构以适应不同应用程序的需要。

下面的实例是对上一小节代码的扩充,用于在创建并打开一个新的记录文件后立即查看其一系列属性信息。

```
1   import javax.microedition.lcdui.*;
2   import javax.microedition.rms.*;

3   public class MYRCanvas extends Canvas{
4       private Display display;
5       private RecordStore rs;

6       public MYRCanvas(Display d){
7           super();
8           display = d;
9       }

10      void start(){
11          display.setCurrent(this);

12          try
13          {
14              rs = null;
15              rs = RecordStore.openRecordStore("HiRecord",true, AUTHMODE_ANY,false);
16          }
17          catch (RecordStoreException e)
18          {
19              System.out.println (e);
20          }
21          catch (IllegalArgumentException e)
22          {
23              System.out.println (e);
24          }

25          try
26          {
27              System.out.println("记录文件的名称是：" + rs.getName());
28          }
29          catch(RecordStoreException e)
30          {
31              System.out.println (e);
32          }

33          try
34          {
35              System.out.println("记录文件当前版本号：" + rs.getVersion());
36          }
37          catch(RecordStoreException e)
38          {
39              System.out.println (e);
40          }

41          try
42          {
43              System.out.println("记录文件所含记录数：" + rs.getNumRecords());
44          }
```

```
45          catch(RecordStoreException e)
46          {
47              System.out.println (e);
48          }

49          try
50          {
51              System.out.println("记录文件目前的大小: " + rs.getSize());
52          }
53          catch(RecordStoreException e)
54          {
55              System.out.println (e);
56          }

57          try
58          {
59              System.out.println("记录文件的可扩展空间: " + rs.getSizeAvailable());
60          }
61          catch(RecordStoreException e)
62          {
63              System.out.println (e);
64          }

65          repaint();
66      }
67  }
```

程序的运行结果是在控制台上输出如下信息：

```
记录文件的名称是: HiRecord
记录文件当前版本号: 0
记录文件所含记录数: 0
记录文件目前的大小: 48
记录文件的可扩展空间: 999919
```

这些信息表明：程序创建了一个名为 HiRecord 的记录文件但是其中还没有任何记录，由于未对记录文件进行更新，所以其当前版本号就是初始版本号 0，记录文件的结构信息占用了 48 字节物理空间，剩余的可利用空间为 999 919 字节，约为 1MB。

2. 查看多个文件

如果想查看当前 MIDlet 套件中的所有记录文件，可以使用 listRecordStores() 函数，其原型如下：

```
public static String[] listRecordStores()
```

如果当前 MIDlet 套件不含有任何记录文件，则函数返回为空。下面的实例演示了创建两个记录文件然后将其名称列举出来的过程。

```
1       try
2       {
```

```
3           RecordStore.openRecordStore("HiRecord",true);
4       }
5       catch (RecordStoreException e)
6       {
7           System.out.println (e);
8       }

9       try
10      {
11          RecordStore.openRecordStore("HiRecord2",true);
12      }
13      catch (RecordStoreException e)
14      {
15          System.out.println (e);
16      }

17      String[] sRecordList = RecordStore.listRecordStores();
18      System.out.println("当前 MIDlet 套件中包含的记录文件是：");
19      for (int i = 0; i < sRecordList.length; i++)
20      {
21          System.out.println(sRecordList [i]);
22      }
```

其中第 19 行的循环条件 sRecordList.length 表示字符串数组 sRecordList 的元素数，即当前 MIDlet 套件中的记录文件个数。程序的运行结果是在控制台上输出如下信息：

```
当前MIDlet套件中包含的记录文件是：
HiRecord
HiRecord2
```

8.2.3 关闭记录文件

当不再使用一个打开的记录文件时，应该将其关闭以节约系统资源，函数 closeRecordStore()用于实现这一功能。关闭记录文件后，它将不能再被直接调用或者遍历，所有内部的事件监听器 RecordListener 都会被清除，枚举器 RecordEnumeration 也不能再使用。任何针对该记录文件的函数调用都会返回文件未打开异常 RecordStoreNotOpenException。

关闭记录文件的方法非常简单，但是实际上在记录文件被 MIDlet 多次开启后会在内部启动一个次数计数器。也就是说，在调用 closeRecordStore()函数关闭记录文件时，并不会立即生效，除非关闭函数的调用次数和打开函数的调用次数一样多，即关闭函数与打开函数成对出现时，才能真正地释放系统资源。

下面的例子显示了如何执行关闭记录文件的操作。

```
1       try
2       {
3           RecordStore rs = RecordStore.openRecordStore("HiRecord",true);
4           // Do Your Word Here
5           rs.closeRecordStore();
6       }
```

```
7          catch(RecordStoreException e)
8          {
9               System. out.println(e);
10         }
```

8.2.4 删除记录文件

一个记录文件如果不再有用，可以使用 deleteRecordStore()函数将其删除，该函数的原型如下：

```
public static void deleteRecordStore(String recordStoreName)
```

其中参数 recordStoreName 是要删除的记录文件名，如果该名称指定的记录文件不存在，函数将抛出记录文件未找到异常 RecordStoreNotFoundException。MIDlet 套件仅能删除它自己创建的记录文件，并且在执行删除操作时，还需要确保它未被打开。如果某记录文件正在被其宿主 MIDlet 套件或者其他 MIDlet 套件使用，则对其进行的删除操作将引发 RecordStoreException 异常。

下面的例子显示了如何执行删除记录文件的操作。

```
1          try
2          {
3               RecordStore rs = RecordStore. openRecordStore("HiRecord",true);
4               // Do Your Word Here
5               rs.closeRecordStore();
6               RecordStore. deleteRecordStore("HiRecord");
7          }

8          catch(RecordStoreNotOpenException e)
9          {
10              System. out.println(e);
11         }

12         catch(RecordStoreNotFoundException e)
13         {
14              System. out.println(e);
15         }

16         catch(RecordStoreFullException e)
17         {
18              System. out.println(e);
19         }

20         catch(RecordStoreException e)
21         {
22              System. out.println(e);
23         }
```

8.3 记 录 操 作

手机中记录和记录文件的关系类似于关系数据库中元祖和表格的关系,只不过记录的格式比较简单,仅仅包含一个"序号列"和一个"内容列"。与计算机的数据库管理系统比较,手机数据库实现的功能非常简单,最重要的几项任务就是对记录(信息)执行添加、读取、修改和删除操作。

8.3.1 添加记录

在记录文件中新增一条记录使用 addRecord()函数,其原型如下:

```
public int addRecord(byte[] data, int offset, int numBytes)
```

参数 data 是一个字节型数组,表示将要添加的数据来源。addRecord()函数只能接收、操作和存储这一种格式的数据信息,如果游戏数据由其他数据类型表示,需要首先转换为字节型数组才能被存放到记录文件中。数据来源也可以不含有任何信息,此时只需将参数 data 赋值为 null 即可。

参数 offset 表示数据来源中实际要被存储的第一个数据相对于字节数组初始位置的偏移量。换句话说,参数 data 是一个包含着待存储数据的容器,offset 则具体指定了待存储数据的位置。一种常见的情况是,如果希望把 data 中的所有数据都作为一条记录存入,将 offset 赋值为 0 即可。

参数 numBytes 是一个整型数值,表示从 offset 开始被连续存入记录文件的数据的字节个数。numBytes 取值为 0 时,表示不存入任何数据。

addRecord()函数的返回值也是一个整型数值,表示当前存入的记录对应的一个唯一的标识 RecordID。这里的 RecordID 类似于计算机数据库系统中的主键,可以用来提供对记录的访问途径。一般地,RecordID 由一种简单的递增算法产生,如某一条添加的记录 ID 是 5,则下一条添加的记录 ID 是 6,依次类推。

在手机数据库中,添加操作是一个阻塞操作,直到记录被持久地写到了存储器上才会返回 RecordID 值。同时添加操作又是一个原子操作,这意味着多个线程同时调用 addRecord()函数不会产生数据丢失。

使用 addRecord()函数还需要处理一些异常情况。如果试图将数据添加到一个尚未打开的记录文件中,函数将抛出文件未打开异常 RecordStoreNotOpenException;如果当前 MIDlet 套件对于指定的记录文件仅有读权限而没有写权限,将引发安全异常 SecurityException;最后,如果目标文件空间已满记录也无法正常写入,同时抛出 RecordStoreFullException 异常。

下面的实例显示了如何向记录文件中添加一条新记录。

```
1    import javax.microedition.lcdui. * ;
2    import javax.microedition.rms. * ;

3    public class MYRCanvas extends Canvas{
4        private Display display;
5        private RecordStore rs;
```

```
6        private int recordID;

7        public MYRCanvas(Display d)
8        {
9            super();
10           display = d;
11       }

12       void start(){
13           display.setCurrent(this);

14           try
15           {
16               rs = RecordStore.openRecordStore("HiRecord",true);
17               System.out.println("记录文件打开成功!");
18           }
19           catch (RecordStoreException e)
20           {
21               System.out.println("记录文件打开失败!");
22           }

23           try
24           {
25               byte[] record = new byte[] { 1, 2, 3 };
26               recordID = rs.addRecord(record, 0, record.length);
27               System.out.println("记录添加成功!");
28           }
29           catch (Exception e)
30           {
31               System.out.println("记录添加失败!");
32           }

33           try
34           {
35               System.out.println("记录文件的名称是: " + rs.getName());
36           }
37           catch (RecordStoreException e)
38           {
39               System.out.println("记录文件名查询失败!");
40           }

41           try
42           {
43               System.out.println("记录文件当前版本号: " + rs.getVersion());
44           }
45           catch (RecordStoreException e)
46           {
47               System.out.println("记录文件版本号查询失败!");
48           }

49           try
50           {
51               System.out.println("记录文件所含记录数: " + rs.getNumRecords());
52           }
```

```
53        catch (RecordStoreException e)
54        {
55            System.out.println("记录数查询失败!");
56        }

57        try
58        {
59            System.out.println("记录文件目前的大小: " + rs.getSize());
60        }
61        catch (RecordStoreException e)
62        {
63            System.out.println("记录文件占用空间查询失败!");
64        }

65        try
66        {
67            System.out.println("记录文件的可扩展空间: " + rs.getSizeAvailable());
68        }
69        catch (RecordStoreException e)
70        {
71            System.out.println("记录文件可用空间查询失败!");
72        }

73        try
74        {
75            System.out.println("当前记录的序号: " + recordID);
76        }
77        catch (Exception e)
78        {
79            System.out.println("当前记录序号查询失败!");
80        }

81        repaint();
82    }
83 }
```

运行上述程序,在控制台上输出如下结果:

```
记录文件打开成功!
记录添加成功!
记录文件的名称是: HiRecord
记录文件当前版本号: 1
记录文件所含记录数: 1
记录文件目前的大小: 80
记录文件的可扩展空间: 999852
当前记录的序号: 1
```

结果显示,程序成功创建并打开了名为 HiRecord 的记录文件,向其中添加了第 1 条记录后返回当前记录的序号是 1。由于对记录文件进行了一次更新,所以其版本号升级为 1。记录文件目前占用的物理空间是 80 个字节,还有 999 852 个字节可供使用。

RecordStore 类提供了一个专门的函数 getNextRecordID()用于获取下一条添加的记录将被分配的 ID,这有助于在手机数据库中构建一种类似于关系模型的结构。基本思想是：如果有两个或者多个记录文件中的记录存在引用关系，那么在实际占用一个物理空间并存入数据实体之前，可以预先确定该数据将获得的 RecordID，从而实现在其他记录文件中对它的引用。

在上例中，如果在第 80 行后插入如下语句：

```
try
{
        System.out.println("下一条记录的序号：" + rs.getNextRecordID());
}
catch (Exception e)
{
        System.out.println("下一条记录序号查询失败!");
}
```

运行程序后，将在控制台上输出下一条记录的 RecordID：2。

8.3.2 读取记录

存入手机的记录可以通过 getRecord() 函数读取出来供游戏使用，getRecord() 函数的调用形式有以下两种：

```
public byte[] getRecord(int recordId)
public int getRecord(int recordId, byte[] buffer, int offset)
```

第一种形式用于读取参数 recordId 指定的记录的全部内容并将其放置在一个字节型数组中，recordId 既是该记录的序号也是其主键，确定了文件中唯一一条记录。两种特殊情况是：如果该记录存在但不含有任何实际数据，则函数将返回空值 null；而当参数 recordId 指定的记录本身不存在时，将有记录序号非法异常 InvalidRecordIDException 抛出。

第二种形式相对复杂，用于将表示记录的二进制流存放到指定的位置。参数 buffer 表示记录内容要存放的数组名称，参数 offset 表示从数组的第几个单元开始存起。

下面的实例显示了使用 getRecord() 函数的方法。

```
1       try
2       {
3           rs = RecordStore.openRecordStore("HiRecord",true);
4           System.out.println("记录文件打开成功!");
5       }
6       catch (RecordStoreException e)
7       {
8           System.out.println("记录文件打开失败!");
9       }

10      try
11      {
12          byte[] record = new byte[] { 1, 2, 3 };
13          recordID = rs.addRecord(record, 0, record.length);
14          System.out.println("记录添加成功!");
15      }
16      catch (Exception e)
```

```
17        {
18            System.out.println("记录添加失败!");
19        }

20        try
21        {
22            byte[] temp = new byte[10];
23            int byteNum = rs.getRecord(recordID, temp, 2);
24            for (int i = 0; i < temp.length; i++)
25            {
26                System.out.println("temp的第" + i + "单元是: " + temp[i]);
27            }
28            System.out.println("读取记录的字节个数是: " + byteNum);
29        }
30        catch (Exception e)
31        {
32            System.out.println(e);
33        }

34        try
35        {
36            rs.closeRecordStore();
37            System.out.println("关闭记录文件成功!");
38        }
39        catch (Exception e)
40        {
41            System.out.println("关闭记录文件失败!");
42        }
```

第 1~19 行创建了一个记录文件并向其中添加了一条新记录。第 22 行申请了一个字节数组 temp 用于存放记录，该数组包含 10 个单元。第 23 行调用 getRecord() 函数读取序号为 recordID 的记录并将其存入 temp 中，存放的位置从 temp 的编号为 2 的单元开始，实际存入的字节数作为返回值被赋给了整型变量 byteNum。第 24~27 行通过一个循环依次将数组 temp 的内容输出到控制台上。第 28 行输出 byteNum。

程序运行的结果如下：

```
记录文件打开成功!
记录添加成功!
temp的第0单元是: 0
temp的第1单元是: 0
temp的第2单元是: 1
temp的第3单元是: 2
temp的第4单元是: 3
temp的第5单元是: 0
temp的第6单元是: 0
temp的第7单元是: 0
temp的第8单元是: 0
temp的第9单元是: 0
读取记录的字节个数是: 3
关闭记录文件成功!
```

使用 getRecord ( ) 函数时,如果参数 buffer 指定的存储目标空间不够将引发 ArrayIndexOutOfBoundsException 异常。比如在上例中,将第 23 行 getRecord()函数的第 3 个参数 2 改为 9,表示读取的记录内容将从长度为 10 字节的数组 temp 的最后一个单元开始存起。因为记录的长度是 3 个字节,显然可供存放的空间不够,此时程序将抛出异常。 getRecordSize()函数用于获取指定记录的大小,在上例中,如果在第 14 行之后调用函数 getRecordSize(recordID),将返回整数 3 代表刚刚添加的这条记录在手机中实际占用的字节数。

8.3.3 修改记录

一条记录的原有内容如果不再准确,可以使用 setRecord()函数重置其所存信息。在手机游戏中,定时保存游戏进程中玩家的实时状态以及在一局游戏结束后更新玩家的最高得分都属于这种情况。setRecord()函数原型如下:

```
public void setRecord(int recordId, byte[] newData, int offset, int numBytes)
```

参数 recordId 是要修改的记录的序号,如果它指定的记录不存在将抛出记录序号非法异常 InvalidRecordIDException。

参数 newData 是一个字节型数组,表示将要更新的内容的数据来源。参数 offset 和 numBytes 共同确定了数据来源 newData 中哪些数据将被实际存入到记录文件中用以替代原有记录。其中 offset 是一个整型数索引值,标记从数据源的哪一个位置开始读起; numBytes 也是一个整型数,表示读取 offset 后的连续多少个字节。如果希望用 newData 的所有数据更新原记录,仅需将 offset 和 numBytes 分别赋为 0 和 newData.length 即可。

使用 setRecord()函数需要处理一些特殊情况。如果实施更新操作后新的记录内容多于原有内容将造成记录文件整体规模的膨胀,有时会引发记录文件空间满异常 RecordStoreFullException。如果当前 MIDlet 套件仅拥有读取目标记录的权限而不具备写入的权限,将抛出安全异常 SecurityException。

下面的实例显示了如何使用 setRecord()函数更新记录文件的内容。

```
1    import javax.microedition.lcdui. * ;
2    import javax.microedition.rms. * ;

3    public class MYRCanvas extends Canvas{
4        private Display display;
5        private RecordStore rs;
6        private int recordID;

7        public MYRCanvas(Display d)
8        {
9            super();
10           display = d;
11       }

12       void start()
13       {
```

```
14          display.setCurrent(this);
15          try
16          {
17              rs = RecordStore.openRecordStore("HiRecord",true);
18              System.out.println("记录文件打开成功!");
19          }
20          catch (RecordStoreException e)
21          {
22              System.out.println("记录文件打开失败!");
23          }

24          try
25          {
26              byte[] record = new byte[] { 1, 2, 3,4,5,6 };
27              recordID = rs.addRecord(record, 0, record.length);
28              System.out.println("记录添加成功!");
29              record = new byte[] { 9, 8, 7, 6 };
30              rs.setRecord(recordID, record, 0, record.length);
31              System.out.println("记录更新成功!");
32              byte[] result = new byte[rs.getRecordSize(recordID) + 2];
33              rs.getRecord(recordID, result, 1);
34              for (int i = 0; i < result.length; i++)
35              {
36                  System.out.println("result 的第" + i + "单元是: " + result[i]);
37              }
38          }
39          catch (Exception e)
40          {
41              System.out.println("记录处理失败!");
42          }

43          try
44          {
45              rs.closeRecordStore();
46              System.out.println("关闭记录文件成功!");
47          }
48          catch (Exception e)
49          {
50              System.out.println("关闭记录文件失败!");
51          }

52          repaint();
53      }
54  }
```

第 26～28 行将一个长度为 6 的字节数组{1,2,3,4,5,6}存入记录文件,并得到该记录的序号 recordID。第 29 行将程序的中间变量 record 重新赋值为一个长度为 4 的字节数组{9,8,7,6},随后第 30 行调用 setRecord()函数更新序号为 recordID 的记录的内容,新数据来源于 record,从数组的第一个单元开始读取且取出的长度与 record 的长度相同,也就是用字节数组{9,8,7,6}替换了原有记录的内容,该函数没有返回值。

第 32 行声明了一个新的中间变量 result 用于暂时存放输出结果,其长度是记录 recordID 更新后的长度再加上 2 个字节,接下来一行调用 getRecord()函数读出了更新后的 记录内容并从 result 的第 2 个单元开始存起。这样做,使得取出的记录内容位于字节数组 result 的中间位置,同时首尾各有一个单元空闲。

程序运行后在控制台输出如下内容:

```
记录文件打开成功!
记录添加成功!
记录更新成功!
result的第0单元是: 0
result的第1单元是: 9
result的第2单元是: 8
result的第3单元是: 7
result的第4单元是: 6
result的第5单元是: 0
关闭记录文件成功!
```

8.3.4 删除记录

对于那些不再使用的记录应该及时将其删除以节约系统资源,此时可以使用 deleteRecord()函数,该函数的原型如下:

```
public void deleteRecord( int recordId)
```

其中,参数 recordId 指定了要删除的记录,应该保证该序号是存在的以避免引发 InvalidRecordIDException 异常。及时删除无效的记录还会起到一些令人意想不到的作用, 比如避免某些未知的游戏逻辑错误。需要注意的是,一旦某条记录被删除,它对应的记录序 号也就不能再被使用。

下面的实例显示了如何使用 deleteRecord()函数删除无用的记录。

```
try
{
    byte[ ] record = new byte[ ] { 1, 2, 3, 4, 5, 6 };
    recordID = rs.addRecord(record, 0, record.length);
    System.out.println("记录添加成功!");
}
catch (Exception e)
{
    System.out.println("记录添加失败!");
}

try
{
    rs.deleteRecord(recordID);
    System.out.println("记录删除成功!");
}
catch (Exception e)
{
```

```
            System.out.println("记录删除失败!");
    }
    try
    {
            System.out.println("记录文件最近被修改的时间是: " + rs.getLastModified());
    }
    catch (RecordStoreException e)
    {
            System.out.println("记录修改时间查询失败!");
    }

    try
    {
            rs.closeRecordStore();
            System.out.println("关闭记录文件成功!");
    }
    catch (Exception e)
    {
            System.out.println("关闭记录文件失败!");
    }
```

程序的输出结果如下:

```
记录文件打开成功!
记录添加成功!
记录删除成功!
记录文件最近被修改的时间是: 1254713404052
关闭记录文件成功!
```

在上面的程序中,执行删除操作后调用 getLastModified()函数查询得到了该记录文件上一次被修改的时间 1254713404052。

getLastModified()函数的返回值是一个长整型值,其格式由 System. currentTimeMillis() 规定,表示当前时间与公元 1970 年 1 月 1 日午夜 0 点相差的毫秒数。

8.3.5 监听记录

在一个真实的手机游戏中,常常会频繁地对记录文件进行操作。RecordListener 是 javax. microedition. rms 包提供的一个接口,用来监听发生在记录文件上的操作并作出某些响应。RecordListener 包含针对添加记录、更新记录、删除记录 3 种操作的响应,分别如下:

```
public void recordAdded(RecordStore recordStore, int recordId)
public void recordChanged(RecordStore recordStore, int recordId)
public void recordDeleted(RecordStore recordStore, int recordId)
```

在用户程序中实现这 3 种函数并添加实际需要的处理或响应即可。

记录文件的 addRecordListener()函数用于添加监听器,前提是程序已经实现了自己的 3 种监听响应函数。对应地,removeRecordListener()函数用于从记录文件中删除无用的监听器。事实上,只要及时关闭不再使用的记录文件,加载在其上的监听器就会同时被删除。

下面的实例说明了如何监听发生在一个记录文件中的事件。

```
1    import javax.microedition.midlet.*;
2    import javax.microedition.rms.*;

3    public class HiRecordMIDlet extends MIDlet implements RecordListener
4    {
5        private RecordStore rs;
6        private int recordID;

7        public HiRecordMIDlet()
8        {
9            try
10           {
11               rs = RecordStore.openRecordStore("HiRecord", true);
12               System.out.println("记录文件打开成功!");
13               rs.addRecordListener(this);
14           }
15           catch (RecordStoreException e)
16           {
17               System.out.println("记录文件打开失败!");
18           }

19           try
20           {
21               byte[] record = new byte[] { 1, 2, 3, 4, 5, 6 };
22               recordID = rs.addRecord(record, 0, record.length);
23               System.out.println("添加记录成功!(指令输出)");
24           }
25           catch (Exception e)
26           {
27               System.out.println("添加记录失败!");
28           }

29           try
30           {
31               byte[] newrecord = new byte[] { 9, 8, 7, 6 };
32               rs.setRecord(1, newrecord, 0, newrecord.length);
33               System.out.println("更新记录成功!(指令输出)");
34           }
35           catch (Exception e)
36           {
37               System.out.println("更新记录失败!");
38           }

39           try
40           {
41               rs.deleteRecord(recordID);
42               System.out.println("删除记录成功!(指令输出)");
43           }
44           catch (Exception e)
45           {
46               System.out.println("删除记录失败!");
```

```
47            }

48        try
49        {
50            rs.closeRecordStore();
51            System.out.println("关闭记录文件成功!");
52        }
53        catch (Exception e)
54        {
55            System.out.println("关闭记录文件失败!");
56        }
57    }

58    public void recordAdded(RecordStore recordStore, int recordId)
59    {
60        System.out.println("添加记录成功!(监听触发)");
61    }

62    public void recordChanged(RecordStore recordStore, int recordId)
63    {
64        System.out.println("更新记录成功!(监听触发)");
65    }

66    public void recordDeleted(RecordStore recordStore, int recordId)
67    {
68        System.out.println("删除记录成功!(监听触发)");
69    }

70    public void startApp() { }

71    public void pauseApp() { }

72    public void destroyApp(boolean unconditional) { }
73 }
```

其中,第13行调用addRecordListener()函数向记录文件添加了监听器。第58~69行依次实现了监听并处理记录添加、更新和删除操作的函数。由于是一个示例性的程序,所以没有对监听到的事件做更复杂的操作,仅仅是在控制台上输出一句有特殊标识的话而已。

程序运行后,在控制台上依次输出如下信息:

```
记录文件打开成功!
添加记录成功! (监听触发)
添加记录成功! (指令输出)
更新记录成功! (监听触发)
更新记录成功! (指令输出)
删除记录成功! (监听触发)
删除记录成功! (指令输出)
关闭记录文件成功!
```

因为程序恰好顺序地执行了对记录的添加、更新和删除操作,所以创建的3个监听函数也都被执行了一次。需要注意的是,监听函数的执行时间是"一检测到记录发生变化",即针对记录的操作刚刚完成时。所以,与程序主体中由代码指定的输出相比,监听函数中的处理(输出)发生的时间更加靠前。

8.3.6　遍历记录

一般来说,可以利用 for 循环或 while 循环手动地控制程序依次获取记录文件中的每一个记录,从而实现对记录文件的遍历。然而这并不是一种简单有效的方法,javax. microedition. rms 包提供了一系列接口和函数用于实现对文件中记录的遍历、筛选和排序。

(1) 接口 RecordEnumeration 是对文件中所有记录的枚举,其中主要的函数有以下几个。

① public boolean hasPreviousElement():检测在当前位置之前是否存在其他记录。

② public boolean hasNextElement():检测在当前位置之后是否存在其他记录。

③ public int previousRecordId():获取一个整型数值,代表前一个位置的记录的序号,同时指针前移一个位置。

④ public int nextRecordId():获取一个整型数值,代表后一个位置的记录的序号,同时指针后移一个位置。

⑤ public byte[] previousRecord():获取前一个位置的记录内容,置于一个字节数组中,同时指针前移一个位置。

⑥ public byte[] nextRecord():获取前一个位置的记录内容,置于一个字节数组中,同时指针前移一个位置。

(2) 接口 RecordFilter 是一个过滤器,用来筛选符合条件的记录。筛选操作由 matches() 函数完成,其原型如下:

```
public boolean matches(byte[] candidate)
```

具体实现时根据游戏需要设定筛选的规则,如果候选记录符合条件函数返回真值 true,表明选用该条记录;否则返回 false。

(3) 接口 RecordComparator 是一个比较器,用于对若干记录实施排序。任意两条记录的比较和排序由 compare()函数完成,其原型如下:

```
public int compare(byte[] rec1, byte[] rec2)
```

排序规则由用户实现 compare()函数时具体规定,其返回值是一个整型数值,有以下 3 种可能。

EQUIVALENT:取值为 0,表示从搜索或排序的观点来看,两个候选记录 rec1 和 rec2 等价;

FOLLOWS:取值为 1,表示左边的记录 rec1 应该排在右边的记录 rec2 之后;

PRECEDES:取值为-1,表示左边的记录 rec1 应该排在右边的记录 rec2 之前。

(4) RecordStore 类提供了 enumerateRecords 函数具体负责对一个记录文件中所有记录的遍历操作,其函数原型如下:

```
public RecordEnumeration enumerateRecords(RecordFilter filter,
                RecordComparator comparator, boolean keepUpdated)
```

参数 filter 是程序指定的一个过滤器,负责提供候选记录的筛选规则,如果传入的 filter

值为空 null,表示所有候选记录都将入选。

  参数 comparator 是程序指定的比较器,负责提供记录的排序规则,如果传入的 comparator 值为空 null,表示记录将以默认的顺序显示。

  参数 keepUpdated 是一个布尔值,如果取值为 true,表示得到的记录枚举对象与记录文件保持同步,记录文件的任何改变都将同步反映到枚举对象中;反之,如果取值为 false,表示二者不会保持同步,记录文件的改变需要手动地传递到枚举对象中。

  下面的实例说明了如何利用这些工具快速地遍历记录文件中的所有内容。

```
1   import javax.microedition.midlet.*;
2   import javax.microedition.rms.*;

3   public class HiRecordMIDlet extends MIDlet implements RecordListener
4   {
5       private RecordStore rs;
6       private int recordID;
7       private int num;

8       public HiRecordMIDlet()
9       {
10          try
11          {
12              rs = RecordStore.openRecordStore("HiRecord", true);
13              System.out.println("记录文件打开成功!");
14              rs.addRecordListener(this);
15          }
16          catch (RecordStoreException e)
17          {
18              System.out.println("记录文件打开失败!");
19          }

20          num = 1;
21          try
22          {
23              RecordEnumeration re = rs.enumerateRecords(null, null, false);
24              String record = null;
25              while (re.hasNextElement())
26              {
27                  record = printRecord(re.nextRecordId());
28                  if (record != null)
29                  {
30                      System.out.println("第" + num + "条记录内容是" + record);
31                  }
32                  num++;
33              }

34              num = 1;
35              MyFilter myFilter = new MyFilter();
36              MyComparator myComparator = new MyComparator();
37              re = rs.enumerateRecords(myFilter, myComparator, false);
38              record = null;
39              while (re.hasNextElement())
40              {
```

```
41              record = printRecord(re.nextRecordId());
42              if (record != null)
43              {
44                  System.out.println("过滤并排序后第" + num + "条记录内容是" + record);
45              }
46              num++;
47          }
48      }
49      catch (Exception e)
50      {
51          System.out.println("记录文件遍历失败!");
52      }
53
54      try
55      {
56          rs.closeRecordStore();
57          System.out.println("关闭记录文件成功!");
58      }
59      catch (Exception e)
60      {
61          System.out.println("关闭记录文件失败!");
62      }
63  }
64
65  public String printRecord(int recordId)
66  {
67      byte record[];
68      try
69      {
70          record = new byte[rs.getRecordSize(recordId)];
71          rs.getRecord(recordId, record, 0);
72      }
73      catch (Exception e)
74      {
75          return null;
76      }
77      String recordStr = new String();
78      for (byte i = 0; i < record.length - 1; i++)
79      {
80          recordStr += record[i];
81          recordStr += " , ";
82      }
83      recordStr += record[record.length - 1];
84      return recordStr;
85  }
86
87  public void startApp() { }
88
89  public void pauseApp() { }
90
91  public void destroyApp(boolean unconditional) { }
92  }
```

在上面的程序中,第 7 行声明了一个整型数 num 作为输出记录的计数。第 23~33 行实现了一种形式的遍历，即不对记录做任何筛选和排序，完全按照默认的方式输出。第34～47行对上述遍历进行了改进，通过myFilter和myComparator两个参数设定了记录的选择依据和排序规则。第63～83行是一个格式化函数，负责按照记录序号读取其内容并逐条输出，为了便于观察，记录的字节单元之间用逗号间隔。

对于过滤器MyFilter和比较器MyComparator的定义，分别在文件MyFilter.java和MyComparator.java中。

```
1    import javax.microedition.rms.*;

2    public class MyFilter implements RecordFilter
3    {
4        public boolean matches(byte[] record)
5        {
6            if (record[record.length - 1] == 6)
7            {
8                return true;
9            }
10           else if (record.length > 3)
11           {
12               return true;
13           }
14           else
15           {
16               return false;
17           }
18       }
19   }
```

过滤器的含义是：选择候选记录中以数字6结尾或者字节单元数超过3的作为结果。

```
1    import javax.microedition.rms.*;

2    public class MyComparator implements RecordComparator
3    {
4        public int compare(byte[] record1, byte[] record2)
5        {
6            if (record1 == record2)
7            {
8                return 0;
9            }
10           int length = Math.min(record1.length, record2.length);
11           for (int i = 0; i < length; i++)
12           {
13               if (record1[i] < record2[i])
14               {
15                   return -1;
16               }
17               if (record1[i] > record2[i])
18               {
19                   return 1;
20               }
21           }
```

```
22          if (record1.length < record2.length)
23          {
24              return - 1;
25          }
26          if (record1.length < record2.length)
27          {
28              return 1;
29          }
30          return 0;
31      }
32  }
```

　　比较器的含义是：对于两个候选记录，从左向右逐个单元比较，令数字较小的在前，数字较大的在后。

　　运行上述程序，在控制台上输出如下内容：

```
记录文件打开成功！
第1条记录内容是5,8,9,10,11
第2条记录内容是1,2,3,4,8,6
第3条记录内容是3,6,6,6,6,6,6,6,6
第4条记录内容是6
第5条记录内容是1
第6条记录内容是4,2,3,4,5,9,7,6
第7条记录内容是100,9,6
第8条记录内容是1,8
第9条记录内容是3,2,8,10,5,6,25,7,3,6
第10条记录内容是1,2,3,4,5,6
第11条记录内容是8,7
第12条记录内容是9,8,7,6
第13条记录内容是9,8,7,6
第14条记录内容是9,8,7,6
第15条记录内容是1,2,3,4,5,6
第16条记录内容是1,2,3
第17条记录内容是1,2,3
第18条记录内容是1,2,3
第19条记录内容是1,2,3
第20条记录内容是1,2,3
第21条记录内容是9,8,7,6
过滤并排序后第1条记录内容是1,2,3,4,5,6
过滤并排序后第2条记录内容是1,2,3,4,5,6
过滤并排序后第3条记录内容是1,2,3,4,8,6
过滤并排序后第4条记录内容是3,2,8,10,5,6,25,7,3,6
过滤并排序后第5条记录内容是3,6,6,6,6,6,6,6,6
过滤并排序后第6条记录内容是4,2,3,4,5,9,7,6
过滤并排序后第7条记录内容是5,8,9,10,11
过滤并排序后第8条记录内容是6
过滤并排序后第9条记录内容是9,8,7,6
过滤并排序后第10条记录内容是9,8,7,6
过滤并排序后第11条记录内容是9,8,7,6
过滤并排序后第12条记录内容是9,8,7,6
过滤并排序后第13条记录内容是100,9,6
关闭记录文件成功！
```

8.4 本章小结

通过对 RMS 的介绍和大量实例演示了解到：手机游戏中的数据可以以一种面向记录的方式持久存储和使用。对数据的操作包括对记录文件的操作和对具体记录内容的操作，虽然在手机平台上实现的数据控制功能未必能像计算机中的大型数据库系统那样丰富和广泛，但是对于手机游戏的要求来说已经足够了。

本章的重点是记录文件的创建、打开，以及具体记录的添加、更新和读取，读者熟悉了这些主要的操作，就可以尝试为自己的游戏增加一个记分系统了。

习 题 8

1. 查看你的手机，观察上面的游戏是否都具有记分功能？各个游戏记录的内容一样吗？如果取消这些记分功能，游戏还能和原来一样有趣吗？

2. J2ME 平台用于实现数据存储和管理功能的元素有哪些？它们之间有什么样的关系？对于其中一些主要的函数你熟悉吗？

3. 前面的章节设计了一个草原追逐的小游戏，其中游戏的进程和玩家得分显示在屏幕最上端的信息条当中。请利用本章所学为游戏添加数据存储的功能，使得玩家每次的得分都能被永久保存下来。

4. 综合利用之前各章所学的知识设计这样一个游戏，每次玩家按键则系统选出一个 1~6 范围内的随机数但暂时对玩家隐藏，玩家通过手机输入自己的猜测结果后与系统的数字比较，如果相同则为玩家加 1 分，否则不加分。每次猜测的分数累计直到玩家退出游戏，此时记录玩家本次的分数并将其存入一张游戏得分记录表中。

第9章

手机网络游戏编程

到目前为止,本书介绍的知识都是如何设计并实现一个手机程序,使得玩家可以通过静态或动态界面、按照程序预先定义好的逻辑进行游戏。然而不论这些工作做得多么完美,玩家总是或多或少有些遗憾:游戏好像不那么真实、和程序对战没什么意思!玩家渴望与其他手机用户在同一个平台下相互较量,这就涉及手机网络互联的技术。

在本章,读者将学到:

◇ 网络游戏的含义以及主要类别;
◇ 设计一款网络游戏最困难的地方;
◇ 三种手机网络技术;
◇ J2ME 实现手机之间信息传递的机制。

9.1 网络游戏基础

网络游戏是游戏发展过程中的一大进步。

传统的单机游戏模式多为人机对战,人与机器展开的较量虽然也比较激烈,但在互动性方面稍显差了一些。与之相比,网络游戏以互联网络为传输媒介,以游戏运营商服务器和用户计算机为处理终端,以游戏客户端软件为信息交互的窗口,目的在于实现娱乐、休闲、交流和取得虚拟成就,因其为玩家之间相互较量、斗智斗勇提供了新的平台,所以在游戏的趣味性和可玩性上有了较大提高。可以说,正是网络游戏的发展和成熟,真正将游戏推广到了每一个普通人的生活当中。

网络游戏的核心在于将游戏的范围和场景极大地扩展开来,带给游戏玩家在单机游戏中无法体会到的真实性,从而唤醒玩家与另一(几)个人脑"决斗"时的兴奋情绪。网络游戏中有无数种可能性,人类玩家可以相互合作也可以相互竞争,但是当游戏开始后任何玩家都无法想象或者控制其他玩家的行为,这带给了游戏无限的刺激感和神秘性。在这个意义上来说,"网络"本身仅仅是为上述设想提供了技术保证罢了,"网络"没有办法代表网络游戏的本质。

9.1.1 手机网络游戏分类

本书的研究对象是那些运行在手机平台上的游戏,所以站在手机网络游戏的角度,可以把它大体分为实时游戏和回合游戏两种类型。

1. 实时游戏

实时游戏是一种比较复杂的网络游戏形式,但是占据着主流地位,其核心思想是通过玩家操纵的角色执行各种动作,其中带有实际意义的那些动作被称为"事件",这些事件的发生将激发游戏画面或者元素的改变。

实时游戏的规则非常自由,一般来说任何时刻任何场景下玩家都可以与游戏交互,从而产生一个事件。显然,这时在同一个游戏中的任何玩家都是独立的,它们的控制权完全自主。虽然玩家的动作之间会相互产生影响,但是没有谁的指令必然会妨碍或延阻其他人(当然这里排除了游戏情节的因素)。

同时这类网络游戏的通信机制显得异常复杂,甚至烦乱到令设计者望而却步的程度。因为不能预先确定玩家何时会下达何种指令,其他玩家又会对此做出什么反应,所以在设计时要考虑全部可能的情况。另外,实时游戏对于数据通信的要求很高,信息如此之多,每时每刻都需要在玩家之间传递,而这些都需要基于手机设备极其有限的资源来实现。

2. 回合游戏

与实时游戏相比,回合游戏要稍微简单一些,这类游戏看起来似乎将玩家的动作划分到了若干连续的"时间方格"中。大家所熟悉的中国象棋比赛就是如此,对战的双方必须交替移动棋子,即使一方棋术高超也只能等对方下完一步之后才能再下,无法超越自己所属的时间方格。事实上,已经有很多流行的棋牌类游戏被移植到了手机平台上,它们正是采用着回合制的形式。

回合游戏的特点包括:不论棋牌游戏还是其他类型的回合游戏一般都采用2D的形式,不会过分强调战斗,这决定了这类游戏不会给人强烈的直观感受,也意味着玩家很难通过截图或者第一眼就喜欢上这类游戏。回合游戏强调玩家之间的思想碰撞而非实际格斗,需要玩家通过一段时间体会,才能适应并喜爱上游戏。回合游戏节奏较慢,虽然比实时游戏更有内涵,但玩家通过手机设备进行游戏时常常不愿花费太多的时间等待其他人慢慢思考。

从实现上来看,回合游戏比实时游戏要简单一些。因为回合本身就实现了强烈的时间规则,所以设计者可以放心地令游戏系统拥有控制信息传输的权限。简单地说,一个回合开始后,非焦点的其他玩家无法发出任何指令当然也就不需要更新什么信息,而即使是当前处于焦点位置的玩家也只能通过明显的"提交"或"确认"操作才能完成自己的动作,并要求整个游戏系统做出相应改变。

9.1.2 网络游戏的难点和解决方案

通过上述的分析可以看到,手机网络游戏设计时面临的最大问题在于如何保持玩家之间可见信息的同步。同步是指在不同手机上运行的同一个游戏的不同实例如何能在同一时刻维持相同的游戏状态。显然,每个玩家运行的是自己手机上的游戏实例,但设计者必须设法令不同玩家的游戏实例看起来是在同一个游戏内运行(至少令玩家这样以为)。

以一款赛车游戏为例,游戏开始后随着道路的崎岖不平和赛车性能的差异,很快地操纵娴熟的玩家将处在领先的位置。有必要将每一时刻的赛车排名如实地告诉所有参赛选手

（玩家），领先的玩家将感受到压力力图扩大优势，排在后面的赛车也会加足马力、奋起直追。无法想象，如果排名信息不能实时传递，每个玩家都以为自己正在领先，这个游戏还如何继续下去。

实际上，游戏的某些场景信息也与同步问题有关。比如在冒险类网络游戏中，经常有散落在地面的一些道具如"鸡腿"、"血瓶"等供玩家拾取。为了增加游戏的趣味性，这些道具不能总在同样的地点出现，而应该表现为一种"随机"的状态。这时，不同手机上的游戏实例是否将道具"随机"放置在相同的位置，就成为影响游戏公平性的大问题了。

解决手机网络游戏同步难题，大体上有 3 种思路。

1．输入同步方式

输入同步是指每个手机都把玩家的输入事件通知给其他游戏实例的通信方式。这种方式比较简单和直观：游戏的同步操作完全由玩家事件来指挥，每次当一个玩家产生了输入事件的时候，其他游戏实例得到这一消息并马上在自己的手机上模拟相同的动作，这个动作将激发当前游戏状态的改变，看起来像别的玩家刚刚在这里操作了一样。

2．状态同步方式

输入同步只是一种比较简单的情况，如果游戏有不依赖于玩家输入的改变该如何处理？既然同步的是不同游戏实例的状态信息，那么每当任何一个游戏实例的任何状态发生改变时就执行同步操作应该是最稳妥的办法。这样做的结果是没有任何信息会被丢失，所有游戏实例的状态都将保持一致。

然而，实现上述目标需要游戏程序做太多工作。突出的一点矛盾是，手机设备的资源非常有限，手机之间网络通信的条件也远远不及计算机网络，然而状态同步方式显然没有顾忌这些限制。

3．混合同步方式

输入同步方式和状态同步方式各有优点，同时也都存在不尽如人意的地方。在实际的手机网络游戏设计过程中，有必要细致分析游戏状态更新的各种可能，区别对待引发信息同步需求的各类起因，综合运用上述两种方式解决实际问题。

比如可以这样考虑：对于明确的由玩家操作激发的事件，选择实时的通知给其他游戏实例，要求其及时模拟并更新各自状态；而对于另外一些场景或环境内的状态变迁，则直接由游戏系统向所有参与者发出更新的通知。

9.2　手机网络技术

我国移动互联网市场显示出了巨大的发展空间。中国互联网络信息中心（China Internet Network Information Center，CNNIC）发布的《2009 年中国移动互联网与 3G 用户调查报告》显示，截至 2009 年 8 月底中国手机上网用户已达到 1.81 亿，相比 2009 年 6 月底 1.554 亿的手机网民规模，短短的两个月时间，中国手机网民的数量增长了将近 2560 万，规模呈现出稳定增长的态势。

实际上,这些实现手机互联的技术可以分为 3 个类别,分别是窄带广域无线网、宽带广域无线网和局域无线网。

9.2.1 窄带广域无线网

窄带广域无线网主要分为 HSCSD、GPRS 和 CDPD 三种。

1. HSCSD

高速电路交换数据(High Speed Circuit Switched Data,HSCSD)又称为高速数据,是 GSM 演进过程中第一种满足速度这一需求的技术。这是适用于移动用户的数据传输技术,人们只需拨打一个电话便可获得想要的信息。HSCSD 与 GSM 网中的电路交换数据业务似乎没什么不同,都是通过简单地拨入调制解调器接收高速传输的数据,但它们主要的区别在于速度:HSCSD 的速度比标准的 GSM 网络快 5 倍,相当于固定电话网络通信中许多计算机调制解调器的速度。因此,HSCSD 可以看做是向第 3 代移动通信系统(Third Generation,3G)过渡的创新技术。

高速电路交换数据是对电路交换数据(Circuit Switched Data,CSD)技术的提升。电路交换数据技术是 GSM 移动系统最初的一种传输机制。在电路交换数据方式中,信道是以电路交换方式来进行分配的。高速电路交换数据方式与电路交换数据的差别在于利用不同的编码方式和多重时隙来提高数据的传输量。HSCSD 是具有更高传输速率的通信技术系统的一种选择。

2. GPRS

通用分组无线服务技术(General Packet Radio Service,GPRS)是 GSM 移动电话用户可用的一种移动数据业务。它经常被描述成"2.5G",也就是说这项技术位于第二代(Second Generation,2G)和第三代(3G)移动通信技术之间。它通过利用 GSM 网络中未使用的 TDMA 信道,提供中速的数据传递。GPRS 突破了 GSM 网只能提供电路交换的思维方式,只通过增加相应的功能实体和对现有的基站系统进行部分改造来实现分组交换,这种改造的投入相对来说并不大,但得到的用户数据速率却相当可观。GPRS 是一种以全球移动通信系统(Global System for Mobile Communication,GSM)为基础的数据传输技术,可以说是 GSM 的延续。GPRS 和以往连续在频道传输的方式不同,是以封包(Packet)式来传输的,因此使用者所负担的费用是以其传输资料为单位计算的,并非使用其整个频道,理论上较为便宜。

GPRS 的传输速率可提升至 56 甚至 114kb/s。而且,因为不再需要现行无线应用所需要的中介转换器,所以连接及传输都会更方便容易。如此,使用者即可联机上网,参加视频会议等互动传播,而且在同一个网络上的使用者,甚至可以无须通过拨号上网,而持续与网络连接。

3. CDPD

蜂窝数字式分组数据交换网络(Cellular Digital Packet Data,CDPD)被人们称为真正的无线互联网。CDPD 网是以数字分组数据技术为基础,以蜂窝移动通信为组网方式的移动无线数据通信网。使用 CDPD 只需在便携机上连接一个专用的无线调制解调器,即使坐在时速 100 公里的车厢内,也不影响上网。CDPD 拥有一张专用的无线数据网,信号不易受干扰,可以上任何网站。与其他无线上网方式相比,CDPD 网可达 19.2kb/s,而普通的 GSM 移动网络为 9.6kb/s。在数据通信安全方面,CDPD 在授权用户登录上配置了多种功能,如设定允许用户登录范围,统计使用者登录次数;对某个安全区域、某个安全用户特别定义,进一步提高特别用户的安全性;采用 40 位密钥的加密算法,正反信道各不相同,自动核对旧密钥更换新密钥,数据即使被人窃得,也无法破解。CDPD 使用中还有诸多特点:安装简便,使用者无须申请电话线或其他线路;通信接通反应快捷,如在商业刷卡中,用 MODEM 接通时间要 20～45 秒,而 CDPD 只要 1 秒左右。

9.2.2　宽带广域无线网

宽带广域无线网主要分为 LMDS、SCDMA 和 WCDMA 三种。

1. LMDS

区域多点传输服务(Local Multipoint Distribution Services,LMDS)是一种微波的宽带业务,工作在 28GHz 附近频段,在较近的距离可双向传输话音、数据和图像等信息。

LMDS 采用一种类似蜂窝的服务区结构,将一个需要提供业务的地区划分为若干服务区,每个服务区内设基站,基站设备经点到多点无线链路与服务区内的用户端通信。每个服务区覆盖范围为几千米至十几千米,并可相互重叠。

目前各国的核心网络建设均初具规模,基本可满足当前通信的需求。而突出的矛盾体现在接入网方面,即用户与核心网络的连接部分。这一问题是通信向宽带、智能、个人化发展的关键,因此我国也把研究、发展和建设接入网列为重要任务。

从技术上来说,按照使用的媒介不同,接入网可划分为有线接入网和无线接入网两种,无线接入又分为移动无线接入和固定无线接入两种。移动无线接入包括本书关注的手机接入等,用户是可移动的,而固定无线接入正好相反,用户基本是固定不动的。LMDS 最大的特点在于宽带特性,可用频谱往往达 1GHz 以上。

2. SCDMA

同步码分多址无线接入技术(Synchronous Code Division Multiple Access,SCDMA)采用了智能天线、软件无线电以及 SWAP＋空中接口协议等先进技术,是一个全新的体系,也是全新的第三代无线通信技术标准。

其中智能天线技术是由天线阵硬件和信号处理软件组成的,采用下行波束赋形,降低了发射功率,克服了多径干扰。SCDMA 技术指上行链路各终端信号在基站解调完全同步,码道之间正交,降低码道干扰,提高了系统容量。软件无线电技术是指全部基带信号的处理都是在 DSP 中用软件实现的。另外,SCDMA 系统还是第一个使用国际最新标准"全质量话音编码技术"的实用化无线通信系统。SWAP＋空中接口信令则是指物理层设计基于 ITU 的 Q931 建议,采用闭环功率控制,解决了实现同步 CDMA 和用户距离测定的要求,仅使用一条接入码道。

SCDMA 的独特技术优势体现在:SCDMA 是世界上第一套将智能天线应用于商业电

信运营的无线通信技术标准；第一次将时分双工（Time Division Dual，TDD）用于宏蜂窝结构，其基站与终端都大规模采用软件无线电结构；并第一次优化组合以上功能，实现了同步码分多址的无线通信协议，成为国际领先的无线通信技术标准。

3. WCDMA

宽频码分多址无线接入技术（Wideband Code Division Multiple Access，WCDMA）是一种基于 GSM MAP 核心网，UTRAN（UMTS 陆地无线接入网）为无线接口的第三代移动通信系统。目前 WCDMA 有 Release 99、Release 4、Release 5、Release 6 等版本。WCDMA 是一个国际电信联盟标准，它是从码分多址（Code Division Multiple Access，CDMA）演变来的，从官方看被认为是 IMT-2000 的直接扩展。与现在市场上通常提供的技术相比，它能够为移动和手提无线设备提供更高的数据速率。WCDMA 采用直接序列扩频码分多址（Direct Sequence-Code Division Multiple Access，DS-CDMA）、频分双工（Frequency Division Dual，FDD）方式，码片速率为 3.84Mcps（cycles per second），载波带宽为 5MHz。基于 Release 99/ Release 4 版本，可在 5MHz 的带宽内，提供最高 384kb/s 的用户数据传输速率。WCDMA 能够支持移动/手提设备之间的语音、图像、数据以及视频通信，速率可达 2Mb/s（对于局域网而言）或者 384kb/s（对于宽带网而言）。输入信号先被数字化，然后在一个较宽的频谱范围内以编码的扩频模式进行传输。窄带 CDMA 使用的是 200kHz 宽度的载频，而 WCDMA 使用的则是一个 5MHz 宽度的载频。

9.2.3 局域无线网

蓝牙是一种重要的局域无线网技术。所谓蓝牙（Bluetooth）技术，实际上是一种短距离无线电技术，利用"蓝牙"技术，能够有效地简化掌上电脑、笔记本电脑和手机等移动通信终端设备之间的通信，也能够成功地简化以上这些设备与因特网 Internet 之间的通信，从而使这些现代通信设备与因特网之间的数据传输变得更加迅速高效，为无线通信拓宽道路。蓝牙采用分散式网络结构以及快跳频和短包技术，支持点对点及点对多点通信，工作在全球通用的 2.4GHz ISM（即工业、科学、医学）频段，其数据速率为 1Mb/s，采用时分双工传输方案实现全双工传输。

蓝牙的创始人是瑞典爱立信公司，爱立信早在 1994 年就已进行研发。1997 年，爱立信与其他设备生产商联系，并激发了他们对该项技术的浓厚兴趣。1998 年 2 月，5 个跨国大公司，包括爱立信、诺基亚、IBM、东芝及 Intel 组成了一个特殊兴趣小组（Special Interest Group，SIG），他们共同的目标是建立一个全球性的小范围无线通信技术，即现在的蓝牙。

蓝牙的名字来源于 10 世纪丹麦国王 Harald Blatand——英译为 Harold Bluetooth，因为他十分喜欢吃蓝梅，所以牙齿每天都带着蓝色。在行业协会筹备阶段，需要一个极具有表现力的名字来命名这项高新技术。行业组织人员，在经过一夜关于欧洲历史和未来无限技术发展的讨论后，有些人认为用 Blatand 国王的名字命名再合适不过了。Blatand 国王将现在的挪威、瑞典和丹麦统一了起来，他口齿伶俐、善于交际，就如同这项即将面世的技术，技术将被定义为允许不同工业领域之间的协调工作，保持着各个系统领域之间的良好交流，名字于是就这么定下来了。

9.2.4　通用连接框架

J2ME 中关于网络操作的功能通过名为通用连接框架（Generic Connection Framework，GCF）的部分实现。GCF 是基于接口设计的，特别容易扩展，它是编写 J2ME 网络程序的基础。

在普通的 Java 网络程序中使用 java. net 和 java. io 包提供的类实现网络访问服务和对象操作。然而由于手机及手机网络资源的限制，无法直接使用上述两个包。J2ME 专门为资源特别有限的移动设备设计了 GCF，它实现在 javax. microedition. io 包中，且为每一种网络通信方式都提供了相应的编程接口。GCF 的层次结构如图 9-1 所示。

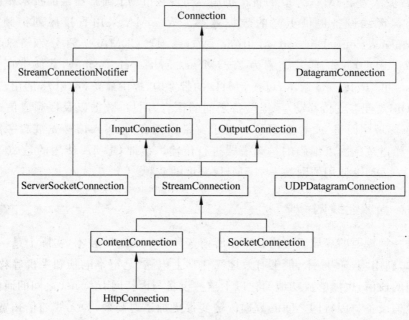

图 9-1　通用连接框架 GCF

其中，Connection 接口是其他几个接口的基础。它仅仅定义了 close（）函数，不在 Connection 内部定义 open（）函数的原因是 javax. microedition. io. Connector 类通常负责这一工作。当一个连接被关闭后，任何试图访问该连接的操作都将引发 IOException 异常，而再次关闭一个已经关闭的连接则没什么影响。

Connector 类是用于创建一个 Connection 对象的工厂。创建实际的 Connection 对象时，将动态地确定一个与信息传输协议有关的子类执行具体操作。Connector 的构造函数有 3 种形式：

```
public static Connection open(String name)
public static Connection open(String name, int mode)
public static Connection open(String name, int mode, boolean timeouts)
```

参数 name 指定了要连接的 URL 地址，参数 mode 表示连接的模式，mode 可能有以下 3 种不同的取值：

public static final int READ：读模式；

public static final int WRITE：写模式；

public static final int READ_WRITE：读写模式。

最后一个参数 timeouts 是个布尔值，表示是否希望产生超时异常，构造函数的返回值是那个建好的 Connection 对象。

另外，Connector 类还包含以下 4 个重要的函数。

(1) public static DataInputStream openDataInputStream(String name)：创建并打开一个数据输入流。

(2) public static DataOutputStream openDataOutputStream(String name)：创建并打开一个数据输出流。

(3) public static InputStream openInputStream(String name)：创建并打开一个输入流。

(4) public static OutputStream openOutputStream(String name)：创建并打开一个输出流。

9.3 HTTP 连接

HTTP 的发展是万维网协会(World Wide Web Consortium)和 Internet 工作小组(Internet Engineering Task Force)合作的结果，他们最终发布了一系列的 RFC，其中最著名的就是 RFC 2616。RFC 2616 定义了 HTTP 协议的今天普遍使用的一个版本——HTTP 1.1。

HTTP 是一个客户端和服务器端请求和应答的标准。客户端是终端用户，服务器端是网站。通过使用 Web 浏览器、网络爬虫或者其他的工具，客户端发起一个到服务器上指定端口(默认端口为 80)的 HTTP 请求，称这个客户端为用户代理(user agent)。应答的服务器上存储着一些资源，比如 HTML 文件和图像，称这个应答服务器为源服务器(origin server)。在用户代理和源服务器中间可能存在多个中间层，如代理、网关，或者隧道。尽管 TCP/IP 协议是互联网上最流行的应用，HTTP 协议并没有规定必须使用它和它支持的层。事实上，HTTP 可以在任何其他互联网协议上，或者在其他网络上实现。HTTP 只假定其下层协议提供可靠的传输，任何能够提供这种保证的协议都可以被其使用。

通常，由 HTTP 客户端发起一个请求，建立一个到服务器指定端口(默认是 80 端口)的 TCP 连接。HTTP 服务器则在那个端口监听客户端发送过来的请求。一旦收到请求，服务器向客户端发回一个状态行(如"HTTP/1.1 200 OK")和响应的消息，消息的消息体可能是请求的文件、错误消息，或者其他一些信息。

HTTP 使用 TCP 而不是 UDP 的原因在于打开一个网页必须传送很多数据，而 TCP 协议提供传输控制，按顺序组织数据和错误纠正。通过 HTTP 或者 HTTPS 协议请求的资源由统一资源标示符(Uniform Resource Identifiers，URI)来标识。

9.3.1 HTTP 连接状态

HttpConnection 是 ContentConnection 的子接口，定义了用于 HTTP 连接的各种常量和函数。HTTP 是一种请求—应答式的协议，而且在发出请求前需要预先设定好请求的参数。HTTP 连接有以下 3 种状态。

(1) Setup：一个 HTTP 连接被打开与请求被发送之间的状态，可以在这段时间里由游戏程序设置与服务器连接的各种信息。

(2) Connected：HTTP 请求发送之后的状态，服务器将在此时给出应答。

(3) Closed：Closed 是 HTTP 连接的最后一个状态，连接被终止。此时 HttpConnection 变得不可用，但是之前已经打开的 Stream 在被专门关闭之前仍然保存着可以访问的数据。

几个重要的函数如下。

(1) public void setRequestMethod(String method)：将 HTTP 请求的形式设定为 GET、POST 和 HEAD 中的一种，默认情况下 HTTP 请求的形式是 GET。

(2) public void setRequestProperty(String key，String value)：将参数 key 指定的 HTTP 请求属性设置为参数 value 的值。如果 key 对应的属性已经存在，那么用 value 的值覆盖原值。

(3) public String getRequestMethod()：获取 HTTP 请求的当前形式。

(4) public String getRequestProperty(String key)：获取参数 key 指定的 HTTP 请求属性的内容。

其中，HTTP 的 3 种请求形式的含义如下。

默认的 GET 形式请求返回以 URL 形式表示的资源，当用户输入一个简单的 URL 地址时，就是使用 GET 请求。

POST 请求将表单作为一个整体发送。实际上 POST 请求的功能是由服务器决定的，而且通常依赖于请求的 URL 连接的应用程序。

最后一种 HEAD 请求形式与 GET 基本一致，仅有的区别是服务器禁止在响应中发送消息体。

9.3.2 建立 HTTP 连接

前面已经提到，Connector 类负责打开各种网络连接，HTTP 连接当然也在此列。下面的例子显示了如何创建一个 HTTP 连接。

```
1   import javax.microedition.io.*;
2   import javax.microedition.midlet.*;
3   import javax.microedition.lcdui.*;

4   public class MyHttp extends MIDlet implements CommandListener
5   {
6       private Display display;
7       private Form form;
8       private HttpConnection conn;
9       private Command commandExit;
10      private String url = "http://127.0.0.1/index.html";

11      public MyHttp()
12      {
13          display = Display.getDisplay(this);
14          try
```

```
15              {
16                  conn = (HttpConnection)Connector.open(url);
17              }
18          catch(Exception e)
19              {
20                  System.out.println("打开 HTTP 连接错误!");
21              }
22          commandExit = new Command("Exit", "退出", Command.EXIT, 1);
23          form.addCommand(commandExit);
24          form.setCommandListener(this);
25      }

26      public void commandAction(Command command, Displayable displayable)
27      {
28          if (command == commandExit)
29          {
30              destroyApp(false);
31              notifyDestroyed();
32              return;
33          }
34      }

35      public void startApp()
36      {
37          display.setCurrent(form);
38      }

39      public void pauseApp() { }

40      public void destroyApp(boolean unconditional) { }
41  }
```

在上述程序中,第 14～17 行生成 HttpConnection 对象后,建立的连接进入 Setup 状态。

9.3.3 使用 HTTP 连接

建立和打开一个 HTTP 连接后,就可以使用连接完成游戏的工作了。下面的例子显示了如何使用一个以 GET 方式打开的 HTTP 连接。

```
1   import javax.microedition.io.*;
2   import javax.microedition.midlet.*;
3   import javax.microedition.lcdui.*;

4   public class MyHttp extends MIDlet implements CommandListener
5   {
6       private Display display;
7       private Form form;
8       private HttpConnection conn;
9       private InputStream inputstream;
10      private int temp;
```

```
11        private Command commandExit;
12        private String url = "http://127.0.0.1/index.html";

13        public MyHttp ()
14        {
15            display = Display.getDisplay(this);
16            try
17            {
18                conn = (HttpConnection)Connector.open(url);
19            }
20            catch(Exception e)
21            {
22                System.out.println("打开 HTTP 连接错误!");
23            }
24            int status = conn.getResponseCode();
25            if(status == HttpConnection.HTTP_OK)
26            {
27                inputstream = conn.openInputStream();
28                StringBuffer stringbuffer = new StringBuffer(50000);
29                while((temp = inputstream.read()) != -1)
30                {
31                    stringbuffer.appen((char)temp);
32                }
33                System.out.println(stringbuffer);
34            }
35            commandExit = new Command("Exit", "退出", Command.EXIT, 1);
36            form.addCommand(commandExit);
37            form.setCommandListener(this);
38        }

39        public void commandAction(Command command, Displayable displayable)
40        {
41            if (command == commandExit)
42            {
43                destroyApp(false);
44                notifyDestroyed();
45                return;
46            }
47        }

48        public void startApp()
49        {
50            display.setCurrent(form);
51        }

52        public void pauseApp() { }

53        public void destroyApp(boolean unconditional) { }
54    }
```

在上面的代码中,第 9 行声明了一个 InputStream 对象 inputstream,第 27 行调用

openInputStream()打开了 HTTP 连接的输入流对象并把它赋给 inputstream。紧接着第29~33 行控制程序依次读入输入流的内容并将其打印到控制台上。

另外,在执行上述操作时程序还事先调用 getResponseCode()判断了 HTTP 请求发送后服务器的响应状态。J2ME 设定的服务器响应状态有以下几种情况。

public static final int HTTP_OK:200,请求成功;

public static final int HTTP_CREATED:201,请求被执行而且创建了一个新资源;

public static final int HTTP_ACCEPTED:202,请求已经被接收并且正在执行,但是还没有完成;

public static final int HTTP_NOT_AUTHORITATIVE:203,元信息与服务器格式不符;

public static final int HTTP_NO_CONTENT:204,服务器执行了请求但是尚未返回数据;

public static final int HTTP_RESET:205,重置客户端;

public static final int HTTP_PARTIAL:206,服务器执行了部分请求;

public static final int HTTP_TEMP_REDIRECT:307,所需资源在另一个 URL 处;

public static final int HTTP_BAD_REQUEST:400,请求无法被理解;

public static final int HTTP_UNAUTHORIZED:401,请求的权限不足;

public static final int HTTP_FORBIDDEN:403,服务器理解请求但是拒绝执行;

public static final int HTTP_VERSION:505,服务器不支持请求使用的 HTTP 协议版本。

9.3.4 关闭 HTTP 连接

关闭 HTTP 连接的操作非常简单,但是必不可少。下面的代码片段简要地显示了关闭HTTP 连接的方法。

```
try
{
    conn = (HttpConnection)Connector.open(url);
}
catch(Exception e)
{
    System.out.println("打开 HTTP 连接错误!");
}
try
{
    conn.close();
}
catch(Exception e)
{
    System.out.println("关闭 HTTP 连接错误!");
}
```

9.4　Socket 连接

Socket 的英文原意是"孔"或"插座"，在计算机网络中作为进程通信机制，取后一种意思。Socket 非常类似于电话插座，以一个国家级电话网为例。电话的通话双方相当于相互通信的两个进程，区号是它的网络地址；区内一个单位的交换机相当于一台主机，主机分配给每个用户的局内号码相当于 Socket 号。任何用户在通话之前，首先要占有一部电话机，相当于申请一个 Socket；同时要知道对方的号码，相当于对方有一个固定的 Socket。然后向对方拨号呼叫，相当于发出连接请求（假如对方不在同一区内，还要拨对方区号，相当于给出网络地址）。假如对方在场并空闲（相当于通信的另一主机开机且可以接受连接请求），拿起电话话筒，双方就可以正式通话，相当于连接成功。双方通话的过程，是一方向电话机发出信号和对方从电话机接收信号的过程，相当于向 Socket 发送数据和从 Socket 接收数据。通话结束后，一方挂起电话机相当于关闭 Socket，撤销连接。

在电话系统中，一般用户只能感受到本地电话机和对方电话号码的存在，建立通话的过程、话音传输的过程以及整个电话系统的技术细节对他都是透明的，这也与 Socket 机制非常相似。Socket 利用通信设施实现进程通信，但它对通信设施的细节毫不关心，只要通信设施能提供足够的通信能力，它就满足了。

至此，对 Socket 进行了直观的描述。抽象出来，Socket 实质上提供了进程通信的端点。进程通信之前，双方首先必须各自创建一个端点，否则是没有办法建立联系并相互通信的。正如打电话之前，双方必须各自拥有一台电话机一样。

最重要的是，Socket 是面向客户/服务器模型而设计的，针对客户和服务器程序提供不同的 Socket 系统调用。客户随机申请一个 Socket（相当于一个想打电话的人可以在任何一台入网电话上拨号呼叫），系统为之分配一个 Socket 号；服务器拥有全局公认的 Socket，任何客户都可以向它发出连接请求和信息请求（相当于一个被呼叫的电话拥有一个呼叫方知道的电话号码）。

Socket 利用客户/服务器模式巧妙地解决了进程之间建立通信连接的问题。服务器 Socket 为全局所公认非常重要。不妨考虑一下，两个完全随机的用户进程之间如何建立通信？假如通信双方没有任何一方的 Socket 固定，就好比打电话的双方彼此不知道对方的电话号码，要通话是不可能的。

在 J2ME 中，使用 SocketConnection 接口实现对套接字连接的控制，其中定义了 6 个比较重要的函数：

(1) public String getAddress()：返回一个字符串，表示当前 socket 绑定的远程地址。

(2) public String getLocalAddress()：返回一个字符串，表示当前 socket 绑定的本地主机地址。

(3) public int getPort()：返回一个整型数，表示当前 socket 绑定的远程主机端口。

(4) public int getLocalPort()：返回一个整型数，表示当前 socket 绑定的本地主机端口。

(5) public int getSocketOption(byte option)：返回一个整型数，表示参数 option 指定的套接字选项内容，如果指定的内容不可访问，返回−1。

（6）public void setSocketOption（byte option，int value）：为 Socket 连接设定选项内容。其中 Socket 选项共有以下 5 种。

public static final byte DELAY：是否开启 Nagle 算法；

public static final byte LINGER：设置服务器的悬挂等待时间；

public static final byte KEEPALIVE：设置活跃程度，值为 0 时表示该选项无效；

public static final byte RCVBUF：设置接收缓冲；

public static final byte SNDBUF：设置发送缓冲。

如果令两部手机模拟 Socket 连接方式，只需将其中一部视为服务器，另一部视为客户端即可。

9.4.1　服务器端操作

下面的例子显示了服务器端的工作方式。

```
1   import javax.microedition.midlet.*;
2   import javax.microedition.lcdui.*;

3   public class MyServer extends MIDlet
4   {
5       private Display display;
6       private TextBox textbox;

7       public MyServer()
8       {
9           display = Display.getDisplay(this);
10          textbox = new TextBox("Server","");
11          new MyServerThread(textbox).start();
12      }

13      public void startApp()
14      {
15          display.setCurrent(textbox);
16      }

17      public void pauseApp() {}

18      public void destroyApp(Boolean unconditional) {}
19  }
```

在上述代码中，TextBox 对象 textbox 将用来显示从客户端接收到的信息。第 11 行调用了自定义类 MyServerThread 的 start()函数，其内容如下：

```
1   import java.io.*;
2   import javax.microedition.io.*;
3   import javax.microedition.lcdui.*;
4
5   public class MyServerThread extends Thread
6   {
```

```
7          private TextBox textbox;
8          public MyServerThread(TextBox tb)
9          {
10             textbox = tb;
11         }
12
13         public void run()
14         {
15             ServerSocketConnection ssconn = null;
16             DataInputStream distream = null;
17             DataOutputStream dostream = null;
18             SocketConnection sconn = null;
19             try
20             {
21                 ssconn = (ServerSocketConnection)Connector.open("socket://:79");
22                 while(true)
23                 {
24                     sconn = (SocketConnection)ssconn.acceptAndOpen();
25                     distream = sconn.openDataInputStream();
26                     dostream = sconn.openDataOutputStream();
27                     StringBuffer stringbuffer = new StringBuffer(":");
28                     stringbuffer.append(distream.readUTF());
29                     dostream.writeUTF(stringbuffer.toString());
30                     textbox.setString(text.getString() + stringbuffer);
31                 }
32             }
33             catch(Exception e)
34             {
35                 System.out.println("服务器读取信息失败!");
36             }
37             try
38             {
39                 dostream.close();
40                 distream.close();
41                 sconn.close();
42                 ssconn.close();
43             }
44             catch(Exception e)
45             {
46                 System.out.println("关闭连接失败!");
47             }
48         }
49     }
```

在上述代码中,第 24 行的 acceptAndOpen()函数继承自接口 StreamConnectionNotifier,负责打开一个服务器端的 Socket 连接并且等待来自客户端的消息。

9.4.2 客户端操作

下面的代码则是在客户端需要执行的操作。

```
1   import javax.microedition.midlet.*;
2   import javax.microedition.lcdui.*;

3   public class MyClient extends MIDlet implements CommandListener
4   {
5       private Display display;
6       private Form form;
7       private TextBox textbox;
8       private Command commandSend;

9       public MyClient()
10      {
11          display = Display.getDisplay(this);
12          form = new Form("Client");
13          commandSend = new Command("Send","发送",Command.ITEM,1);
14          form.addCommand(commandSend);
15          form.setCommandListener(this);
16          textbox.setString("来自客户端的信息");
17          form.append(textbox);
18      }

19      public void startApp()
20      {
21          display.setCurrent(form);
22      }
23
24      public void commandAction(Command command, Displayable displayable)
25      {
26          new MyThread(textbox.getString()).start();
27      }

28      public void pauseApp() {}

29      public void destroyApp(Boolean unconditional) {}
30  }
```

在上述代码中,第 26 行调用了自定义类 MyThread 的 start()函数,其定义如下:

```
1   import java.io.*;
2   import javax.microedition.io.*;
3   import javax.microedition.lcdui.*;

4   public class MyThread extends Thread
5   {
6       private String str;

7       public MyThread(String s)
8       {
9           str = c;
```

```
10        }

11        public void run()
12        {
13            DataInputStream distream = null;
14            DataOutputStream dostream = null;
15            SocketConnection sconn = null;
16            StringBuffer stringbuffer = new StringBuffer();
17            try
18            {
19                sconn = (SocketConnection)Connector.open("socket://:79");
20                distream = sconn.openDataInputStream();
21                dostream = sconn.openDataOutputStream();
22                dostream.writeUTF(str);
23                dostream.flush();
24                stringbuffer.append(distream.readUTF());
25            }
26            catch(Exception e)
27            {
28                System.out.println("客户端写入信息失败!");
29            }
30            try
31            {
32                dostream.close();
33                distream.close();
34                sconn.close();
35            }
36            catch(Exception e)
37            {
38                System.out.println("关闭连接失败!");
39            }
40        }
41    }
```

在上面的代码中,客户端负责向服务器端发送一条访问请求"来自客户端的信息",服务器端接收到这条消息后将显示在自己的文本区域内。

9.5　Datagram 连接

前面介绍的 HTTP 连接和 Socket 连接都是基于 TCP 网络协议实现的。

TCP 是一种面向连接(连接导向)的、可靠的、基于字节流的传输层(Transport layer)通信协议,由 RFC 793 说明。在因特网协议族(Internet protocol suite)中,TCP 层是位于 IP 层之上、会话层之下的中间层。不同主机的应用层之间经常需要可靠的、像管道一样的连接,但是 IP 层不提供这样的流机制,而是提供不可靠的包交换。

应用层向 TCP 层发送用于网间传输的、用 8 位字节表示的数据流,然后 TCP 把数据流分割成适当长度的报文段(通常受该计算机连接的网络的数据链路层的最大传送单元(Maximum Transmission Unit,MTU)的限制)。之后 TCP 把结果包传给 IP 层,由它来通过网络将包传送给接收端实体的 TCP 层。TCP 为了保证不发生丢包,就给每个字节一个序号,同时序号也保证了传送到接收端实体的包的按序接收。然后接收端实体对已成功收到的字节发回一个相应的确认(Acknowledge Character, ACK);如果发送端实体在合理的往返时延(Round-Trip Time, RTT)内未收到确认,那么对应的数据(假设丢失了)将会被重传。TCP 用一个校验和函数来检验数据是否有错误;在发送和接收时都要计算校验和。

在计算机网络 OSI 模型中,TCP 完成第四层传输层所指定的功能,UDP 是同一层内另一个重要的传输协议。但是它属于不可靠的无连接网络传输协议,其优点是操作简单,占用系统资源和网络资源较少。

Datagram 连接正是基于 UDP 网络协议实现的,其操作功能包含在接口 DatagramConnection 之中。一些主要的函数如下。

(1) public int getMaximumLength():返回一个整型值,表示 Datagram 的最大长度。

(2) public int getNominalLength():返回一个整型值,表示 Datagram 的字面长度。

(3) public void send(Datagram dgram):发送参数指定的 Datagram。

(4) public void receive(Datagram dgram):接收参数指定的 Datagram。

(5) public Datagram newDatagram(int size):创建一个 Datagram 并为它分配参数 size 指定的空间。

(6) public Datagram newDatagram(int size, String addr):创建一个 Datagram,同时指定它的大小和地址。

(7) public Datagram newDatagram(byte[]buf, int size):创建一个 Datagram,指定使用的 buffer 和分配的空间。

(8) public Datagram newDatagram(byte[] buf, int size, String addr):创建一个 Datagram,指定使用的 buffer、分配的空间及地址。

9.6 本章小结

随着手机的日益普及和手机网络互联技术的蓬勃发展,手机网络游戏渐渐流行起来。一般地,手机网络游戏可以分为实时游戏和回合游戏两种,但是不论哪种游戏,玩家之间的信息同步都是其中最需要考虑的问题。输入同步和状态同步是两种解决同步问题的方式,它们各有特点,在最新的网络游戏实践中常常将这两种方式结合起来以寻求一种既不存在纰漏、又能最大限度节约网络资源的方案。

具体到 J2ME 平台,实现游戏的网络连接可以选用 HTTP、Socket 和 Datagram 中的任意一种。其中前两种基于可靠的 TCP 协议实现,后一种则基于不可靠的 UDP 协议实现,可应用于一些对传输稳定性要求不高的游戏案例中。

习 题 9

1. 在计算机中哪些网络游戏是你喜欢的? 它们是否已经被移植到手机平台上了? 如果没有,可能的原因是什么?

2. 实现手机互联的通信标准有哪些？在 J2ME 平台中的具体技术手段又有几种？

3. 尝试改进第 6 章习题中的第 4 题，使得两个玩家可以一较高下。你还能让更多玩家也参与到游戏中来吗？

4. 制作一个新的问答游戏，一部手机负责从题库中随机选取脑筋急转弯的题目并通过网络告诉另一部手机，玩家在客户端手机上回答后传回服务器检查。完成这个题目，光有本章的知识可不够，你还需要从前面几章中寻求帮助。

第10章

3D手机游戏开发

同计算机游戏相同,手机游戏也经历着文本游戏、2D平面游戏、3D游戏等不同的阶段。在平面上的2D游戏通过透视的方法,使游戏画面变得立体、逼真,极大地增加了游戏的可玩性。随着M3G标准的制定,市场上3D游戏越来越多,伴随着手机硬件设备的发展,未来的手机游戏市场必将是3D游戏的市场。本章将通过M3G包的讲解,介绍3D游戏开发的基础知识。

在本章,读者将学习到:

◇ 3D游戏开发的基础知识;

◇ 3D物体和背景环境的创建方法;

◇ 3D动画的制作方法。

10.1 J2ME 3D 概述

3D游戏的开发大多是基于某些游戏引擎的,游戏引擎将游戏的基础API进行封装,这些基础API将完成游戏中核心的功能,开发者只需进行简单的程序设计便可以完成游戏的开发,引擎的使用极大地减少了游戏开发工作量,提高了游戏开发的效率,降低了开发的难度。因此3D游戏开发的第一步是需要掌握这个游戏引擎的使用。

随着手机硬件的发展,当今的手机拥有更大更清晰的屏幕,更加快速的处理器以及大容量存储,显卡的处理速度将会相当于现在的3~4倍,完全可以满足3D游戏的需求。手机已经不仅仅是一个通信的工具,它俨然变成了个人的移动计算机终端,简单枯燥无味的2D平面游戏已经不能满足手机用户的需求,3D游戏便快速地发展起来,越来越多的3D游戏产品在市场出现。在桌面应用中网络游戏的市场发展迅速,2008年市场规模达到128亿元,实际销售收入为105亿元。在未来随着资金的投入,政府政策对游戏产业的扶持力度的加大,网络游戏的发展速度会更加迅猛。当前3G网络的大力推广普及,限制手机发展的网络带宽问题也随之解决,势必带来手机应用的新时代。手机3D网络游戏将会是下一个亮点,快速的网络、绚丽的界面、随时随地游戏的特点都将会是手机3D游戏动力,3D也是未来手机游戏的发展新方向。目前很多手机生产商和游戏提供商都已经开始关注这方面的态势,可以预期,未来的几年中这一技术将成为手机游戏产业的又一亮点。

10.2　3D游戏基础

　　3D手机游戏的开发主要是利用Java的3D引擎来实现的。目前Java中支持3D图形技术的有JSR(Java Specification Request, Java规范需求), JSR184标准中,定义了M3G接口。M3G是一个专门为移动设备设计的3D图形引擎,使用M3G接口可以方便地开发3D手机应用和游戏。同时被广泛用于3D图形显示的OpenGL也开发了针对移动设备的版本——OpenES。FatHammer公司已经将OpenES OMAP平台整合到X-Forge的3D游戏引擎SDK中,另外还有一款3D引擎是MoPhun。在3D引擎下的游戏画面逼真自然,能够给用户良好的视觉效果,如图10-1所示。在本书中主要是以JSR184的M3G引擎为例子讲解的。

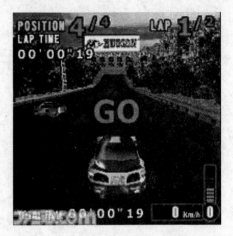

图10-1　3D游戏

1. M3G 包简介

　　M3G是J2ME的一个可选包,在相当的数量的手机平台上已经包含M3G, M3G包主要针对于手机设备电池和内存的限制,设计之初便定位为轻量级的类库,仅150KB的大小。尽管定位于轻量级的类库M3G,但是可以方便快捷地构建快速高性能的3D图形和游戏。M3G拥有通常在PC上才可以实现的高性能浮点运算能力和3D引擎。

　　M3G的场景图形的存储方式采用了标准的文件格式,在M3G API中可以直接支持这些标准的文件,从而降低了程序的复杂度,提高了应用的可移植性。M3G文件允许直接导入由3D建模软件创建的模型,提高手机游戏开发的速度,实际上仅仅通过150KB的代码也无法完成大型复杂的建模工作。介于3D图形的计算特点, M3G需要运行在支持浮点运算的CLDC1.1/MIDP 2.0上。

2. 两种开发模式

　　M3G支持两种3D模式:立即模式(immediate mode)和保留模式(retained mode)。这两种模式的区别主要体现在内部的渲染过程,对于用户来讲,感受没有什么不同,两种模式下都可以高效地加载,呈现和修改3D模型, M3G支持.m3g的3D模型文件。

　　(1)立即模式:M3G可以说是OpenGL的基础和简化版,它允许用户手工渲染图像任何细节,因为所有的对象都进行手工渲染,从而以较低的程序开发速度,换来了快速的游戏运行速度。

　　(2)保留模式:该模式下,用户不能使用渲染的低级功能,因此此模式下的图像呈现方式更为抽象,使用起来更加便利,仅仅简单的代码便可以实现3D场景的加载和呈现,由M3G来完成所有的渲染工作,因此游戏的开发速度较快,但是最终的运行速度较慢。

10.3　3D 游戏设计

3D 游戏的开发分为几个部分：创建游戏中的人物角色等 3D 物体，绘制游戏的场景，并对物体和场景进行着色，通过在场景中使用不同的光照，使得物体呈现不同的质感和真实感。下面将分别从这几个方面分别介绍 3D 游戏开发的具体过程。

10.3.1　创建 3D 物体

一个 3D 游戏的场景是由众多的元素组成的，如环境、人物、道具等，这些元素都是利用点、线、面来构造的。M3G 当中物体元都是由多个面组成的，面则是由多边形组成的，多边形是由三角形组成的，三角形是由线组成的，线是由点组成的。物体也称为模型，构成模型的面越多，模型的面也就越平滑。如图 10-2 所示，这是一个圆球的模型，圆球的表面随着组成圆球的三角形的增加而变得圆滑。

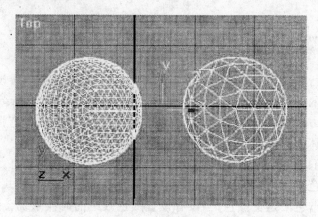

图 10-2　模型的面

1. 顶点数组

要绘制图 10-3 所示的三棱锥，首先要保存三棱锥的顶点信息。这些顶点的信息保存在顶点数组（VertexArray）当中，VertexArray 类可以有效地锁定管理顶点数组，VertexArray 的定义如下：

```
public VertexArray( int numVertices, int numComponents, imt componentSize)
```

其中，参数 numVertices 代表所有的顶点数，范围为 1～65 535；参数 numComponents 代表每个顶点的组成数，范围为 2～4；参数 componentSize 代表每个组成数的字节数，取值为 1 或 2。

通过 VertexArray 的 set() 方法可以对定点数组进行封装，其定义如下：

```
public void set(int firstVertex, int numVertices,byte[] values)
```

其中，参数 firstVertex 代表的是第一个顶点在 values 中的位置，numVertices 代表要封装的总的顶点的个数，values 是存储顶点信息的数组。

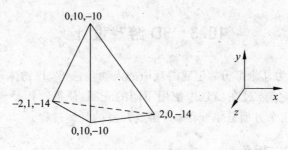

图 10-3　三棱锥的坐标

下面的代码定义了三棱锥各个顶点坐标的数组。

```
1   short[] points = new short[]{
        0,10, - 10
        , - 2,0, - 13
        ,0,10, - 10
        ,2,0, - 14
2   };
3   VertexArray vPos = new VertexArray(points.length/3,3,2);
4   vPos.set(0,points.length/3,points);
```

在代码的第 1 行定义了一个 short 类型的 points 数组,在数组中通过 x、y、z 三维坐标分别定义了三棱锥的 4 个顶点。第 3 行代码定义了顶点数组(VertexArray),顶点数组就是通过 vPos 的 set() 方法把顶点数据放入到数组中去,然后通过执行命令将数组中的数据块构造成复杂的几何体。

在 M3G 当中可以使用 RGB 模式或者 ARGB 模式来定义颜色信息。在 RGB 模式中,有 256 种不同的颜色取值,分别代表红色、绿色和蓝色;而在 ARGB 模式中,系统通过不透明度、红色、绿色和蓝色来定义颜色,当没有设置颜色数组的时候系统会采用默认的颜色。例如,下面代码定义了顶点颜色。

```
byte[] vcolours = { 127,0,0
                ,255,255,255
                ,0,0,127
                ,255,0,0};
VertexArray VColour_arr;
VertexArray = new(vcolours.length/3,3,1);
VColour_arr.set(0, vcolours.length/3, VColour_arr);
```

2. 顶点缓冲

尽管由顶点和它的颜色信息就可以描述一个物体模型了,但是为了更好地管理这些属性,M3G 提供了顶点缓冲(VertexBuffer)对象来统一管理模型顶点的所有信息。VertexBuffer 保存了所有顶点属性信息,这些属性包括 VertexArray 坐标数组、VertexArray 向量数组、VertexArray 顶点颜色数组和 VertexArray 纹理坐标数组。

下面的代码创建了一个 VertexBuffer 的对象 vb。

```
1   VertexBuffer vb = new VertexBuffer();
```

```
2  vb.setPositions(vPos,1,0f,null);
3  vb.setColors(vcolours);
```

上述代码中首先创建了顶点缓冲对象 vb,通过 VertexBuffer 的 setPositons()方法将包含位置信息的数组无缩放地添加到顶点缓冲中去,程序的第 3 行通过 setColors()方法将颜色信息进行缓冲。这里需要注意的是,一个 VertexBuffer 对象只能有一个顶点位置数组、一个颜色数组和一个向量数组,只有纹理坐标数组可以有多个。

setPositions()方法的定义如下:

```
public void sePositons(VertexArray Positons,folat scale,float[] bias)
```

其中,第 1 个参数是位置信息数组 VertexArray 对象,第 2 个参数是顶点的缩放比例,因为所有的顶点位置都是基于 3 个元素计算出来的。

setColors()方法的定义如下:

```
public voic setColors(Vertex Array colors)
```

其中,参数 colors 为颜色信息数组。

VertexBuffer 还有一个方法 setDefaultColor()用于设置颜色模式值,其定义如下:

```
public void setDefaultColor(int ARGB)
```

其中,参数 ARGB 为 0xAARRGGBB 形式的十六进制数,例如 0xFFFFFF。

3. 模型的面

模型中的面通常是由若干个三角形连在一起所组成的,称之为三角形带,如图 10-4 所示。

如图 10-4 所示,第 1 个三角形定义为(0,1,2),则其颜色为红色(255,0,0)。在光影渲染模式下,三角形中的各像素都通过插值而获得了自己的颜色。索引 0 和 2 之间的像素初始颜色为绿色(0,255,0),渐变为红色。有些三角形共享索引 2 和索引 3 处的顶点,由于一个顶点只能有一种颜色,所以这也就意味着这些三角形也使用了一种相同的颜色。图 10-4 还指出了索引的定义顺序。例如,(0,1,2)按逆时针

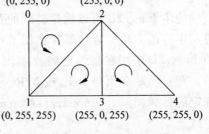

图 10-4　三角形带

方向定义第 1 个三角形的顶点,而第二个三角形为(1,2,3)是按照顺时针方向定义的,这就叫做多边形环绕。可以利用它来确定哪个面在前,哪个面在后。从正前方查看立方体时,总是会认为看到的仅仅是外部,其实立方体的每一面都有正反两面,默认地,逆时针方向表示正面。

使用 M3G 的 TriangleStripArray 类来构造复杂的物体表面。TriangleStripArray 的构造函数定义如下:

```
public TriangleStripArray(int[] indices,int[] stripLengths)
```

10.3.2　布景和着色

1. Image2D

Image2D 图像主要应用于纹理背景和精灵上面。下面简单介绍一下 Image2D，Image2D 的来源如下。

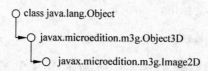

```
class java.lang.Object
    javax.microedition.m3g.Object3D
        javax.microedition.m3g.Image2D
```

Image2D 分为可变图像和不可变图像两种。不可变图像是在图像构造的时候就确定了图像，在程序运行过程中不能改变，而可变图像则可以在程序的运行过程中通过 set 方法改变。Image2D 有 4 个构造函数。

（1）public Image2D(int format，width，height)：根据宽和高来构建 Image2D 对象。

（2）public Image2D(int format, int width, int height, byte[]image)：通过从字节数组中复制像素来构建 Image2D 对象。

（3）public Image2D(int format, int width, int height, byte[]image, byte[]palette)：从一个字节数组中复制调色板索引，从另外的数组赋值调色板来创建 Image2D 对象。

（4）public Image2D(int format, java.lang.Object image)：通过从 MIDP 或者 AWT 图像中复制像素来创建 Image2D 对象。

2. Background

使用 Image2D 可以构建游戏的背景，同时专门为背景而设计的 Background 类提供了更加丰富的方法。背景图片存储了一个指向 Image2D 的引用，当 Image2D 改变后一个新的 Image2D 引用将会绑定到背景图片上，这个过程是随着 Image2D 的改变而同时发生的。背景图片必须是 RGB 或者 RGBA 格式的，换句话讲，就是背景图片的格式必须同要绑定的目标相同。Graphics3D 的 render(world) 和 clear() 方法将会保证背景图片格式的一致。

Background 的来源如下。

```
class java.lang.Object
    javax.microedition.m3g.Object3D
        javax.microedition.m3g.Background
```

创建背景图片 Background 对象通过 Background 的构造函数 Background() 实现。下面的代码完成了 Background 对象的创建以及背景图片的绑定。

```
1   Background bg = new Background();
2   Image img = Image.createImage("/bg.png");
3   Image2D img2d = new Image2D(Image2D.RGB,m);
4   bg.setImage(img2d);
```

代码第 1 行创建了 Background 的实例 bg,第 2 行从外部资源 bg.png 创建了图片对象 img,第 3 行通过 img 对象创建了 Image2D 对象 img2D,最后第 4 行通过 setImage()方法绑定了背景图片。当不需要使用图片作为背景的时候可以利用背景色作为场景的背景。

Background 类的 setColor()方法可以用于填充背景色,setColor()方法的定义如下:

```
public void setColor(RGBA)
```

当只需要利用图片的一部分作为背景图片的时候可以通过 Background 类的 setCrop()方法对背景图片进行剪裁。setCrop()方法定义如下:

```
public void setCrop( int cropX, int cropY, int width, int height)
```

其中,参数 cropX 为矩形的左上角 x 坐标,cropY 为矩形的左上角 y 坐标,width 为矩形的宽度,height 为矩形的高度。

10.3.3　使用光线

人的眼睛之所以可以识别物体,主要是因为人的眼睛可以识别物体反射的光,失去了光则是黑暗的一片。在 3D 世界中光仍然是非常重要的部分,通过不同角度的不同种类的光照射到 3D 物体上,从而产生了 3D 的视觉效果。

在 M3G 中提供了光照类 Light,Light 类提供不同种类的光源,通常光照的来源主要取决于被照射物体的材料特性。

Light 类的来源如下。

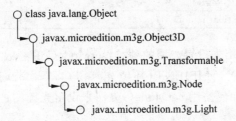

M3G 的 API 支持 4 种光照类型。

(1) Ambient(环境光):场景中所有对象从各个方向发射的光。光的强度在场景中的任何地方都是相同的。环境光没有位置和方向性。

(2) Directional(定向光):和实际世界中的阳光一样,它可以从一个方向照射到场景中的任何物体。和环境光相似,定向光也没有位置和方向性。

(3) Omnidirectional(全向光):是熟知的电光源。来自当前参考系当中特定位置的光源。全方位的光源的强度随着距离而衰减,光的亮度和所观察的位置无关,仅和观察的角度有关。

(4) Spot(聚光):由一个物体发出的光柱,可以调整光柱的密度和宽度,光源的位置和方向将影响最终的显示效果。

图 10-5 展示了在同一个物体上不同的光源产生的效果。

Light 类的方法如表 10-1 所示。

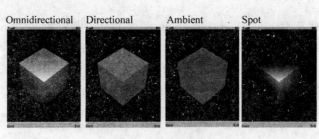

图 10-5　4 种光照类型

表 10-1　Light 类的方法

返回类型	名　称	描　述
int	getColor()	获取当前光的颜色
float	getConstantAttenuation()	获取当前光源衰减系数常量
float	getIntensity()	获取当前光源的密度
float	getLinearAttenuation()	获取当前光源的衰减系数
int	getMode()	获取当前光源的类型
float	getQuadraticAttenuation()	获取光源的二次衰减系数
float	getSpotAngle()	获取当前光源的角度
float	getSpotExponent()	获得当前光源的聚光指数
void	setAttenuation(float constant, float linear, float quadratic)	获取当前光源的线性衰减系数
void	setColor(int RGB)	设置光源的颜色
void	setIntensity(float intensity)	设置光源的密度
void	setMode(int mode)	设置光源的类型
void	setSpotAngle(float angle)	获得光源的角度
void	setSpotExponent(float exponent)	设置光源的聚光系数

　　方法 setMode() 可以用来设置光源的种类，setMode() 的参数使用了 Light 的 4 个光源类型常量 OMNI（全向光）、AMBIENT（环境光）、SPOT（聚光）和 DIRECTIONAL（定向光）。下面的代码描述了如何使用 setMode() 方法来设定光源的种类。

```java
private void setLightMode(Light light, int mode)
{
  switch (mode)
  {
  case LIGHT_AMBIENT:
    light.setMode(Light.AMBIENT);
    break;
  case LIGHT_DIRECTIONAL:
    light.setMode(Light.DIRECTIONAL);
    break;

  case LIGHT_OMNI:
    light.setMode(Light.OMNI);
      break;
  case LIGHT_SPOT:
    light.setMode(Light.SPOT);
      break;
  }
}
```

被照物体的材质不同同样可以导致光照的效果不同,下面使用一个例子来说明。代码的第 1 行定义了灯光的对象 light,第 2 行定义了光源的位置,第 3 行设置光源的颜色为白色,第 4 行设置光源的类型为聚光,第 5 行实例化对象 Material 材质,在程序的第 9 行定义了一个方法用于设置被照对象的材质反射类型和颜色。代码运行后可以分别看到在相同的灯光和材质下,不同的材质反射类型所带来的反射差异。

```
1    light = new Light();
2    light.translate(-1.0f,0.0f,-1.0f);
3    light.setColor(0x00FFFFFF);
4    light.setMode(Light.SPOT);
5    Material material = new Material();
6    mesh.setAppearance(0,appearance);
7    appearance.setMaterial(material);
8    setMaterial(material, COLOR_AMBIENT);
9    Private void setMaterial(Material material ,int colorTarget){
10    switch (colorTarget)
11    {
12      case COLOR_DEFAULT:
13        break;
14      case COLOR_AMBIENT:
15        material.setColor(Material.AMBIENT, 0x00FF0000);
16        break;
17      case COLOR_DIFFUSE:
18        material.setColor(Material.DIFFUSE, 0x00FF0000);
19        break;
20      case COLOR_EMISSIVE:
21        material.setColor(Material.EMISSIVE, 0x00FF0000);
22        break;
23      case COLOR_SPECULAR:
24        material.setColor(Material.SPECULAR, 0x00FF0000);
25        material.setShininess(2);
26        break;
27      // no default
28    }
29  }
```

10.3.4　纹理映射与雾化

现实生活中的对象都拥有不同的质感,而在前面的例子中所呈现的对象表面都缺乏材料的细节质感,这种质感就是纹理的效果。纹理像是礼品的包装盒,将包装纸包在盒子的外面。要将纹理准确地贴在 3D 对象相应的面上,就必须通过坐标来实现,纹理平面具有 (s,t) 坐标,坐标 (s,t) 定义为 $(0,0)$ 的地方就是纹理的左上角,而 $(1,1)$ 位于右下角。相应地,如果需要将立方体正面的左下角映射到纹理的左下角,必须将纹理坐标 $(0,1)$ 指定为顶点 0,如图 10-6 所示。

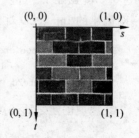

图 10-6　纹理坐标

纹理上的每个点都有对应的 *st* 坐标,因此如果需要贴图的 3*D* 对象的三角形面的定点设置一个对应于纹理的 *st* 坐标,那么图片将会被系统自动贴在对象的三角形面上,这个过程称为纹理映射。在 M3G 中类 Texture2D 专门用于管理纹理贴图。

Texture2D 的来源如下。

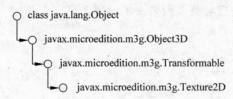

- class java.lang.Object
- javax.microedition.m3g.Object3D
- javax.microedition.m3g.Transformable
- javax.microedition.m3g.Texture2D

Texture2D 的构造方法如下:

```
public Texture2D(Image2D image);
```

其中,参数为 Image2D 对象。

Texture 的方法如表 10-2 所示。

表 10-2   Texture 类的方法

返回类型	名　　称	描　　述
int	getBlendColor()	获得 Texture2D 对象当前的融合颜色
int	getBlending()	获得 Texture2D 当前的融合模式
Image2D	getImage()	获得 Texture2D 纹理的基础图片(全尺寸)
int	getImageFilter()	获得 Texture2D 当前的图片滤镜
int	getLevelFilter()	获得 Texture2D 当前级别的滤镜
int	getWrappingS()	获得 Texture2D 当前贴图的模式的纹理坐标 S
int	getWrappingT()	获得 Texture2D 当前贴图的模式的纹理坐标 T
void	setBlendColor(int RGB)	设置 Texture2D 的融合颜色
void	setBlending(int func)	设置 Texture2D 的融合模式或者融合函数
void	setFiltering(int levelFilter, int imageFilter)	设置 Texture2D 的滤镜模式
void	setImage(Image2D image)	设置 Image2D 对象
void	setWrapping(int wrapS, int wrapT)	设置 (S,T)的贴图模式

下面的例子利用 wood. png 图片构建了一个 Texture2D 对象。代码第 1 行通过加载 wood. png 创建了 Image 对象,第 2 行通过 new Image2D 创建了 Image2D 对象,第 3 行通过刚刚创建的 Image2D 对象 img2d 完成了 Texture2D 的对象 texture2d 的创建。

```
Image img = Image.createImage("/wood.png");
Image2D img2d = new Image2D(Image2D.RGB, img);
Texture2D texture2d = new Texture2D(img2d);
```

纹理被创建之后还可以通过其方法 setImage()来更换纹理图,其定义如下:

```
public void setImage(Image2D image)
```

在 M3G 中定义了 5 中纹理映射的方式,如表 10-3 所示。

表 10-3 纹理映射方式

名 称	描 述
Add	添加纹理颜色到对象上面
BLEND	将凸显过的颜色与物体表面的颜色进行溶解
DECAL	转移,直接将纹理覆盖到物体表面
MODULATE	调整方式是利用纹理图像的颜色来调整物体表面没有使用纹理时的颜色
REPLACE	利用纹理的颜色替换物体的颜色

10.3.5 三维场景的管理

在 M3G 中定义了一个 World 类,专门用于管理游戏的场景,如游戏中的摄像机、模型、光源等。World 类的来源如下。

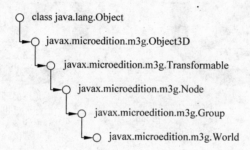

class java.lang.Object
javax.microedition.m3g.Object3D
javax.microedition.m3g.Transformable
javax.microedition.m3g.Node
javax.microedition.m3g.Group
javax.microedition.m3g.World

在 World 中具有一组很特殊的节点,那就是顶层容器,该容器中包含了场景的图片,场景图片是架构在具有层次结构的节点之上的,一组完整的场景图片所有的节点最终都会通过一个根节点连接起来,这个根节点称之为世界节点(World node),完整的场景图片如图 10-7所示。

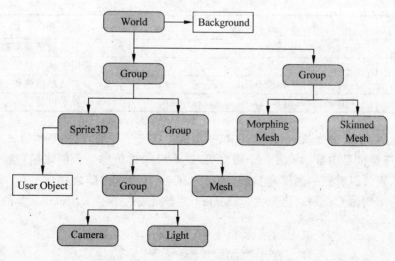

图 10-7 World 的层次结构

场景图片不需要为了呈现而具有完整的结构,独立节点或者部分分支节点可以通过 Grahpics3D 中独立的方法来呈现,然而呈现不完整的场景同呈现整个世界是不同的。尽管称为图片,但是实际上场景图片是一个树型结构,同一个节点在同一时刻可以隶属于不同的组,不同的是组建对象不同,例如 VertexArrays 可以被任意的节点和组建来呈现。呈现场景图片的规则如图 10-8 所示。

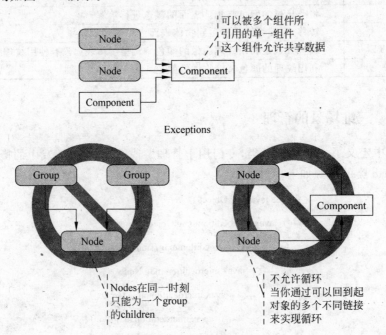

图 10-8 场景图呈现规则

通过调用 World 类的 setActiveCamera()方法可以设置 World 场景中的摄像机。World 的方法如表 10-4 所示。

表 10-4 World 类的方法

类 型	方 法	描 述
Camera	getActiveCamera()	获得当前活动摄像机
Background	getBackground()	返回世界背景设置
void	setActiveCamera(Camera camera)	设置活动摄像机
void	setBackground(Background background)	设置世界背景

三维的世界,在人的眼睛中总是以二维平面的方式来呈现的,因此必须将三维的物体做二维投影,在三维世界中可以设置一个摄像机,这个摄像机仿佛是人的眼睛,透过摄像机看的物体便是人眼可以看到的画面,随着摄像机的移动,画面也会随之移动。在 M3G 中定义了一个类似的类叫做 Camera(摄像机),Camera 主要完成这个工作,Camera 类的来源如下。

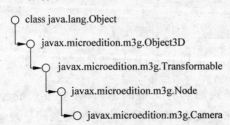

Camera 类定义了 3 种投影方式：普通（GENERIC）投影、透视（PERSPECTIVE）投影和平行（PARALLEL）投影。下面对透视投影和平行投影进行介绍。

1. 透视投影

透视投影的效果是人眼看到物体的效果，距离远的物体看起来较小，距离近的物体看起来较大，如图 10-9 所示。透视投影的效果主要用于模拟真实的场景，图 10-9 所示台球游戏中的投影方式使用的是透视投影，距离远的球小一些，近的球大一些，在不同的角度可以看到不同的画面，和真实的人眼看到的效果一致。透视投影的矩阵表示如图 10-10 所示，其中 $h=\tan(\text{fovy}/2)$，$w=\text{aspectRatio}\times h$，$d=\text{far}-\text{near}$。

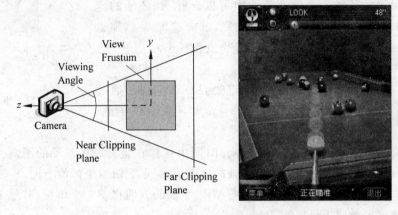

图 10-9 透视投影

```
1/w      0        0              0
0        1/h      0              0
0        0       -(near+far)/d   -2×near×far/d
0        0       -1             0
```

图 10-10 透视投影矩阵

（1）fovy 表示视野在垂直方向或者说是 Y 轴的视野。默认情况下，结合 X 轴上的视野来考虑，就得到了玩家能够看到的宽度的范围。然而在 M3G 中，它却代表了能看到的高度。通常这个值是在 45 度至 90 度的连续区间中取值，由设计人员决定，一般推荐 60 度。这个视野值可以告诉摄像机渲染时哪些部分可以忽略。比如，如果从摄像机的角度看过去，某物体在 Y 轴上的角度是 110 度，而当 fovy 只有 60 度时，理论上看不到它，除非把摄像机抬得足够高（抬升 50 度），因此自然不用对其进行渲染。这一点在构造 3D 游戏场景时是非常重要的，太小的视野范围让人除了自己眼前的东西几乎看不到别的，而太大的视野范围又超过了普通人眼能看到的极限，会显得很不真实。

（2）aspectRatio 表示宽高比（横纵比）。这是一个简单的参数，它用分数的形式告诉引擎目前屏幕的宽高比是多少。大部分计算机屏幕的宽高比均为 4∶3（高为宽的 3/4，600/800=0.75=3/4），不过手机的宽高比却是多样的。要得到这个变量的数值，只需用当前屏幕的宽除以高即可。

（3）near 和 far 表示最近和最远的位面。最近和最远的位面指的是离照相机多近和多远的物体会被渲染。举个例子，把最近的参数值设为 0.1，最远设为 50，这就意味着离照相机 0.1 单位以内和 50 单位以外的物体就不必渲染了。0.1 和 50 是常用的参数值，可以根据游戏的需要进行调整，主要取决于如何定义游戏世界的大小以及如何运用浮点单位。

2．平行投影

平行投影视觉看到的物体是一个立方体，因此与透视投影不同，不论距离远近，看到物体的大小是不变的，如图 10-11 所示。

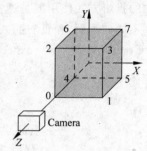

游戏中的物体通常不是移动的，要移动物体并不需要做太多的工作，在三维空间中移动物体，需要考虑 3 个不同方向上的速度：X 轴、Y 轴、Z 轴。通常在游戏中可以合并 X、Z 轴的速度，合并之后的结果称为"前向速度"（比如，前向速度是 1，那么仅仅是将 1 这个前向速度在 X、Z 轴上分别进行投影）。

1）坐标向量

第一个向量是该物体的坐标向量，这是在三维空间中通过跟踪 X、Y、Z 坐标来保存物体当前位置的一个非常关键的向量。

图 10-11　平行投影

2）速度向量

第二个向量是速度向量，它定义了单位时间中物体在坐标轴上移动的距离。因此它也需要 X、Y、Z 三个轴的数据。每次将 X 轴的速度值加到 X 轴的坐标值上面，Y 轴和 Z 轴依以类推。比如，如果有一个移动的物体，每帧向 X 轴的方向移动 1 个单位，其他方向速度为 0，那么它的速度向量应该是 $(1,0,0)$。

3）加速度向量

加速度向量的计算方法与速度向量差不多，不过它不是加到坐标上，而是加到速度上。这就意味着加速度向量不是直接对坐标进行操作，在每帧增加速度值，让玩家觉得在不断加速。通常，物体不可能一下子就从绝对静止状态转换到最大速度状态，中间必然有一个加速过程，因此，为了营造这种真实感，必须在 3D 游戏中引入加速度的概念。

10.3.6　使用外部工具创建 3D 场景

使用手工的方式创建 3D 场景的工作量和难度都是相当大的，因此 JSR 184 标准定义了一种称为 M3G 的格式。这种文件格式是一种非常通用的 3D 格式，能保存大量数据，如模型、灯光、照相机、纹理，甚至动画。因此在实际的工程应用中更多的是在保留模式下开发，利用 3D 建模软件创建游戏中的角色和场景，然后导出为 M3G 格式的文件。目前有许多方法创建 M3G 文件。

（1）最新的 Discreet's 3D Studio Max 内建了 M3G 的导出接口。仅需单击"导出"按钮，就能导出 M3G 文件里的所有场面、动画、骨架、材质等。

（2）HiCorp 是一个实现索尼爱立信 JSR 184 的导出工具，是一个非常强大的导出器，它可以利用 3 种最流行的 3D 建模程序 3D Studio Max、LightWave 和 Maya，这样可以将场景的创建和游戏的编程脱离开来。下载地址为 http://developer. sonyericsson. com/site/global/docstools/java/ p_java.jsp。

（3）Blender 是一个强大并且免费的 3D 建模工具，它也有 M3G 导出接口，但是一些较早的版本仍然存在错误。下载地址为 http://www.blender3d.org/cms/Home.2.0.html。

创建好的 M3G 文件如何加载到游戏代码中呢？M3G 提供了一个加载外部文件的类 Loader。Loader 类的来源如下。

○ class java.lang.Object

└─→○ Class javax.microedition.m3g.Loader

这个类可以通过方法 load()加载对 M3G 文件的引用，load()方法有两个不同的参数列表，如表 10-5 所示，一个是通过名称来加载，另一个是未处理的字节数组。Loader 可以将文件中的场景信息、属性信息和动画信息自动地区分出来，前提是加载的文件是符合标准的 M3G 文件或者是 PNG 文件，对于 M3G 文件返回的是 Object3D 类型的对象数组。

表 10-5　Load 类的方法

类　　　型	方　　　法	描　　　述
Static Object3D[]	load(byte[]data, int offset)	通过字节数组加载对象
static Object3D[]	load(java.lang.String name)	使用文件名加载对象

下面的实例给出了使用 load()方法加载两种不同类型资源的代码。

```
Object3D[] roots = null;
try {
    roots = Loader.load("http://www.example.com/myscene.m3g");
} catch(IOException e) {
}
World myWorld;
Mesh myMesh;

if (roots[0].getUserID() == 1) {
    myWorld = (World) roots[0];
    myMesh = (Mesh) roots[1];
} else {
    myWorld = (World) roots[1];
    myMesh = (Mesh) roots[0];
}

Appearance a = myMesh.getAppearance(0);
PolygonMode p = a.getPolygonMode();
p.setPerspectiveCorrectionEnable(true);

Camera myCamera = (Camera) myWorld.find(10);
myWorld.setActiveCamera(myCamera);

Image2D textureImage = null;

try {
    textureImage = (Image2D)Loader.load("/texture.png")[0];
} catch(IOException e) {
}
```

用 Loader 类装载 Object3D 数组后,简单地审阅整个数组并找到世界节点。这是查找世界节点最安全的方法。在找到世界节点后,将跳出循环并清空缓冲(它是不需要的,因为当离开这个方法时,它们会自动地得到清除),现在装载世界节点,它是场面图表的顶层节点并能控制所有场面信息。在绘制世界节点之前,先提取照相机,用于在装载的世界中移动。

10.4 3D 动画制作

简单的 3D 集合体仅仅是构建游戏的基础,游戏中的角色并不是静止不动的,因此 3D 游戏中同样需要动画效果。3D 游戏中的动画制作比 2D 游戏中的动画制作要复杂很多,因为 2D 游戏中的动画是在平面上完成的,而 3D 游戏中的动画是在空间范围中的变化,并且具有不同的视角,但是动画的基本原理是相同的。

10.4.1 关键帧序列

3D 游戏的动画同 2D 游戏的动画原理是相同的,都是通过多帧图像的变化产生的动画效果。当游戏画面没有变化的时候,每一帧图像都是相同的,或者是有规律地变化着,画面变换的时刻的那一帧图像称之为关键帧。M3G 定义了 KeyframeSequence 类用于处理关键帧序列,其构造方法如下:

```
public KeyframeSequence(int numKeyframes, int numComponents, int interpolation)
```

其中,参数 numKeyframes 是关键帧的总数,参数 numComponents 是关键帧属性的数目,参数 interpolation 代表属性变换算法。Interpolation 差值算法有 5 种,如表 10-6 所示。

表 10-6 Interpolation 差值算法

名　　称	描　　述
LINEAR	线性模式,线性算法下的两个关键帧之间的动画是线性变化的
SLERP	球型插值模式
SPLINE	锯齿插值模式
SQUAD	小组插值模式
STEP	阶梯模式或者步近模式

通过 setKeyframe()方法可以设置关键帧的值和时间,其定义如下:

```
public void setKeyframe(int index, int time, float[] value)
```

其中,参数 index 是关键帧的索引值,参数 time 是关键帧的时间,参数 float 是相应值数组。注意:数组 value 的长度必须小于 numComponents。

1. 设置关键帧的重复模式

默认动画只播放一遍,播放完成即停止。在 M3G 中帧的重复模式分为两种:CONSTANT,播放一次后自动停止;LOOP,动画循环播放。可以通过方法 setRepeatMode()改变系统的默认播放方式。setRepeatMode 方法定义如下:

```
public void setRepeatMode( int mode)
```

其中,参数 mode 为 KeyframeSequence 类的静态常量 CONSTANT 或者 LOOP。

2. 设置帧的持续时间

方法 setDuration()可以改变帧的持续时间,帧的持续时间必须小于最后一帧有效帧。setDuration()方法定义如下:

```
public void setDuration ( int duration)
```

其中,参数 duration 表示的是持续的时间,方法 getDuration()可以获得帧持续时间。

3. 设置有效帧范围

通过方法 setValidRange()可以设置有效帧的范围,定义如下:

```
public void setValidRange( int first, int last)
```

其中,参数 first 表示开始帧的索引,last 表示最后一帧的索引。当 first 小于 last 的时候,帧的范围从 first 开始直至 last,如果 last 小于 first,帧的顺序为 first, first + 1, ⋯, getKeyframeCount()−1, 0, 1, ⋯, last。

10.4.2 动画轨迹

一个动画是由动画属性、关键帧序列和动画控制器组成的。AnimationTrack 类可以将关键帧序列、动画控制器和动画属性关联在一起。

动画属性是一组可以直接刷新的标量和矢量,如表 10-7 所示。举例来讲,一些动画的属性,只适用于一类,例如材料的高亮 SHININESS,有的属性则可以用于多个类。多数 3D 对象会拥有 1 个或者多个动画属性。具有动画属性的 Object3D 实例被称为动画的对象,每个动画的对象可能引用 0 个或更多 AnimationTracks。

表 10-7 动画属性

类型	名 称	描 述
static int	ALPHA	指定的 alpha 节点或者 alpha 组建背景的颜色,材料反射颜色,或者是指定动画序列缓冲区的默认颜色
static int	AMBIENT_COLOR	指定的目标,作为动画的物质环境的颜色
static int	COLOR	指定颜色的光,背景,或雾,或 Texture2D,或顶点纹理的默认颜色混合色
static int	CROP	指定一个 Sprite3D 或背景的切割参数作为动画目标
static int	DENSITY	指定作为动画目标雾浓度
static int	DIFFUSE_COLOR	为动画目标材质指定一种过渡色贴图
static int	EMISSIVE_COLOR	为动画目标材质指定一种高光色贴图
static int	FAR_DISTANCE	指定的相机或雾的距离作为动画的目标
static int	FIELD_OF_VIEW	指定的领域,作为一个动画对象
static int	INTENSITY	指定光的强度作为动画的对象
static int	MORPH_WEIGHTS	指定一个 MorphingMesh 的变形比重作为动画对象

续表

类型	名 称	描 述
static int	NEAR_DISTANCE	指定 Camera 或者 Fog 的距离作为动画的对象
static int	ORIENTATION	指定 Transformable 对象的方向作为动画对象
static int	PICKABILITY	指定节点是否获取的标志作为动画对象
static int	SCALE	指定一个可以缩放的对象作为动画对象
static int	SHININESS	指定对象的漫反射度作为动画对象
static int	SPECULAR_COLOR	指定一个材料镜面颜色作为动画对象
static int	SPOT_ANGLE	指定灯光的照射角度范围作为动画对象
static int	SPOT_EXPONENT	指定灯光的聚光度作为动画对象
static int	TRANSLATION	指定可变性对象的变形度作为动画对象
static int	VISIBILITY	指定节点的可见度作为动画对象

AnimationTracks 的构造函数如下：

```
AnimationTrack(KeyframeSequence sequence, int property)
```

其中,参数 sequence 表示动画关键帧序列,property 为表 10-7 中定义的属性。

添加一个动画轨迹可以使用方法 addAnimationTrack(),定义如下：

```
public void addAnimationTrack(AnimationTrack animationTrack)
```

其中,参数 animationTrack 用于设定动画的完整轨迹。

多个动画轨迹 animationTrack 可以使用相同的动画属性,可以在同一对象上设定。当添加完动画轨迹后,系统会定时调用 Object3D 的 animate()方法来实现动画的播放。animate()方法定义如下：

```
public final int animate(int time)
```

其中,参数 time 为更新动画的世界时间量。

10.4.3 动画控制器

M3G 中定义了用于控制动画序列的位置、速度、比重的类。不论是多么简单的动画场景,或者是一个动画序列,都需要对多个对象的多个属性进行控制,例如：一个人像通过一个动画序列做一个简单的手势,它仍然需要协调地控制许多不同对象的位置和方向。

动画控制器可以控制动画序列的整体暂停、停止、重启、快进、快退、任意重定位,或者失效,它定义了从世界时间到序列时间的线性映射。

AnimationController 类的来源如下。

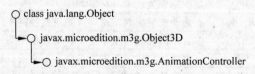

世界时间指的是当前运行程序的时间,序列时间是指通过动画控制器变换过,映射到关键帧序列的时间,时间单位为毫秒(ms),公式为：

$$T_{seq} = T_{seqR} + S(T_{world} - T_{worldR})$$

其中，T_{seq} 为序列时间；T_{seqR} 为序列参考时间；T_{world} 为世界时间；T_{worldR} 为世界基准时间；S 为动画播放的速率。

AnimationController 是 Object3D 的子类，其定义如下：

```
public AnimationController()
```

AnimationController 类提供的方法如表 10-8 所示。

表 10-8　AnimationController 类的方法

类型	名　　称	描　　述
int	getActiveIntervalEnd()	返回动画间隔结束时间，返回时间刻度为世界时间
int	getActiveIntervalStart()	返回动画间隔开始时间，返回时间刻度为世界时间
float	getPosition(int worldTime)	返回给定世界时间对应的动画序列时间
int	getRefWorldTime()	返回当前的世界时间
float	getSpeed()	获得当前的播放速率
float	getWeight()	获得当前动画控制器的混合权重
void	setActiveInterval(int start,int end)	设置激活的动画控制器的世界时间间隔
void	setPosition(float sequenceTime,int worldTime)	设置动画控制器的世界基准时间和序列基准时间
void	setSpeed(float speed,int worldTime)	设置一个新的动画播放速度
void	setWeight(float weight)	设置动画的混合权重
int	getActiveIntervalEnd()	返回动画间隔结束时间，返回时间刻度为世界时间

动画控制器创建后，系统会分配如下的值作为属性默认值。

(1) active interval：[0，0) (always active)。

(2) blending weight：1.0。

(3) speed：1.0。

(4) reference point：(0，0)。

10.5　本章实例

下面的代码是 Nokia 公司提供的 3D 实例。在该例子中通过加载外部 M3G 文件创建了显示对象，在例子中可以看到如何创建场景和显示窗口的变化等已经学到的知识。其中，第 48 行代码通过 Loader 的 load() 方法加载了 3D 模型 swerve.m3g 文件；第 54 行游戏首先通过 worldStartTime＝System.currentTimeMillis();语句获得了世界时间；第 66～87 行函数 setupAspectRatio() 对游戏的场景和背景图片进行了设置和处理。

```
1   package com.superscape.m3g.wtksamples.retainedmode;

2   import java.io.ByteArrayOutputStream;
3   import java.io.IOException;
4   import java.io.InputStream;
5   import java.lang.IllegalArgumentException;
6   import java.util.Timer;
7   import java.util.TimerTask;
```

```
8  import javax.microedition.lcdui.Canvas;
9  import javax.microedition.lcdui.Command;
10 import javax.microedition.lcdui.CommandListener;
11 import javax.microedition.lcdui.Display;
12 import javax.microedition.lcdui.Displayable;
13 import javax.microedition.lcdui.Font;
14 import javax.microedition.lcdui.Graphics;
15 import javax.microedition.lcdui.Image;
16 import javax.microedition.m3g.*;
17 import javax.microedition.midlet.MIDlet;
18 import javax.microedition.midlet.MIDletStateChangeException;

19 public class RetainedModeMidlet extends MIDlet implements CommandListener {
20     private Display myDisplay = null;
21     private JesterCanvas myCanvas = null;
22     private Timer myRefreshTimer = new Timer();
23     private TimerTask myRefreshTask = null;
24     private Command exitCommand = new Command("Exit", Command.ITEM, 1);
25     Graphics3D myGraphics3D = Graphics3D.getInstance();
26     World myWorld = null;
27     private long worldStartTime = 0;
28     private long lastPauseTime = 0;
29     private boolean paused = false;
30     int viewport_x;
31     int viewport_y;
32     int viewport_width;
33     int viewport_height;
34     int currentContent = 0;
35     public RetainedModeMidlet() {
36         super();

37         // Set up the user interface.
38         myDisplay = Display.getDisplay(this);
39         myCanvas = new JesterCanvas(this);
40         myCanvas.setCommandListener(this);
41         myCanvas.addCommand(exitCommand);
42     }
43     public void startApp() throws MIDletStateChangeException {
44         myDisplay.setCurrent(myCanvas);

45         if (!paused) {
46             // executed for the first time
47             try {
48                 myWorld = (World)Loader.load("/com/superscape/m3g/wtksamples/retainedmode/
                   content/swerve.m3g")[0];
49                 setupAspectRatio();
50             } catch (Exception e) {
51                 e.printStackTrace();
52             }
53         }
```

```
54          worldStartTime = System.currentTimeMillis();
55          paused = false;
56          myCanvas.repaint();
57      }
58      public void pauseApp() {
59          paused = true;
60          lastPauseTime + = (System.currentTimeMillis() - worldStartTime);
61      }
62      public void destroyApp(boolean unconditional) throws MIDletStateChangeException {
63          myRefreshTimer.cancel();
64          myRefreshTimer = null;
65      }
66      void setupAspectRatio() {
67          viewport_x = 0;
68          viewport_y = 0;
69          viewport_width = myCanvas.getWidth();
70          viewport_height = myCanvas.getHeight();

71          Camera cam = myWorld.getActiveCamera();

72          float[] params = new float[4];
73          int type = cam.getProjection(params);

74          if (type != Camera.GENERIC) {
75              //calculate window aspect ratio
76              float waspect = viewport_width / viewport_height;

77              if (waspect < params[1]) {
78                  float height = viewport_width / params[1];
79                  viewport_height = (int)height;
80                  viewport_y = (myCanvas.getHeight() - viewport_height) / 2;
81              } else {
82                  float width = viewport_height * params[1];
83                  viewport_width = (int)width;
84                  viewport_x = (myCanvas.getWidth() - viewport_width) / 2;
85              }
86          }
87      }
88      public void paint(Graphics g) {
89          if ((myCanvas == null) || (myGraphics3D == null) || (myWorld == null)) {
90              return;
91          }

92          if ((g.getClipWidth() != viewport_width) || (g.getClipHeight() != viewport_
            height) ||(g.getClipX() != viewport_x) || (g.getClipY() != viewport_y)) {
93              g.setColor(0x00);
94              g.fillRect(0, 0, myCanvas.getWidth(), myCanvas.getHeight());
95          }

96          // Delete any pending refresh tasks.
97          if (myRefreshTask != null) {
```

```
98              myRefreshTask.cancel();
99              myRefreshTask = null;
100         }

101     if (paused) {
102             myGraphics3D.bindTarget(g);
103     myGraphics3D.setViewport(viewport_x, viewport_y, viewport_width, viewport_height);
104             myGraphics3D.render(myWorld);
105             myGraphics3D.releaseTarget();

106             return;
107         }

108     // Update the world to the current time.
109     long startTime = System.currentTimeMillis() - worldStartTime + lastPauseTime;

110     if ((currentContent == 0) && (startTime > 5000)) {
111         currentContent++;

112         try {
113             myWorld = (World)Loader.load("/com/superscape/m3g/wtksamples/retainedmode/
                    content/skaterboy.m3g")[0];
114             setupAspectRatio();
115         } catch (Exception e) {
116             e.printStackTrace();
117         }

118         g.setColor(0x00);
119         g.fillRect(0, 0, myCanvas.getWidth(), myCanvas.getHeight());
120     }


121     int validity = myWorld.animate((int)startTime);

122     // render the 3d scene
123     myGraphics3D.bindTarget(g);
124             myGraphics3D.setViewport(viewport_x, viewport_y, viewport_width,
                    viewport_height);
125     myGraphics3D.render(myWorld);
126     myGraphics3D.releaseTarget();

127     if (validity < 1) { // The validity too small; allow a minimum of 1ms.
128         validity = 1;
129     }

130     if (validity == 0x7fffffff) { // The validity is infinite; schedule a refresh in 1
        second.
131         myRefreshTask = new RefreshTask();
132         myRefreshTimer.schedule(myRefreshTask, 1000);
133     } else { // Schedule a refresh task.
134         // Create a new refresh task.
```

```
135            myRefreshTask = new RefreshTask();
136            // Schedule an update.
137            myRefreshTimer.schedule(myRefreshTask, validity);
138        }
139    }
140    public void commandAction(Command cmd, Displayable disp) {
141        if (cmd == exitCommand) {
142            try {
143                destroyApp(false);
144                notifyDestroyed();
145            } catch (Exception e) {
146                e.printStackTrace();
147            }
148        }
149    }

150    private class RefreshTask extends TimerTask {
151        public void run() {
152            // Get the canvas to repaint itself.
153            myCanvas.repaint(viewport_x, viewport_y, viewport_width, viewport_height);
154        }
155    }
156    class JesterCanvas extends Canvas {
157        RetainedModeMidlet myTestlet;
158        JesterCanvas(RetainedModeMidlet Testlet) {
159            myTestlet = Testlet;
160        }
161        void init() {
162        }
163        void destroy() {
164        }
165        protected void paint(Graphics g) {
166            myTestlet.paint(g);
167        }
168        protected void keyPressed(int keyCode) {
169        }
170        protected void keyReleased(int keyCode) {
171        }
172        protected void keyRepeated(int keyCode) {
173        }
174        protected void pointerDragged(int x, int y) {
175        }
176        protected void pointerPressed(int x, int y) {
177        }
178        protected void pointerReleased(int x, int y) {
179        }
180    }
181 }
```

10.6 本章小结

本章介绍了 3D 游戏开发的基本概念,通过对基本对象进行点、线、面的拆分,讲述了创建 3D 图形的基本方式,介绍了对 3D 游戏的基本元素场景、着色、纹理以及光线的使用,相对完整地讲述了 3D 对象渲染的基本方法,最后讲解了 3D 动画的制作原理。

习 题 10

1. M3G 包含几种模式? 它们的特点是什么?

2. 什么是顶点数组? 如何构建顶点数组?

3. 场景中光线的效果受哪些因素的影响?

4. 如何将图片进行映射?

5. 什么是关键帧序列? 如何为关键帧序列添加轨迹?

6. 利用本章所学知识,设计一个游戏的场景,为游戏中的元素添加光照效果,并进行对象的纹理贴图,最后让游戏中的角色做简单的运动。

第11章

人工智能游戏

人工智能(Artificial Intelligence,AI)就是用人工的方法在计算机上实现的智能,是对人类智能的一种模拟,其目的是让计算机能够像人一样思考。在游戏设计中,有一类玩家不能控制的角色,它们的行为规则一般都是模仿人类或者现实世界中的其他生物进行设计的,所使用的这些规则一般称为人工智能。人工智能是一个非常庞大而复杂的研究领域,其应用非常广泛,尤其在策略游戏和射击游戏中是不可或缺的组成部分。

在本章,读者将会学习到:

◇ 人工智能在游戏业中的应用和作用;

◇ 游戏中的人工智能类型及使用方法;

◇ 人工智能在五子棋游戏中的实现方法。

11.1　人工智能概述

人工智能的研究可以追溯到 20 世纪 50 年代。1956 年夏天,美国一些从事计算机科学、数学、心理学、信息论等研究的学者在达特茅斯(Dartmouth)大学举办了一个为期两个月的学术研讨会,认真地讨论了用机器模拟人类智能的问题,提出了"人工智能"这一术语。以后,随着计算机技术的不断发展和普及,人工智能开始进入到各个应用领域。实际上,人工智能始终处于计算机发展的最前沿,高级计算机语言、文字处理器、人机交互界面等方面在一定程度上都归功于人工智能的研究。

11.1.1　人工智能的研究与应用

英国数学家图灵(A. M. Truing)1950 年发表的论文《计算机器和智能》给出了判定机器具有智能的标准即图灵测试,为现代人工智能做出了巨大贡献。图 11-1 为图灵的照片,著名的"图灵测试"(Turing Testing)可表述为:一个人在不接触对方的情况下,通过一种特殊的方式进行一系列的问答,如果在相当长时间内,他无法根据这些问题判断对方是人还是计算机,就可以认为这个计算机具有跟人相当的智力,即这台计算机是智能的,基本上具备了人机交互、存储表示、自动推理和机器学习等方面的能力。

20世纪60年代以前,信息论、控制论、计算机等学科的建立和发展奠定了人工智能的理论基础。1960年,美国的John McCarthy发明了人工智能程序设计语言LISP,它是一种函数式语言,用于处理符号表达式。这个阶段主要是研究搜索和一般问题的求解方法,A. Newell在1963年发表的问题求解程序实现了计算机程序对人类智能的模拟。

20世纪70年代是人工智能理论的蓬勃发展时期,世界上很多国家都开展了人工智能的研究,出现了大量研究成果。1970年,人工智能杂志 *Artificial Intelligence* 创刊,它对促进研究人员的交流、推动人工智能的发展起到了重要作用。1972年,A. Comerauer设计并实现了逻辑程序设计语言PROLOG,从此它和LISP语言成为人工智能不可缺少的工具。

20世纪80年代,专家系统和知识工程在全世界迅速发展,人工智能以推理技术、知识获取、自然语言理解和机器视觉的研究为主,开始进行不确定性推理、非单调推理、定性推理等方法的研究。有些人工智能的产品已经成为商品,当前比较热门的数据挖掘、信息过滤和分类等都属于人工智能的具体应用领域。而且,人工智能已经进入个人生活领域,其地位也越来越重要。

20世纪90年代,专家系统、机器翻译、机器视觉和问题求解等方面的研究已有实际应用,机器学习和人工神经网络的研究也取得了深入开展。特别值得一提的是,1996年IBM研发了世界著名的"深蓝"(BlueGene)超级计算机,并举办了一场由"深蓝"对战国际象棋大师Gary Kasparov的比赛,"深蓝"告负,图11-2为Kasparov的照片。不过在1997年5月的一场比赛中,"深蓝"以一分之差击败了Gary Kasparov。图灵预言,在20世纪末一定会有计算机通过"图灵测试",终于在IBM的"深蓝"身上得到了彻底的实现。计算机硬件性能的不断提高增加了计算机的运算能力和速度,为人工智能提供了强有力的物理平台,为人们追求更加完美的计算机智能提供了必要条件。

图11-1　图灵

图11-2　Kasparov

11.1.2　人工智能在游戏业的应用

在早期的游戏中是没有人工智能的,有的只是一些简单的随机特性,如某个角色会在一定的时间在某个固定的位置上出现或者消失。在出现了第一人称射击和即时策略这两类游戏之后,人工智能技术才真正被引入到游戏中。由计算机控制的玩家需要完成一系列复杂的任务,比如第一人称射击游戏中的"敌人"能够自主活动并根据周围的状况给出最优判断;即时策略游戏中的"敌方"会进行各种资源管理、协调、集结、调用部队,分配任务等,这些都要求计算机具有一定的智能,必须借助人工智能技术来实现。

不过,在游戏中应用的人工智能技术相对简单,没有达到学术界对人工智能的研究水平。游戏更注重人机交互的特性,在游戏中使用人工智能的最终目的是满足玩家的需求。例如国际象棋,虽然行走规则即游戏规则比较简单,但各种行走策略的使用却异常灵活,游戏开发者可以想出很多策略,从而让玩家产生很大的成就感。但是,玩家的计算能力毕竟是有限的,使用成熟、稳定、易于实现的人工智能技术完全能够为玩家提供高水平的对手,并且尽量少占用计算机的硬件资源。

目前,人工智能技术已经广泛应用于各类游戏中,不同类型的游戏对人工智能的要求是不一样的,图11-3给出了在几类游戏中的应用比例,其中两种策略类游戏的比例达到了47%,射击游戏和角色扮演游戏也都有22%。

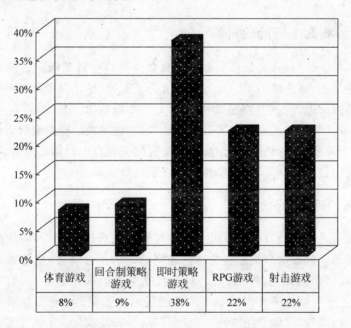

图 11-3　人工智能在几类游戏中的应用比例

Steven Woodcock 曾经连续多年在游戏开发国际会议(Game Developers Conference, GDC)上对业界人工智能技术的应用现状进行对比,如图11-4所示。从图中可以看出,近几年人工智能在游戏中的应用得到了快速发展。在1997年大约有24%的程序开发团队有专门的人工智能程序员,而到2000年则80%左右的程序开发团队有专门的人工智能程序员。同时,用于人工智能处理的CPU资源也从1997年的5%提高到了2000年的25%。

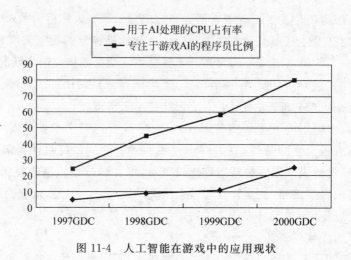

图 11-4　人工智能在游戏中的应用现状

11.2　游戏中的人工智能

11.2.1　游戏人工智能的目的

平衡性是游戏设计的基础,如果失去平衡就会使游戏变得乏味。目前业界对平衡法则的定义包括对称关系、非传递关系、补偿原则、维持平衡等,尽量避免出现不平衡的游戏。除了游戏的平衡性设计以外,就是在游戏中使用人工智能技术。例如,在第一人称射击游戏中,如果每座炮塔都要玩家亲自操作才会攻击敌人,这些细微的操作会极大地降低玩家的兴趣,在游戏设计中可以将这类辅助操作交由人工智能来处理。根据不同的游戏类型,在游戏中使用人工智能的目的也有所不同,主要包括以下几个方面。

1. 提高游戏的可玩性

在游戏中使用人工智能技术可以极大地提高游戏的可玩性,但不同的游戏可以使用不同的人工智能技术。例如计算机控制的角色碰到障碍物不会绕过,或者碰到悬崖的时候直接坠入等,没有玩家会追捧这样的游戏。对于玩家策略要求高的游戏,如"三国"、"英雄无敌"、"仙剑奇侠传"等,就应该适当增加人工智能技术的运用;而对于要求玩家操作反应速度快的游戏,如"魂斗罗"、"俄罗斯方块"、"赛车"等,不需要太复杂的人工智能技术也足以满足玩家的需求。

什么是可玩性? 目前还没有准确的定义,这也是业界最难定义的一个概念,关键问题在于不同的玩家对可玩性的要求是不一样的。不过,一个游戏应该能够给玩家带来某种挑战,这样玩家才能得到满足,这也正是目前网络游戏非常流行的原因,如"魔兽世界"、"英雄城市"、"CS"、"Quake"等。目前,网络游戏在全球掀起的热潮一点也没有消退的迹象,国内外的玩家们一直追捧着一个又一个新的网络游戏,各游戏大公司如暴雪、SONY等也非常重视,把精力都放到了网络游戏上。

2. 提高游戏的真实性

红木海岸工作室的首席技术官 Glenn Entis 在 SIGGRAPH 2007 大会上发表了对游戏业界的最新看法,游戏开发人员不应该只有视觉效果,还要努力维持并提高游戏的真实性,使之更贴近现实。尤为重要的是人物角色设计,它们不仅要看起来像人,行动起来也要如此,毕竟大量三角形堆砌起来的高质量动画模型并不能代表一切。在游戏中使用足够的人工智能,可以让玩家在片刻间忘掉自己是在与计算机控制的角色进行游戏。

另外,游戏世界绝不能只是看起来像真实世界,必须按照现实的行为方式与玩家进行互动。而且,也不能忘了周围环境的真实性,它也要与玩家的行为进行互动,符合物理特性。真实程度越大,玩家身临其境的感觉就越强烈。例如,在赛车游戏中,操作车辆拐弯时速度过快会导致发生侧滑或者翻车等现象,在与其他车辆或障碍物发生碰撞后应该有惯性的体现等。

3. 提高游戏的趣味性

在游戏的设计中,其情节和结局往往都是固定的,如何使用人工智能提高游戏的趣味性对吸引玩家来说是非常重要的。例如桌面弹球游戏,根据击球的力量和位置的不同,小球会产生不同的运动轨迹,而不是一味地将小球打入某个固定的轨迹,从而获取不同的分数。又如在角色扮演类的策略游戏中,玩家可以使用各种各样的策略,从而给出不同的回应,会极大地提高游戏的趣味性。对于移动手机游戏尤其如此,一款精练而富有趣味的游戏会给玩家带来很大乐趣。

4. 提高游戏的人机对抗性

如果计算机控制的游戏玩家没有任何对抗能力,那么这个游戏就不会获得玩家的欣赏。例如在第一人称射击游戏中,玩家希望敌人能够躲避射击,并会主动攻击玩家,而不是轻易被玩家击毙;在即时战略类游戏中,玩家和对手都指挥很多角色,有时候需要开采资源、建造堡垒等操作,计算机控制的玩家也必须能够进行同样的工作与玩家对抗,才能给玩家带来挑战,玩家胜利后才会充分享受胜利的喜悦。还有,在各种棋类游戏中,如五子棋、国际象棋等,都大量运用了人工智能技术,极大地提高了游戏的挑战性,最著名的要属"深蓝"与国际象棋大师 Gary Kasparov 之间的对弈。

11.2.2 游戏人工智能的类型

游戏人工智能的类型非常多,只用一节内容根本无法说明哪个算法适用于哪种类型的游戏,有的游戏甚至要用到一些独特的人工智能。本节只是把人工智能划分为 3 种基本的类型:漫游 AI、行为 AI 和策略 AI,并说明人工智能如何满足特定游戏的应用需求。

1. 漫游 AI

漫游 AI 主要是确定一个游戏对象如何在虚拟的游戏世界中进行漫游,对于计算机控制的对象,如在雷电等游戏中,不管是简单地按照某种方式进行移动还是突然改变当前的行动路径,都需要使用漫游 AI。根据游戏对象的不同移动方式,漫游 AI 分为 3 类:追逐、逃避和模式。

1) 追逐 AI

一般来讲,追逐 AI 设计的目的是让游戏对象跟踪或者追逐玩家控制的对象。在设计时需要知道参与追逐的游戏对象的位置。如图 11-5 所示,在屏幕上给出了追逐者 A 的位置(Xa,Ya)和被追逐者 B 的位置(Xb,Yb)。

在两个方向上比较 A 和 B 坐标之间的关系就可以知道追逐者应该如何移动,注意原点在左上角。简单的追逐代码如下:

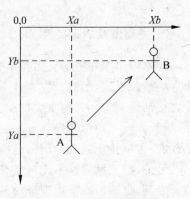

图 11-5　追逐 AI 示意图

```java
private void chase( ) {
    if (Xa < Xb)                  //追逐者 A 在被追逐者 B 的左方,A 向右移动
        Xa ++ ;
    else if (Xa > Xb)             //追逐者 A 在被追逐者 B 的右方,A 向左移动
        Xa -- ;
    if (Ya < Yb)                  //追逐者 A 在被追逐者 B 的上方,A 向下移动
        Ya ++ ;
    else if (Ya > Yb)             //追逐者 A 在被追逐者 B 的下方,A 向上移动
        Ya -- ;
}
```

上述代码实现了对象 A 追逐 B 的功能,或者可以让 A 一次移动更多像素从而加快追逐的速度。但是可以想象一下,这段代码使得 A 一直不停地追逐 B,B 很难摆脱 A 的追踪。为了改变这种情况,可以利用随机数来实现 A 有时候追逐 B,而有时候不追逐 B。随机追逐代码如下:

```java
private void chase( ) {
    if (Math. abs(rand. nextInt( ) % 2) == 0) { //A 有二分之一的机会能够追逐 B
        if (Xa < Xb)
            Xa ++ ;
        else if (Xa > Xb)
            Xa -- ;
        if (Ya < Yb)
            Ya ++ ;
        else if (Ya > Yb)
            Ya -- ;
    }
}
```

2) 逃避 AI

逃避与追逐是逻辑上相反的两种行为,一般来讲是计算机控制的游戏对象试图摆脱玩家对象,以躲避玩家对象的攻击。简单的逃避代码如下:

```java
private void escape( ) {
    if (Xa < Xb)                      //逃避者 A 在 B 的左方,A 向左移动
        Xa -- ;
    else if (Xa > Xb)                 //逃避者 A 在 B 的右方,A 向右移动
        Xa ++ ;
```

```
    if (Ya < Yb)                            //逃避者 A 在 B 的上方,A 向上移动
        Ya -- ;
    else if (Ya > Yb)                       //逃避者 A 在 B 的下方,A 向下移动
        Ya ++ ;
}
```

3) 模式 AI

模式 AI 指的是让游戏对象以一种预先定义好的方式进行移动的漫游 AI 类型,在飞行类射击游戏中应用较多,游戏对象可以按照直线、斜线或者曲线移动。A 重复地沿直线从上到下移动的代码如下(注意,当 A 到达屏幕底端无法显示时会重新出现在屏幕的最顶端,而不管其他游戏对象如何移动):

```
private void Amove( ) {
    Ya ++ ;                                 //A 向下移动
    //A.Move(0, 2)                          //或者根据需要设定 A 的移动速度
    if (Ya > getHeight( ) ) {               //判断是否到达底端,是,则重新置于屏幕顶端
        Ya = - A.getHeight();
        A.setPosition (Xa, Ya);
    }
}
```

2.行为 AI

另一种基本的游戏 AI 类型是行为 AI。一般来讲,行为 AI 是将多种漫游 AI 组合起来为游戏对象设定一种特定的行为。通常需要为游戏对象的每一种行为建立一个级别,然后在不同的情况下给对象赋予不同的行为级别。例如,可以为对象设计以下几种行为:固定不动、按固定路线移动、追逐和逃避等。简单的行为代码示例如下:

```
private void behave( ) {
    int randnum = Math. abs(rand. nextInt()) % 100;   //获取 0 - 99 之间的随机数
    if (randnum < 20)                       //固定不动
        ;
    else if ( randnum < 50)                 //模式移动
        Amove();
    else if ( randnum < 80)                 //追逐
        chase();
    else                                    //逃避
        escape();
}
```

在实际游戏中可能同时存在很多游戏对象,而每个对象可能有更多复杂的行为,设计者可以充分发挥自己的想象力为不同的游戏对象赋予不同的行为,从而构建各种不同复杂度的游戏。

3.策略 AI

顾名思义,策略 AI 就是要为游戏对象制订一组固定的、定义完备的规则,其目的是试图赢得游戏。策略 AI 是 3 种基本 AI 中最难实现的一种,在棋牌类游戏中应用非常广泛。

根据游戏规则的不同,策略 AI 在实现上也有很大区别。一般来说,计算机会采用某种算法确定当前应该如何操作,通常会在多种操作选择之间做出权衡,从而选择胜率最高的操作。例如,在棋类游戏中,计算机控制的棋手会使用策略 AI 来确定每步棋。具体来说,计算机尽可能收集棋盘上的已有信息并进行分析处理,然后根据事先给定的规则,在穷举搜索的过程中评价每个点的权值,最终找到最优解。注意,这个最优解是综合考虑"进攻"和"防守"而得到的。其中,1997 年"深蓝"国际象棋程序当属最著名的策略 AI 程序,是学习 AI 技术的经典范例。

实际上,这类问题都可以归结为搜索问题,根据搜索空间的内在结构和平台能力的限制选择恰当的搜索策略进行求解,包括遗传算法(Genetic Algorithm,GA)、人工神经网络(Artificial Newral Networks,ANN)、模糊逻辑、启发式搜索算法等,有兴趣的读者可以查阅相关资料进行学习。

11.3 人工智能游戏实例

几乎所有的游戏都或多或少地应用了 AI 技术,包括漫游 AI、行为 AI 和策略 AI,其中前两种 AI 技术的实现方法相对简单,例如,在"雷电"游戏中应用 AI 技术可以让敌机按照不同的路线飞行,从而提高游戏的难度;在"坦克大战"游戏中应用 AI 技术可以使敌方坦克具有绕行障碍物的能力等。本节将以五子棋游戏的一个简单设计为例,具体讲述策略 AI 技术在手机游戏设计中的应用方法。

11.3.1 游戏简介

五子棋是我国古代的传统黑白棋种之一,其专用棋盘是 15×15 的,每个交叉点都可以行棋。棋盘正中一点为"天元",上下两端的横线称为端线,左右两边的纵线称为边线,从两条端线和两条边线向正中方向发展,纵横交叉在第 4 条线形成的 4 个点称为"星"。五子棋游戏分为黑白两方,每局规定由黑方先行;然后,白黑双方依次落子,先在棋盘上形成横向、竖向、45 度和 135 度方向的连续 5 个(含 5 个以上)棋子的一方获胜;游戏结束以后,黑白方互换颜色。

为了公平起见,人们不断采用一些方法限制黑棋先行的优势,因此逐渐形成了针对黑棋的各种禁手。例如,1899 年规定禁止黑白双方走"双三";1903 年规定只禁止黑方走"双三";1912 年规定黑方被迫走"双三"也算输;1916 年规定黑方不许走"长连";1918 年规定黑方不许走"四、三、三";1931 年规定黑方不许走"双四",并规定将 19×19 的围棋盘改为 15×15 的专用棋盘,最终使五子棋成为一种国际比赛棋。五子棋既具有短、平、快等特征,简单易学,能增强思维能力,提高智力,又具有古典哲学的高深学问"阴阳易理"和深奥的技巧。

11.3.2 游戏设计

在充分理解五子棋行棋规则的基础上就可以进行游戏设计了。本节将从棋盘、计算机棋谱以及胜负判断等方面加以介绍。

1. 棋盘和棋子

设计五子棋游戏的第一个问题就是如何绘制棋盘和棋子，一种简单的方法是采用平铺图层来实现，即使用图 11-6 所示的具有 3 个帧图像的位图，在游戏过程中，只需将双方落子的位置显示为相应的帧图像即可。3 个帧图像依次表示空、黑色和白色棋子的位置，其中，为了便于显示白色棋子，

图 11-6　棋盘帧图像

棋盘底色设置为黄色。跟上面介绍的棋盘不同，这里是在每个棋盘格子里面落子，而不是在横纵线的交叉点上落子，因此将 3 种位置分别定义为 Grid_EPT、Grid_BLK 和 Grid_WHT。

当然还可以采用其他方法，例如根据手机屏幕的尺寸，采用 drawLine() 函数在手机屏幕上绘制 15×15 的棋盘，或者使用画图工具绘制棋盘并保存为 PNG 格式的图片，而黑白棋子可以用 drawArc()、fillArc() 等函数绘制适当大小的圆表示，甚至可以将棋子做成 3D 模型加以调用等，有兴趣的读者可以自行练习。

2. 棋谱

五子棋游戏的核心在于设计一个具有对抗性的计算机玩家，即让计算机具有人的智能，会下五子棋，能够与人对弈。玩五子棋游戏时，目标是在水平、垂直、45 度斜线、135 度斜线 4 个方向上连成连续的 5 个及以上的棋子。换句话说，玩家的脑子里有若干棋谱，利用这些棋谱指导每一步行棋，最终实现连成 5 个棋子的目标。对于计算机也是如此，必须让计算机知道如何确定每一步落子的位置，所以首先应该为计算机设计一个棋谱。实际上，计算机与人的对弈就是对棋盘上的现有棋局进行处理，并根据已有的棋谱找出最优落子位置的过程。换句话说，对于计算机而言，不管是进攻还是防守，每走一步棋都必须在棋谱中进行搜索和判断。

根据对五子棋游戏规则的分析，可将每一步棋看作是在一条直线上依次形成 1、2、3、4、5 个棋子的过程，首先形成连续 5 个棋子的一方获胜。在人机对弈过程中，计算机不但要堵住玩家形成的"活三"、"冲四"等棋局，还要设法在一条直线上连接更多的棋子，因此在一条直线上棋子越多其优先级就越高。假设计算机执白，首先看在一条直线上有 4 个棋子的情形，图 11-7 给出了 5 个位置范围内所有 4 个棋子的情况。其中，左图为黑方形成四连子的情形，右图为计算机形成四连子的情形。在这种情况下，如果计算机在右图⊗所示的位置上落子就形成了五连子，则获得胜利，而不用再去堵对手的四连子，因此说右图中棋谱的优先级更高一些。不过，图中所给的直线可以是水平、垂直、45 度斜线或者是 135 度斜线等方向上的，因此计算机在每一步行棋时都必须对这 4 个方向进行搜索，从而在 4 个方向上都能有效地进攻和防守。

按照上面的方法，可以给出在一条直线上有 3、2、1 个棋子的所有组合情况，如图 11-8、图 11-9 和图 11-10 所示，其中"⊗"表示计算机在该棋谱中的落子位置。注意，这里的直线仍然代表 4 个方向上的直线。显然，它们的优先级都小于图 11-7 所示的棋谱，并且是依次降低的。例如，若同时检测到 3 个棋子和 2 个棋子在一条直线上，优先选择前者进行"冲四"或者封堵对方。当然在实际下五子棋时这未必是最优的，这里只是给出了一个简单的计算机棋谱。利用这个棋谱能够使计算机具有下五子棋的能力，并且能够做到攻防兼备，提高计算机给玩家带来的对抗性。但是，如果在搜索所有的情形后都没能最终确定一个最优落子位置，则随机选择一个空位置落子即可。

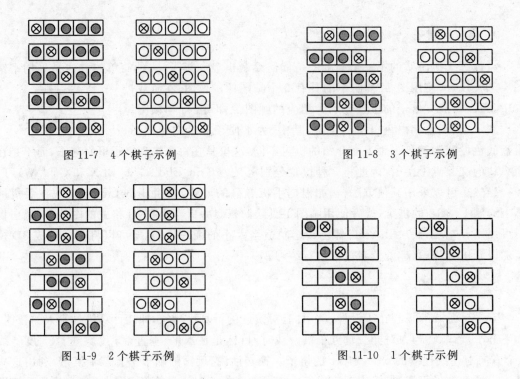

图 11-7　4 个棋子示例　　　　　　　　图 11-8　3 个棋子示例

图 11-9　2 个棋子示例　　　　　　　　图 11-10　1 个棋子示例

3．胜负判断

在人机对弈的过程中,另一个重要任务就是如何正确有效地判断棋局的胜负,并及时结束本次游戏。在游戏过程中,每当玩家或者计算机执行一次落子操作,都应该判断它获胜与否。如果一方获胜,则给出获胜信息并结束游戏,否则游戏继续。如果要记录玩家胜负情况,则在退出游戏前进行询问并保存即可。

由五子棋的行棋规则可知,计算机和玩家只要在水平、垂直、45 度斜线或者 135 度斜线的任一方向上连成 5 个及以上的连续棋子就算获胜,因此计算机在判断胜负时必须对所有可能的情况加以分析。假设黑方最后落子的位置如图 11-11 所示,计算机判断的区域应该是以最后落子位置为中心,在水平、垂直、45 度斜线和 135 度斜线 4 个方向上各往两边扩展,如图中 4 条带双箭头的线所示,判断是否构成 5 个连续的棋子。如右图所示,当最后落子的位置距离边线或端线较近时,则延长至边界处即可。

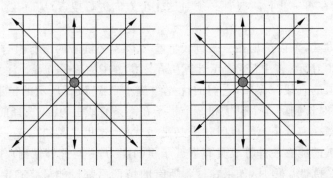

图 11-11　判断连续五子的 4 个方向

11.3.3 游戏开发

接下来就可以看看如何进行五子棋游戏的代码设计了。这个游戏主要由 4 个类构成：FiveMIDlet 类、FiveCanvas 类、ComputerGo 类和 FiveBoard 类，类之间的关系如图 11-12 所示。

- FiveMIDlet 类继承 MIDP API 的标准类 MIDlet，它实现应用程序管理器管理 MIDlet 的 3 个方法，并通过调用 FiveCanvas 对象启动游戏画布。
- FiveCanvas 类继承 GameCanvas 类，主要是通过调用 FiveBoard 类实现棋盘的更新和绘制。
- FiveBoard 类主要用于棋盘的绘制和更新、玩家按键处理以及游戏胜负的判断，它通过调用 ComputerGo 类获得计算机的落子位置。
- ComputerGo 类应用策略 AI 技术使得计算机具有下五子棋的能力，从而实现人机五子棋对弈。

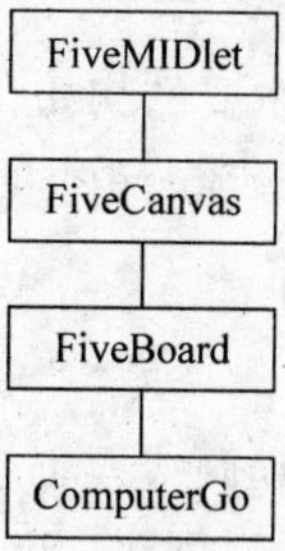

接下来的几个部分讨论了这个简单五子棋游戏的代码开发过程。

FiveMIDlet
FiveCanvas
FiveBoard
ComputerGo

图 11-12　类之间的关系

1. FiveMIDlet 类

与所有的 MIDlet 游戏一样，这个五子棋游戏也需要从 MIDlet 类派生出 FiveMIDlet 类，控制游戏的生命周期。另外，还实现了 CommandListener 接口响应命令事件，使用户通过 Exit 命令能够退出 MIDlet：

```
public class FiveMidlet extends MIDlet implements CommandListener {
```

在 FiveMIDlet 类中只定义一个 FiveCanvas 类型的对象，它表示主屏幕：

```
private FiveCanvas f_Canvas;
```

FiveMIDlet 类主要实现了 startApp()方法，一旦 MIDlet 进入激活(Active)状态就调用它。该方法主要是初始化 f_Canvas 变量，并创建一个 Exit 命令。代码如下：

```
public void startApp() {
    f_Canvas = new FiveCanvas();
    EXIT = new Command("Exit", Command.EXIT, 0);
    f_Canvas.addCommand(EXIT);
    f_Canvas.setCommandListener(this);
    Display.getDisplay(this).setCurrent(f_Canvas); //将其设置当前画布
}
```

2. FiveCanvas 类

这里的 FiveCanvas 类是一种定制的 MIDlet 专用画布类，它继承自 GameCanvas 类，在这里建立了一个动画线程，按照固定的时间间隔不断地更新和绘制棋盘。下面是 FiveCanvas 类中声明的成员变量：

```
private boolean    m_bState    = true;    //当前游戏状态,true: 游戏中; false: 游戏结束
private boolean    m_bRunning;            //线程运行标识
private FiveBoard  m_Board;               //棋盘
private String     m_sText;               //比赛结果文字信息
Graphics g = getGraphics();
```

主要的初始化代码放在 FiveCanvas 类的构造函数中。首先将屏幕的宽度和高度传递给 FiveBoard 类的构造函数创建棋盘对象:

```
if( m_Board == null )
    m_Board = new FiveBoard ( getWidth(), getHeight() );
```

动画线程也放在 FiveCanvas 类的构造函数中,m_bRunning 为真表示动画循环准备就绪,然后创建 Thread 对象并传递给画布,接着调用 start()方法启动线程,动画线程开始运行。代码如下:

```
m_bRunning = true;
Thread thread = new Thread(this);        //分配新线程
thread.start();                          //线程启动
```

在 run()方法中实现了具体的动画循环,它是一个简单的 while 循环,只要 m_bRunning 为真就继续循环。代码如下:

```
while(m_bRunning)                        //主游戏循环
{
    try{
        Thread.sleep(100);               //降低对按键的反应速度
    }
    catch(InterruptedException e){
        e.printStackTrace();
    }
    GameRes();                           //获取按键处理结果
    Draw(g);
}
```

玩家和计算机的每次落子操作都会检查它是否获胜,该结果由 GameRes()方法获取,并置位当前游戏的状态,不管是谁获胜都要将 m_bState 置为 fasle,并通过设置 m_bRunning 为 false 结束动画循环。代码如下:

```
int Res = m_Board.Update(keyStates);     //返回棋盘状态信息
if( Res < 0 ){                           //计算机获胜
    m_sText = " You Lose!";
    m_bState = false;
}
else if( Res > 0 ){                      //玩家获胜
    m_sText = " You Win!";
    m_bState = false;
}
```

在每个动画循环中,由 Draw()方法进行棋盘绘制,如果游戏结束,则在屏幕上方中央的位置显示输赢文字信息,并且终止动画线程的运行:

```
g.setColor(0xFFFFFF);                          //用白色清屏
g.fillRect( 0, 0, getWidth(), getHeight() );
m_Board.paint();                               //绘制棋盘
if( !m_bState )    {                           //绘制结束信息,并终止动画线程
    g.drawString(m_sText,getWidth()/2, 0, Graphics.HCENTER | Graphics.TOP);
    m_bRunning = false;
}
flushGraphics();                               //刷新屏幕外图形缓冲区
```

3. ComputerGo 类

策略 AI 技术在五子棋游戏中的应用主要体现在 ComputerGo 类中,借助它可以实现计算机最优落子位置的选择,实现人机对弈。

在人机对弈的五子棋游戏中,其关键在于如何处理棋盘信息并根据棋谱选择最优位置进行落子,因此棋谱的好坏在一定程度上反映了计算机的五子棋水平的高低。对于计算机而言,它必须遍历棋盘上的每个位置并通过一定的算法逐步搜索得到一个它认为是最优的落子位置。通过上述分析可知,在计算机的棋谱中共有 4 种状态,即空位置、黑子位置、白子位置以及计算机拟落子位置,可分别用 EPT、BLK、WHT 和 OPT 来表示,图 11-7 对应的棋谱可表示为:

{ OPT, BLK, BLK, BLK, BLK }, { OPT, WHT, WHT, WHT, WHT },
{ BLK, OPT, BLK, BLK, BLK }, { WHT, OPT, WHT, WHT, WHT },
{ BLK, BLK, OPT, BLK, BLK }, { WHT, WHT, OPT, WHT, WHT },
{ BLK, BLK, BLK, OPT, BLK }, { WHT, WHT, WHT, OPT, WHT },
{ BLK, BLK, BLK, BLK, OPT }, { WHT, WHT, WHT, WHT, OPT }

按照同样的方法不难把图 11-8、图 11-9 和图 11-10 对应的棋谱表示出来。当然,每个棋谱都代表棋盘上不同的 4 个方向:水平、垂直、45 度斜线和 135 度斜线,所有这些一起构成了计算机的棋谱,这就是计算机行棋的依据。

但是,棋盘上的位置只有 3 种状态:空位置 Grid_EPT、黑子位置 Grid_BLK 和白子位置 Grid_WHT。在五子棋游戏的每一步行棋时,首先要扫描棋盘上是否存在计算机已经掌握的棋谱,并找出优先级最高的棋谱作为最优落子位置的依据,就可以实现计算机与人对弈五子棋。因此,对于计算机来说,棋谱就是它所掌握的有关下五子棋的知识,棋谱越好,计算机表现出来的五子棋游戏水平就越高,从而具有更高的对抗性,可以提高游戏的可玩性和玩家的兴趣。

在这里,使用二维数组 chess[][] 来描述计算机玩家的棋谱,并用行号来表示每个棋谱的优先级,行号越高优先级越大,即行号从小到大分别表示图 11-10、图 11-9、图 11-8 和图 11-7 对应的棋谱。根据五子棋的行棋规则,简单地让计算机搜索棋盘上的每一个点来找出最优落子位置。为了节省计算时间,让其先搜索优先级高的棋谱,以便在满足条件时终止对落子位置的搜索。

棋盘的遍历采用了一个三重循环来实现,代码如下(其中 grid 为 TildLayer 类型的棋盘贴砖变量):

```
for( int row = 0; row < grid.getrows(); row ++ ){        //遍历棋盘的所有行
```

```
for( int col = 0; col < grid.getcolums(); col ++ ){  //遍历棋盘的所有列
    for( int r = chess.length - 1; r >= 0; r-- ) {  //按优先级降序遍历棋谱
        ...                              //在 4 个方向上判断是否按该棋谱行棋
    }
}
}
```

在进行五子棋游戏时,不管先判断哪个方向,最后总是找到一个认为最优的落子位置。对于计算机也是一样,它在搜索过程中不断地获得更优的落子位置,与搜索方向的顺序是无关的,即对水平、垂直、45 度斜线、135 度斜线等方向的搜索顺序是任意的。由于在 4 个方向上采用了相同的棋谱,计算机在每个方向上的搜索方法也是一样的,因此下面以水平方向为例进行说明,读者不难给出垂直、45 度斜线、135 度斜线等方向上的程序代码。

如果从当前位置开始到棋盘的右边线不足 5 个位置,所以肯定不能构成连续的 5 个棋子,否则有如下代码对每个位置加以判断,若符合某种棋谱,则将该点记为临时落子位置,若不符合则放弃:

```
for( int c = 0; c < 5; c ++ ) {                      //最多判断 5 个连续棋子
    int tiletype = grid.getCell(col + c, row);
    if(tiletype == FiveBoard.Grid_EPT) {            //如果该位置是空的
        if(chess[r][c] == OPT) {                    //且在该棋谱中是落子位置
            temprow = row;                          //则记为临时落子位置
            tempcol = col + c;
        }
        else if(chess[r][c] != EPT) {               //不是 OPT 或者 EPT,则不符合这个棋谱
            bFind = false;
            break;                                  //结束循环,停止对该位置的判断
        }
    }
    if(tiletype == FiveBoard.Grid_BLK&&chess[r][c] != BLK){
        bFind = false;
        break;                                      //棋盘状态与棋谱不符,结束循环
    }
    if(tiletype == FiveBoard.Grid_WHT&&chess[r][c] != WHT){
        bFind = false;
        break;
    }
}
```

对水平方向上的 5 个位置判断完成后,如果符合当前棋谱,并且该棋谱的优先级比上次找到的优先级高,则将当前位置记为最优落子位置。由于先搜索优先级高的棋谱,因此找到一个后即可停止对当前位置的判断。然后,继续在其他 3 个方向上进行同样的操作,直到所有的位置都被处理一遍。

```
if( bFind&&r > Level ) {                              //符合该棋谱,且其优先级更高
    Level = r;                                        //保存该位置对应棋谱的优先级
    m_nextRow = temprow;                              //保存该位置
    m_nextCol = tempcol;
    break;                                            //终止对更低级别棋谱的搜索
}
```

如果遍历所有的位置都不符合计算机的棋谱，换句话说，计算机不知道当前这个棋局如何处理，此时可随机选择一个空位置落子。

ComputerGo 类通过建立棋谱让计算机具备了下五子棋的能力，并按照计算机所掌握的知识对棋盘上的每个位置加以判断，找出最优的落子位置，从而实现人机对弈。在以五子棋为代表的棋牌类策略游戏的制作过程中，可以采用不同的 AI 算法，例如博弈树法等，有兴趣的读者可以查阅相关资料。

4. FiveBoard 类

五子棋游戏的主要功能都是在 FiveBoard 类中完成的，包括绘制和更新棋盘、处理用户的按键以及判断游戏的胜负等。根据前面对棋盘的设计，应用 MIDP 2.0 游戏 API 提供的 TiledLayer 类来创建棋盘，因此定义如下成员变量：

```
private     TiledLayer     m_Grid;                     //棋盘贴砖
```

棋盘的创建以及初始化是在 FiveBoard 类的构造函数中完成的，由于 DefaultColorPhone 模拟器的屏幕尺寸为 240×291，为了能单屏显示 15×15 的专用棋盘，把帧图像的大小设置为 15×15。下面的代码是利用图 11-6 所示的格子图像来创建一个平铺图层，并将其放置在手机屏幕的中心位置。

```
try {
    m_Grid = new TiledLayer( cols, rows, Image.createImage("grid.png"), 15, 15 );
}
catch(Exception exception) {
    System.err.println("Failed loading gird image!!!");
}
int setX = ( getWidth() - m_Grid.getWidth() )/2;        //棋盘左上角坐标
int setY = ( getHeight() - m_Grid.getHeight() )/2;
m_Grid.setPosition(setX, setY);
```

由于棋盘的初始状态全部为空位置，而且也没有把贴砖索引数组传递给 TiledLayer 的方法，所以并没有为棋盘专门建立图层地图。下面的代码通过两重 for 循环多次调用 setCell()方法把贴砖索引置入到平铺图层的每个单元格中：

```
for( int col = 0; col < m_Grid.getColumns(); col ++ ) {
    for( int row = 0; row < m_Grid.getRows(); row ++ ) {
        m_Grid.setCell(col, row, Grid_EPT);
    }
}
```

由于一般都习惯从棋盘的中心开始落子，因此如下代码将默认的起始落子位置定位在棋盘的中心位置上：

```
m_Row = m_Grid.getRows()/2;
m_Col = m_Grid.getColumns()/2;
```

此外，在 FiveBoard 类中定义一个 ComputerGo 对象，并在构造函数中进行初始化，以便访问计算机玩家的落子位置：

```
private ComputerGo m_Computer;
if( m_Computer == NULL )
    m_Computer = new ComputerGo();
```

棋盘和棋子的绘制由 paint()方法完成。此外,为玩家提供一个显式的位置指示符也是非常重要的,以便让玩家很清楚地知道落子点在哪里,下面的代码使用了与贴砖大小相同的方框来表示玩家当前选择的位置:

```
g.setColor(0xFF0000);                                    //设置方框颜色
int x = m_Grid.getX() + m_Col * m_Grid.getCellWidth();
int y = m_Grid.getY() + m_Row * m_Grid.getCellHeight();
g.drawRect(x, y, m_Grid.getCellWidth(), m_Grid.getCellHeight());
```

由 update()方法实现了玩家和计算机的对弈,包括玩家落子、计算机落子、判断胜负等功能。玩家在落子时首先通过上、下、左、右键进行位置选择,注意玩家只能在棋盘范围内随便移动,按键处理代码如下:

```
if( ( keyStates&UP_PRESSED ) != 0 )                       //根据按键在棋牌上做相应移动
    m_Row -- ;
if( ( keyStates&DOWN_PRESSED ) != 0 )
    m_Row ++ ;
if( ( keyStates&LEFT_PRESSED ) != 0 )
    m_Col -- ;
if( ( keyStates&RIGHT_PRESSED ) != 0 )
    m_Col ++ ;
if( m_Col < 0 )                                           //限定玩家在范围在棋盘范围内移动
    m_Col = 0;
else if( m_Col >= m_Grid.getColumns() )
    m_Col = m_Grid.getColumns() - 1;
if( m_Row < 0 )
    m_Row = 0;
else if( m_Row >= m_Grid.getRows() )
    m_Row = m_Grid.getRows() - 1;
if( ( keyStates&FIRE_PRESSED ) != 0 ) {
    int tiletype = m_Grid.getCell(m_Col, m_Row);
    if( tiletype == FiveBoard.Grid_EPT ) {                //若该位置为空,则可以落子
        m_Grid.setCell( m_nCurCol, m_nCurRow, Grid_BLK);
        …                                                //与计算机对弈,并判断胜负
    }
}
```

这里的关键操作是用户落子以后要判断是否获胜,否则计算机接着下棋,并判断计算机是否获胜,直到有一方获胜为止。根据最后落子的位置和类型,如图 11-11 所示,对水平、垂直、45 度斜线和 135 度斜线 4 个方向进行判断。由于在 4 个方向上的判断方法相同,这里仅以水平方向为例进行说明。首先根据最后落子位置获得棋子的类型,然后在水平方向上的有效范围内进行比较,如果出现 5 个连续的相同类型的棋子,则返回 true,表示最后落子者赢得比赛。

```
int num = 0;
int tiletype = m_Grid.getCell(col, row);          //获得当前棋子的类型
for( int x = col - 4; x < col + 5; x ++ ) {
    if( x < 0 )
        continue;
    else if( x >= m_Grid.getColumns() )
        break;
    if( m_Grid.getCell(x, row)!= tiletype )
        num = 0;
    else{
        num ++ ;
        if( num >= 5 )                            //如果有 5 个及以上棋子相连
            return true;
    }
}
```

如果在 4 个方向上都不存在连续 5 个棋子,则返回 false,另一方继续行棋。当然,实际中还应考虑一种最坏的情况,即填满了棋盘上的所有格子,但没有一方获胜。至此,五子棋游戏的这个简单实现就基本完成了。

11.3.4 游戏测试

在所有的五子棋游戏代码都准备好了以后,就可以让程序运行开始游戏了。该游戏假设玩家执黑,开始时玩家的落子位置在棋盘正中央,当玩家在 J2ME 模拟器或者真实手机中用方向键移动时,即可选择不同的棋盘位置。和现实世界一样,玩家只能在 15×15 的棋盘范围内行棋。图 11-13 给出了在 J2ME 模拟器中运行的人机对弈结果。最后,利用 WTK工具可以产生 JAD 和 JAR 文件以供发布。

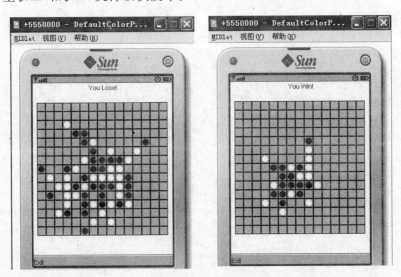

图 11-13 人机对弈结果

11.4　本章小结

　　人工智能是计算机领域中非常重要而又复杂的学科,本章首先介绍了它在游戏中的应用现状和目的,然后说明了3种基本类型:漫游 AI、行为 AI 和策略 AI,最后以五子棋游戏的一个简单实现为例,较为完整地介绍了在手机游戏中使用策略 AI 的方法。随着对游戏规则和人工智能技术的深入理解,可以在游戏中加入更多的高级算法,进一步提高游戏的可玩性、真实性、趣味性和人机对抗性。

习　题　11

　　1. 列举几个当今流行的不同类型的游戏,如动作游戏、格斗游戏、运动游戏、益智游戏、冒险游戏、RPG 游戏等,并说明其中所采用的 AI 技术。

　　2. 实现一款简单的"坦克大战"游戏,并采用漫游 AI、行为 AI 等技术提高敌方坦克的机动能力,总结并体会 AI 技术在游戏中的应用。

　　3. 总结并体会策略 AI 在五子棋游戏中的应用。

　　4. 改进本章的五子棋游戏实例,例如实现 3D 棋子,添加背景音乐和落子、堵、冲等行棋音效,实现重新开局、悔棋等功能。

　　5. 利用前面所学的网络编程知识,为本章的五子棋游戏添加人—人对弈功能。

第12章

手机游戏策划

目前,手机游戏的用户群在迅速扩展,在未来的几年里仍然会有显著的增长。而且,现在的手机游戏在产品设计理念和收费模式上都有很大变化,逐步由以运营商的运营为主导转变为先试再付费的模式,例如在 Google 或者百度中搜索手机游戏将会列出很多免费下载网站,这些模式极大地提升了用户的体验。手机的特征决定了手机游戏的内容和操作模式都不会太复杂,因此必须对玩家需求和游戏开发进行详细策划。

在本章,读者会学习到:

◇ 开发手机游戏的完整流程;

◇ 开发手机游戏的常用资源;

◇ 手机游戏的市场前景。

12.1 游戏开发流程

随着手机游戏玩家的要求不断提高,单人开发手机游戏越来越不现实,游戏开发的各阶段分工更加明确,需要更多的专业人员协作完成。按照游戏开发的特征可把游戏开发团队分为游戏策划人员、程序员、测试人员、美工人员、运营销售人员、售后服务人员等。一般的游戏开发流程如图 12-1 所示,主要包括以下 4 个重要阶段。

(1)市场调研:在游戏立项之前,必须对所有的问题进行调查,对市场进行详细的调研和系统的分析,获得相应的结论,使游戏定位、创意、运营等更有目的性和针对性,从而推出受市场欢迎的商业产品。

(2)游戏策划:游戏创意主要来自于设计者的灵感,但必须写成规范的策划文档才能交付给游戏开发人员,用以指导游戏的开发过程。策划是在市场调研的基础上,根据自己的创意设计一款游戏,并形成文档的过程。策划文档要明确表达开发团队中不同岗位的任务,并对游戏的所有要素进行全面的设计,最终在各岗位的协作下才能获得成功。

(3)游戏开发:在规范的策划文档的指导下,选择合适的系统平台和开发工具,如Java、Symbian、BREW、Windows Mobile Smartphone 等,然后由项目经理组织和协调各个岗位进行游戏开发,最后各岗位开发的模块经过集成、联调、测试等完成游戏的开发,有时还要反复地修改完善。

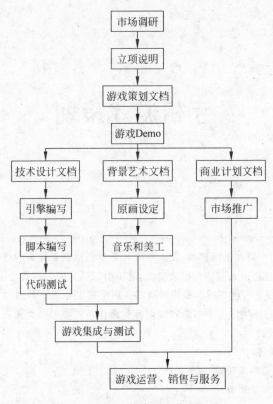

图 12-1　游戏开发流程

（4）游戏运营：完成了上述工作后，将游戏推向市场使其变为商品，并让喜欢这款游戏的玩家购买该游戏及其相关服务的过程称为游戏运营。作为商家来讲，游戏运营是非常重要的一个环节，要进行充分的市场宣传，并制订合理的产品价格和销售策略，以及完善的技术和客户服务。

因此，在准备开发或投资一款游戏之前，一定要进行游戏行业市场调查，然后针对所掌握的市场和玩家的喜好进行游戏策划，并根据策划文档进行游戏开发形成产品，最后推向玩家市场并提供相应的售后服务。

12.2　游戏玩家需求

虽然玩家是一个非常复杂的群体，每个玩家的兴趣爱好和价值观都不同，但是在现实生活中，玩家总是不断地满足自己的各种各样的需求，而游戏则提供了这样一个虚拟的世界，在这个虚拟空间中玩家可以进行娱乐、交流、独处甚至发泄等，是满足人们情感的需求。

1. 玩家需要挑战

人类的天性就是证明自己有能力完成一些事情，尤其是当完成一件看上去比较困难的事情时，心理上能够得到莫大的满足。例如，很多人机对弈类的游戏必须给玩家提供足够多的挑战，才能更好地吸引玩家。当玩家在游戏中为自己设定目标并在一步一步战胜各种挑战取得胜利以后,玩家会从中得到很多乐趣,同时也从中学习到很多东西。例如,五子棋等益智类游戏在给玩家带来乐趣的同时也能够提高玩家的棋艺。

2.玩家需要交流

交流是人类的内在需求,例如小孩喜欢在一起玩捉迷藏等游戏,退休的老人则喜欢聚在一起打牌、下棋。网络游戏可以更好地缩短玩家之间的距离,例如联众世界,进入游戏室的任何地方的玩家都可以组合开局。甚至是单机游戏,玩家也会将计算机控制的玩家作为对手进行交流。当然,不同游戏的交流形式是不同的,比如在益智类游戏、射击游戏或者 QQ等专业聊天软件中,玩家根据自己的交流需求,可以选择不同的游戏形式。

3.玩家需要体验

主要体现在实际生活中玩家无法完成的行为体验上,例如"暴力摩托"等赛车游戏、"侍魂"等格斗游戏和"CS"等射击游戏,在虚拟的游戏世界里,玩家通过控制某种角色而不用考虑任何风险就能获得丰富的体验。例如,对于角色扮演类的游戏,玩家在控制主角不断地完成一个接一个的任务的过程中,很容易投入其中,直到最终完成游戏设定的结局,从中获取现实生活中从来没有的成功体验。

4.玩家需要成就

成就感是指人们成功地做完一件事情之后,对自己所做的事情感到成功和喜悦的感觉。每个人都希望取得某种成就,在现实生活中需要不断地付出汗水才有可能得到,而在游戏世界中则相对容易。例如,玩家总是希望自己控制的角色等级更高,或者在游戏排行榜中位列前茅等,尤其是当游戏中的对手都是高手时,获得的成就感更强。

12.3 游戏类型选择

从游戏的发展过程可以看出,不同的玩家对游戏类型的喜好不同,根据玩家群体的不同划分不同的游戏类型,有利于设计者针对不同的游戏给出合理的策划方案,选择恰当的设计和实现方法,最终拥有更多的玩家群体。下面对各种游戏类型进行大致划分,并简单说明各类游戏的设计要点。

1.动作游戏

动作类游戏(Action Game,ACT)主要以动作为主,由玩家所控制的角色根据周围环境的变化,利用键盘等做出移动、跳跃、攻击、躲避、防守等动作,来达到游戏要求的相应目标,例如"魂斗罗"、"三国志"、"合金弹头"等都曾经流行一时。这类游戏更注重玩家的快速反应、激烈的游戏节奏、逼真的形体动作以及复杂的操作组合等,很容易受到爱好刺激的玩家的欢迎。

ACT 游戏主要是在 2D 或者 3D 系统上对角色进行碰撞计算,并加入各种动作和声音效果构成的,因此这类游戏在设计时要重点考虑图形显示精度和速度之间的关系,既要强调动作的实时流畅,又要实现图形的清晰显示。

2. 角色扮演游戏

角色扮演游戏(Role Playing Game,RPG),又分为动作型角色扮演游戏(Action Role Playing Game,ARPG)和战略型角色扮演游戏(Simulation Role Playing Game,SRPG)。角色扮演游戏主要以故事情节为主,由玩家所控制的角色根据故事情节的变化,通过角色成长、搜索物品和不断战斗等来提升自己的能力,包括装备、力量、招式、特殊技能等,最终实现游戏设定的某种结局,例如"仙剑奇侠传"、"暗黑破坏神"、"轩辕剑"等都属于 RPG 游戏。

RPG 游戏主要是给玩家提供一个虚拟的世界,玩家扮演的角色通过不断地完成一个一个的任务,揭示一系列故事的起因、经过,最终形成一个完整的故事。因此,这类游戏最重视游戏的情节,情节是贯穿整个游戏的主线,玩家只有被吸引才能喜欢这款游戏。

3. 冒险游戏

冒险游戏(Adventure Game,AVG,ADV)主要以设置各种谜题为主,由玩家控制的角色根据特定的故事背景,解决一个复杂环境下出现的各种谜题,并达到通关的目的,例如"波斯王子"、"超级玛丽"等。虽然 AVG 游戏也融入了很多 ACT 游戏的概念,但更侧重于益智,大多根据各种推理小说改编而来,比 RPG 游戏更注重故事的悬念构成。

AVG 游戏主要以一定的故事为背景,通过不断地冒险并解决游戏中出现的各种谜题,最终达到某种目标。因此,这类游戏兼具 ACT 游戏和 RPG 游戏的特征,既要设定充满悬念的故事情节,又要实现打斗画面的实时流畅。

4. 第一人称射击游戏

第一人称射击游戏(First-Person Shooter Game,FPS)是 ACT 游戏的一个分支,玩家以第一视角进行游戏,屏幕中不会出现玩家扮演的角色,增加了游戏的真实性,例如"星际联盟"、"反恐精英"等。第一视角和三维图形的引入更加提高了游戏的真实性。还有一种第三人称游戏,即玩家扮演的主角处于画面当中,当然主角可以是人或者机械等,例如"雷电"中的主角就是机械而不是人。

FPS 游戏融合了迷宫游戏和 ACT 游戏的特点,在一个三维的迷宫地图中,玩家与具有一定智能的非玩家控制角色(Non Player Character,NPC)进行射击对战。因此,这类游戏需要充分运用 AI 技术,提高 NPC 的对抗性,提高游戏给玩家带来的挑战性。

5. 体育游戏

体育游戏(Sport Game,SPG)主要是模拟现实中的某种运动项目,由玩家控制或管理游戏中的运动员或队伍,根据一定的运动规则完成相应的踢球、投掷或者转身等动作,例如"格斗篮球"、"街头足球"、"摩登保龄球"等。这类游戏需要较高的操作技巧,比如击球的力度和方向,更好地体现游戏竞技的真实感。

SPG 游戏的设计重点要考虑体育规则的设计和体育竞技的游戏表现形式,提高游戏的真实性。

6. 益智游戏

实际上,需要靠玩家动脑才能玩的游戏都可以称为益智游戏(Puzzle Game,PUZ),主要是培养玩家在某方面的智力或能力,如牌类游戏、棋类游戏、拼图游戏等,此外还有"俄罗斯方块"、"泡泡龙"等。这类游戏通常都比较小,而且游戏节奏也相对较慢,让玩家在休闲娱乐的过程中得到智力锻炼。

PUZ游戏的设计重点除了趣味性以外,还需要运用人工智能技术模拟玩家进行对弈,例如"五子棋"等游戏。

7. 格斗游戏

格斗游戏(Fight Game,FTG)与ACT游戏、SPG游戏有些类似,但它基本上不用考虑剧情,通常只由一些简单的背景、人物、格斗效果等组成,主要是玩家控制各种角色与对手进行格斗和对抗。但是,FTG游戏对玩家的操作速度要求很高,包括各种组合键的使用,可以说这是取胜的关键所在。

这类游戏的设计主要在于对键盘操作的处理,此外为了画面的逼真程度,还需要使用物理编程以符合现实世界的力学原理,例如玩家击中对手后应该有一个反作用力的体现等。

8. 策略游戏

可以将策略游戏分为回合制和即时制两种类型。在回合制策略游戏中,玩家有充足的时间进行思考,以决定下一步如何操作,例如各种棋牌游戏、"大富翁"、"农场大亨"等;而在即时制策略游戏中,玩家必须以熟练操作来争取时间,例如"帝国时代"、"魔兽TD防守图"等。策略游戏强调玩家的逻辑思维和组织管理能力,而即时策略游戏还要求玩家具有很高的游戏操作能力。

策略游戏在设计过程中运用了大量的人工智能技术,例如在回合制棋牌游戏中,计算机要根据当前态势决定下一步如何操作;在即时战略游戏中,计算机要模拟玩家不断地完成各种资源采集、装备生产、进攻和防守等各种操作。

9. 模拟游戏

模拟游戏(Simulation Game,SLG)是对现实世界人类生活的一部分模拟,主要是让玩家控制人物模仿现实中不同角度的生活状态,使玩家体会控制游戏中角色的动作以及带来的感受,例如"开心农场"、"模拟人生"、"模拟城市"等。此外还有策略模拟游戏,如"大富翁"等。

这类游戏的设计主要在于对现实生活模拟程度的取舍,既要保证游戏的趣味性,还要实现游戏的可操作性。

10. 竞速游戏

竞速游戏是模拟各类赛车运动的游戏,如"极品飞车"、"跑跑卡丁车"等,通常由玩家控制角色在固定的几个赛道场景下进行,并配以相应的音效。这类游戏的真实感比较强,很受车迷的喜爱。在设计过程中,除了考虑赛道画面的显示外,也需要使用物理编程以符合现实世界的力学原理,例如在控制摩托车拐弯时速度太快容易发生漂移,或者碰到障碍会产生翻车动作等。

当然,在手机游戏的实际策划和开发过程中,往往需要综合运用多种游戏类型,在上面的讲述过程中已有涉及。

12.4　游戏故事情节

在充分调研手机游戏市场和玩家需求的基础上,必须根据选定的游戏类型和相应的题材设计故事情节。有些游戏对故事情节要求很高,如 RPG、AVG、SLG 等;而有些游戏则对故事情节要求不高,甚至可以不用考虑故事情节,如 FPS、FTG、ACT 等。

1. 故事来源

不管怎样,创意或者想象力都是设计故事情节的原动力。想象的源泉可以来自于经典的神话、小说、戏剧、漫画、影视作品等,甚至来自于自己的某种亲身经历或者意识并不清醒的梦境。不管故事情节和表现形式如何设计,对每个游戏而言,都有一个所谓的中心思想,所有的创意都应该围绕这个中心思想来发展。

但是,从目前设计出来的大量游戏来看,由全新的设计者原创来制作游戏已经非常困难,所以大多数的游戏产品与其他的游戏存在一些相似,另外加些设计者自己的创造来形成。再有就是改编已经有广大观众基础的小说或者电影,例如"佣兵天下"、"四大名捕会京师"、"鬼吹灯"以及网游"诛仙"、"梦幻西游"等。不过,在这种跨媒体改编的过程中要特别注意以下两点。

(1) 游戏的最大特征是交互性,在将小说、电影等不具有互动性的剧情改编为互动游戏的时候,应该把握好剧情与游戏互动过程的平衡设计。

(2) 不同的媒体有不同的展现特色,在改编游戏的过程中应充分考虑游戏平台的特征与限制,而且要侧重改编原著中最受欢迎的内容。

RPG、冒险游戏对故事情节的要求比较高,如"仙剑奇侠传"、"佣兵天下"等,有兴趣的读者可以从这类游戏中详细体会。

2. 故事与游戏过程

在动作类、运动类、棋牌类游戏中,故事通常不是重点,玩家在参与游戏过程中会得到快乐。但是,对剧情要求比较高的 RPG、冒险游戏等也不能做太多的故事讲述,毕竟是做游戏而不是互动小说,因为玩家希望的是能够融入游戏世界并进行游戏过程。实际上,游戏给玩家提供了他在现实生活中没有办法做的事情,在游戏剧情的帮助下,能够让玩家享受游戏带来的乐趣是最重要的。

在将整个故事放入游戏中时,必须将其拆成若干情节融入游戏的发展过程,而且根据游戏场景的需要,每个情节还可以使用不同的观点来描述。例如,在 RPG 中常常利用"路人"、"店小二"这样的角色来交代一些故事线索,当然,不同的角色所描述的对话内容必须符合他的角色扮演。换句话说,在游戏进行的过程中,必须把故事和游戏过程紧密结合起来,即故事要通过游戏过程展现出来,这样玩家才能从游戏中获得乐趣。一般来说,通常使用以下两种方式进行故事描述。

（1）第一人称方式：由游戏主角自己来描述故事，在主角的视域范围内进行游戏。

（2）第三人称方式：由游戏中的某些角色来描述故事，在不同的场合下可以选择不同的人物、NPC 或者怪物、机械等，通过不同视角的恰当转换进行游戏剧情的描述，易于受到玩家的接受和喜爱。

其中，第三人称方式被广泛用于剧本创作或游戏设计，游戏制作团队可以根据需要选择不同的描述方式，以达到将故事情节紧密融入游戏过程的目标。

3．故事结构

游戏中的故事是交互式的，玩家通过执行动作与之进行交互，并且玩家的动作一般会随着情节发展，例如玩家克服一个挑战后，游戏会进入到下一个事件。所以，对玩家操作的处理很关键，直接影响到游戏的故事结构。

1）线性结构

游戏故事划分为若干个情节，最简单的交互式发展方式就是按照预先设置好的步骤发展，玩家不能改变情节或者故事的结局，玩家的交互仅限于执行动作。如果没有完成预定任务，则不能进入游戏的下一个环节，如图 12-2 所示。

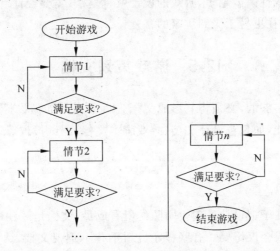

图 12-2　线性结构

创造线性结构的故事提供了很多优点，例如故事要求的内容相对简单，游戏只需要管理一个情节序列即可；玩家不能影响故事情节的发展，不容易出现情节矛盾，减少了出错风险；开发游戏所需要的时间和资金相对更少等，在游戏产业中应用比较多，如"半条命"、"仙剑奇侠传"、"星际争霸"等游戏都是讲述线性结构的故事。

2）非线性结构

如果按照玩家的选择方式来编写故事，允许玩家改变故事的发展方向，即游戏从开始到结束有多种不同的前进路径可供选择，则称该故事为非线性结构的。与线性结构的故事相比，它的设计比较复杂，比如需要为玩家提供不同的剧情或者问题解决方式等，而且还要结合游戏的互动性。

图 12-3 给出了两种常用的非线性结构。一般来说,非线性结构的故事设计的游戏能够给玩家带来更多体验,更具有耐玩性。例如,在冒险游戏中,不同的通关方式可以给玩家带来不同的经历,例如经验值、装备等,从而获得不同的体验和乐趣。

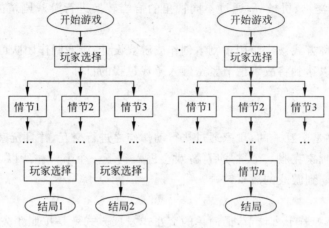

图 12-3　非线性结构

一个游戏中的非线性因素越多,游戏的设计就越复杂,需要设计者投入更多的时间和资金,不过这样的游戏往往更易于受到玩家的喜爱。

12.5　游戏策划文档

仅有游戏故事是不够的,必须将其形成文档告诉程序员如何设计和实现这个游戏。不同的文档有不同的功能,如角色设计文档、游戏脚本文档、测试报告等,但文档的编写思路大致是相同的。

1. 文档的重要性

游戏设计的关键在于把设计展现给团队的所有成员,文档是一种最重要的交流方式,即便是开会讨论也会形成会议纪要。有些程序员新手并不重视文档,认为有了关于游戏的想法或者故事情节就可以动手编写程序,实际上这是错误的。游戏想法并不等于设计决定,或许在一个人单独设计并编写游戏的时代还能应付,但是在现代的商业游戏开发中没有详细设计文档往往会给企业带来很大的损失。

整个策划过程应该完成通常软件设计中的用户调研和需求分析,把所有可能涉及的问题都考虑清楚,并将其整理成各种正式的文档,供后期的软件设计和开发参考。同时,编写文档还可以帮助策划者更好地把握游戏的结构。所以,现在的游戏开发一般都坚持在工作之前编写出比较成熟的策划文档,以便于指导游戏开发的顺利进行。

2. 文档的类型与功能

从图 12-1 所示的游戏开发流程可知,游戏策划文档包括游戏立项申请书、游戏界面设计说明书、游戏算法设计说明书、游戏脚本设计说明书、游戏测试设计说明书以及商业计划文档等。

立项申请是事关方向性的重要问题，一般要根据经验和调研的实际情况作出最有利的方案，通常要包括：①根据准备立项的项目情况进行有针对性的市场调研。②编写游戏的项目简介和运营模式，以获得决策者的立项资助。③进行游戏的整体结构设计，这是立项申请的核心内容，主要包括游戏的功能模块划分、模块之间的关系确定、游戏引擎和开发平台的选择等。④根据现有条件确定游戏的开发进度，尽量缩短游戏的上市时间。⑤根据上述要求确定开发人员及其职责。

游戏界面是游戏展现给玩家最直观的东西，对玩家的视觉和操作效果都有重要的影响，因此其重要性不言而喻。不同类型的游戏要求不同的界面，一般来说都是按照层次结构进行界面设计，例如主界面、一级界面、二级界面等，通过菜单或者按钮可以实现各级界面之间的转换。目前各种类型的游戏都比较丰富，其界面设计也相对成熟，在制作时可以参考现有界面体系或者根据游戏类型设计新颖的界面。

游戏算法设计是游戏开发的核心内容，例如游戏场景的流畅显示、游戏与玩家的实时交互、精灵的智能移动等各种任务的执行，都是游戏项目成功的关键所在。正如第11章所述，现在的游戏都或多或少地应用了人工智能技术，对提高游戏的趣味性和对抗性起到了决定作用。因此，现代的游戏设计对策划人员提出的要求越来越高，策划人员不但要设计游戏的各种玩法，还要给出各种高效的实现算法。

游戏脚本给出了其他文档没有涉及的游戏规则，它是游戏过程的具体描述，包括有多少角色、每个角色做什么事情等，一般由专门的脚本策划来编写。尤其是对于故事情节要求比较高的游戏，如 RPG 游戏、AVG 游戏、SLG 游戏等，都是由一系列相互关联的任务构成的，既要达到描述游戏故事的目的，又要符合游戏的规则，因此一个好的脚本设计对游戏的成功实施非常关键。

此外，还要给出美工设计、游戏测试、代码开发标准、商业计划、用户指南和游戏攻略等多个文档。通常可以使用 Microsoft Word、Latex 等文本处理器编写，并在公司内部的开发网页上进行发布，或者创建一个 wiki，让开发团队只使用一个浏览器阅读和编辑文档内容。不过，要注意网站的安全性和文档的备份等，否则会陷入比较混乱的局面。

12.6 游戏开发资源

编写完策划文档之后就可以开始游戏开发了。即使手机游戏在屏幕大小和分辨率方面很有限，但是为游戏设计精美丰富的游戏图形、动画和音乐音效能够吸引玩家的注意，会给玩家带来有趣的享受。

1. 游戏图形

任何一款游戏都离不开游戏图形。常用的图形编辑器基本上都可以作为游戏图形开发和维护的工具，不管是专业图形编辑器还是共享编辑器软件，都能够完成诸如改变图形的内容、改变图形的尺寸或者颜色透明度等工作。

专业的图形编辑器主要有 Adobe Photoshop、Adobe Illustrator、CorelDRAW 和 Micromedia Fireworks 等，共享编辑器软件有 Image Alchemy、Paint Shop Pro 和 Graphic Workshop

等,能够实现标准位图图像和矢量图形的编辑工作。特别指出的是 Adobe After Effects 软件,它是制作动态影像设计不可或缺的辅助工具,是视频后期合成处理的专业非线性编辑软件。对于 3D 游戏的开发,还需要 3D 建模软件,可以选择 3DS MAX、MAYA、ZBRUSH、Rhino、Blender 和 SketchUp 等,读者可以进一步查阅相关资料学习。

2. 音乐音效

在成熟的商业游戏开发中,音效占有重要的地位,没有音效的游戏如同哑巴,缺少一种与玩家交流互动的方式,而恰当的音效设计能够极大地提升游戏的趣味性和真实性。

除了使用乐音在手机游戏中播放简单的音效外,还可以使用不同格式的数字音频文件,如 WAV、MIDI、ACC 和 MP3 等。一般认为 WAV 声波声音文件最能保证品质,MP3 文件是在文件大小和品质之间找平衡点,但在实际开发中,声音的品质并不完全由格式来决定,若音源或音效素材本身品质低,任何格式都无法提升其品质。因此,格式本身并没有好坏之分,在游戏开发中可以根据处理器平台和音效需求进行选择。

处理音频的软件有很多,如 Sound Forge、Cool Edit Pro、WaveLab 和 LAME 等,读者可以根据需要进一步学习和使用。

3. 常用网络资源

最终,要通过游戏程序开发把一个想法变为一个完全的游戏产品,目前有充足的网络资源可以使程序上的游戏编程技术及时得到更新,除了编写代码来提升自己的编程技能以外,还可以阅读文章、参与社区论坛、向别人请教等获得更多的编程技巧。

表 12-1 列举了一些基于 Java 的手机游戏设计经常用到的网址,其中,最后一个列出了有关 J2ME 的书籍。

表 12-1 手机游戏开发常用资源网址

名 称	网 址
Java 中国官网	http://www.java.com/zh_CN/
J2MER	http://www.j2megamer.com
J2ME 手机游戏开发站	http://www.j2megame.org/
中国 Java 手机网	http://www.cnjm.net
Forum Nokia 中文网站	http://www.nokia.com.cn/forum/chinese
无线开发者网络	http://www.wirelessdevnet.com/
PNG 图形程序库	http://code.google.com/p/javapng/
Java 3DMicro Edition 版	http://sourceforge.net/projects/j3dme/
Jscience	http://www.jscience.net/,提供了很多 KVM 上的数学运算资源
MIDlet 软件仓库	http://www.midletcentral.com/
MIDlet 官网	http://www.midlet.org/index.jsp
中国手机游戏开发网	http://www.j2mes.com/
中国手机游戏开发商联盟	http://www.cpunion.org/
J2ME 书籍列表	http://www.hashbang.com.au/books/j2me.html

12.7 手机游戏市场

随着硬件技术的不断发展,包括 PDA、掌上游戏机、手机在内的移动设备的处理性能越来越强,为游戏软件提供了一种更好的载体。2007 年全球手机游戏市场规模为 32 亿美元,全球手机游戏市场规模在未来将继续保持高速增长,预计到 2012 年市场规模将超过 70 亿美元,手机游戏已成为全球游戏市场中增长速度最快的一个。许多手机游戏公司快速成长起来,如 Gameloft、Com2us、Konami、Macrospace 以及国内的魔龙、米格等,同时还将设备生产厂商、网络运营商以及传统商业公司整合在一起。随着市场的不断发展和用户认知的不断提高,手机游戏产业链的各个环节中更加重视市场营销推广、手机游戏更新升级,以及不断完善产品服务满足用户需求。

市场研究公司(IE Market Research)的最新研究报告指出:中国移动用户数量未来几年将继续快速增长,到 2010 年,中国手机用户数量将从 2007 年的 5.40 亿增长到 7.38 亿,为手机游戏的发展提供了大量的潜在用户群。易观国际(Analysys International)对手机游戏产业进行了长期的研究,发布了《中国手机游戏市场年度综合报告 2009》,给出的中国手机游戏总体市场规模及预测如图 12-4 所示。统计数据显示,2008 年中国手机游戏市场规模达到 13.65 亿元,用户规模为 698 万,其中 Java 市场占到 72% 左右,市场规模达 9.79 亿。同时,预计 2011 年中国手机游戏市场规模将达到 42.08 亿元,用户规模将达 1545 万人。

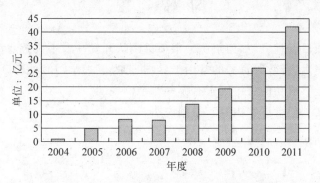

图 12-4 中国手机游戏总体市场规模及预测

根据易观国际对手机游戏用户的跟踪调查发现,手机网游用户的比例逐年快速递增,如图 12-5 所示。这里的手机网络游戏是指以手机为终端,以移动互联网为基础的多人互动网络游戏,不包括以 SMS 短信以及蓝牙方式实现的互动游戏。2008 年手机网游用户占总体手机游戏用户的比例达 40% 左右,用户规模约为 280 万;2009 年中国手机游戏用户中玩过手机网游产品的用户将达 60%,达到 569 万户,相比 2008 年增长率达到了 103%,这直接说明了手机网络游戏的快速发展。

随着 3G 网络的商用、支持 Java 的手机的数量不断增加、游戏推广渠道的日益丰富,手机网游将成为手机游戏新的增长点,从而会进一步提高手机游戏的市场规模。目前,国内大量手机网游开发商和传统 PC 网游开发商纷纷开展手机网游业务,运营商网络运营平台的商业化使手机游戏产业发展更加有序,利用免费的手机网游运营模式,依靠虚拟物品交易将成为手机游戏新的商业模式。

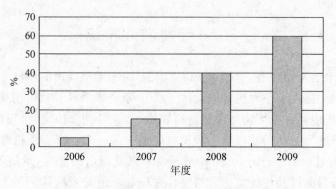

图 12-5　手机网游用户占总体手机游戏用户比例

12.8　本章小结

本章从游戏开发过程、玩家需求分析、游戏类型选择、故事情节设计、游戏功能设计、游戏策划文档、游戏资源等方面进行阐述,使读者简单了解手机游戏开发的全过程;最后通过易观国际的调查数据说明手机游戏市场(特别是手机网游)前景广阔,由此可知手机游戏市场的人才需求也将在未来一段时间内持续旺盛。

习　题　12

1. 假如你是项目管理者,如何组织一个项目团队开发一款手机游戏?
2. 总结制作美术、音效等资源的常用工具,并选择其一学习和使用。
3. 一款游戏能够成功的关键因素有哪些? 举例说明。
4. 游戏策划文档包含哪些内容? 举例说明。

第13章

RPG手机游戏设计初步

至此，本书比较全面地介绍了 Java 手机游戏设计的基本知识，读者通过学习可以将自己的创意策划为手机游戏，并进行设计和发布。

本章以一个简单的角色扮演游戏(Role Playing Game，RPG)的设计为例，较为完整地讲述 Java 手机游戏的设计和开发方法。

在本章，读者将会进一步了解：

◇ RPG 游戏的设计基础；

◇ RPG 手机游戏的设计方法。

13.1 RPG 手机游戏

游戏产业在国内外正处于高速发展阶段，而手机游戏已经成为全球游戏市场中增长最快的一个，为手机提供游戏功能已经成为众多手机厂商共同的追求，例如有的强调游戏操控键的设置，有的关注游戏中视、听、触觉的应用表现等。这些都预示着手机游戏产业作为互联网发展的一朵奇葩，已经登上了一个新的舞台。随着手机的处理能力不断提升，用户群体不断扩大，以及 3G 时代的到来，中国的手机游戏开发热潮将会持续高涨，手机游戏市场需求将持续旺盛。

到目前为止，手机游戏种类繁多，其中 RPG 手机游戏受到了广泛的关注。具有一定的故事情节、描述人物成长过程的 RPG 手机游戏完美地继承了 PC 游戏的优势，并且在手机更广泛的应用空间里充分发挥。RPG 游戏允许玩家在一个广阔的虚拟空间中扮演一个或者多个角色进行旅行、冒险和生活，从一个普通人逐步成长为具有惊人能力的超级英雄，从中获得现实中不可能的某些体验，很大程度上满足了玩家潜在的超越现实的渴望。与其他类型的游戏相比，大多数 RPG 游戏更强调文字的表现、情节的设置以及人物的故事性延续，因此能够更加贴切地表达人类的情感。RPG 游戏的流程一般由养成、战斗、进行贸易、解谜和完成既定任务等构成，玩家将自身的情感意识赋予角色，并且随时随地都可以关注自己的人物角色在游戏中的成长进程，极大地满足了用户的内心感受。

强调用户体验的 RPG 游戏已经在庞大的手机游戏中形成了一个强大的阵营，从顶酷(www.dingkoo.com)的十大人气游戏排行榜可以看出，RPG 手机游戏的人气仅次于射击类游戏,且有较好的上升趋势,这代表了大部分手机游戏玩家的市场需求。由于题材广泛、受众面宽,RPG 手机游戏今后将会占据更多的市场份额。

13.2 游戏基础

RPG 游戏的目的是让玩家能够沉浸在虚拟的游戏世界当中,去享受现实生活中难以体会的乐趣,因此游戏的设计就需要针对这样的目标来做。设计 RPG 手机游戏,一般要包括以下几个要素。

13.2.1 游戏元素

纵观所有 RPG 游戏,不考虑故事情节,设计一款 RPG 游戏主要包含以下 3 类共通的游戏元素。

1. 游戏角色

角色通常是游戏的核心,尤其是对于 RPG 游戏,角色设计的好坏在某种程度上直接反映了游戏的好坏。游戏角色是在游戏中能够与玩家进行交互并具备一定生命特征(如形象、行为、性格等)的生物形象,例如“仙剑奇侠传”中的人物、怪物等。

(1) 形象是指角色的外在形状和视觉特征,包括面部、身材、服饰等,一般由原画创作师进行形象设计,然后由建模师在三维软件中进行制作。例如,“征途”中怪物的原画欣赏可以参考官方网站 http://zt.ztgame.com。

(2) 行为是指角色具备的基本行为特征,包括等级、生命值、攻击力、防御力等,这里主要是设计角色相关的各种参数,参数值的变化可以在游戏规则中设定。例如,主角与不同等级的敌人进行战斗时,它们各自的生命值如何变化等,在游戏策划文档中要重点对其进行描述。

(3) 性格是指角色的思想特征,包括表情、语言等,通常是在游戏故事中对主角进行性格设计和体现。

角色可分为玩家控制角色和非玩家控制角色(NPC),前者受玩家控制并根据玩家发出的指令完成对应的动作,一般是游戏中的主角;后者不受玩家控制,在游戏中按照自己既定的行为进行活动,对于帮助玩家角色或者场景布置有很大作用。例如,在不同的场景中要安排不同的 NPC 以营造不同的氛围,或者主角在不同的场景中跟不同的 NPC 打交道获得任务等。此外,还有一类特殊的角色,如游戏中设置的不同等级的敌人或者怪物,它们对于游戏的故事情节没有太大作用,主要是为了玩家升级。

2. 游戏道具

道具是辅助玩家游戏成长的重要物品,在游戏中能够与玩家互动,并且不同道具的使用对主角或 NPC 角色的不同属性会产生一定的影响。例如,主角食用金创药之后可以恢复受伤的身体,或者使用不同的武器具有不同的战斗力等。通常可以将游戏道具分为消耗类、使用类和任务类 3 种。

(1) 消耗类道具是指具有使用次数的游戏道具,又可以分为恢复类和攻击类两种。恢复类是指在游戏中食用后以增加某种属性的物品,例如游戏中经常用到的豆子、金创药、人参等;攻击类是指在战斗中用于攻击对方降低敌人某种属性值的物品,例如游戏中经常用到的飞镖、毒虫等。

(2) 使用类道具是指角色在游戏过程中随身携带的装备,包括剑、盔甲等,主要用于提高角色的攻击力或者防御力。在有些游戏中,如果主角不选择丢弃道具则一直不会消失,而有时获得新武器需要丢掉原来的。

(3) 任务类道具是在游戏中完成任务情节所需要用到的特殊物品,是在情节发展过程中不可缺少的道具,例如钥匙、传送门、回城宝石等。一般用于判断玩家的游戏进展情况,根据这些信息来判断是否能够进入下一环节。

根据不同的游戏故事可以设置各种各样的道具,而且每种道具在游戏中都有其独特的用途,因此需要进一步在游戏规则中设置每种道具对相关角色的不同属性值的影响,并在游戏过程中给以简要提示。此外,还需要设计玩家获得这些道具的方式,比如可以在虚拟商店购买、与NPC角色对话获赠、在战斗中缴获战利品、通过虚拟工厂自行生产,或者完成某种特定任务后获得等。

3. 游戏场景

游戏场景是构成游戏虚拟世界的主要手段,由若干能够与玩家进行互动的实体对象构成,包括树木、花草、房屋、河流等,是 RPG 游戏的重要组成部分,如图 13-1 所示。其中有的是不因玩家操作而改变的,有的则是根据玩家的操作进行变化的,例如炸毁一座桥梁、砍伐一棵树木等。但是,角色在游戏中与各种实体对象交互时对角色本身或者其他角色的属性不会产生任何影响,这是它与道具的最大区别。

图 13-1　游戏场景图

13.2.2　美工与音频

1. 游戏美工

在游戏策划完成后,美工对于各种游戏元素的视觉效果设计起到决定性作用。很多玩家购买游戏时首先考虑画质是否精美、人物造型是否鲜活,这些都是美工人员精心制作出来的。因此,一款游戏的成功与否与游戏美工有直接的关系。在游戏设计中,美工人员被誉为电玩制造中的维纳斯(美神),主要分为人物动画设计、美术设计、场景设计 3 种,他们共同为游戏人物和场景布置赋予精美的"面容"。

与广告制作不同,游戏美工的基本要求是必须经得住玩家连续注视几个小时而不产生视觉疲劳,乍看起来并不觉得特别好看,但是感觉比较有特色,仔细看却能够发现美工精心设计的细节之处。因此,对游戏美工的要求很高,除了良好的美术和计算机功底外,一个中国游戏美工至少应具备 3 个要素。①熟悉相关时代的服饰和人文建筑。②具有很强的创意能力,若有武术或动作表演能力,设计出来的人物动作要真实。③具有团队合作精神和客户至上意识。在游戏美工创作过程中要紧密结合游戏策划,创作出符合特定游戏故事的场景、人物等,从而达到画面与剧情的和谐衔接。

2．游戏音效

正如在《红楼梦》中对于王熙凤的第一笔描写就是她的声音,"未见其人,先闻其声",浓墨重彩地刻画了她泼辣的性格,给人留下了深刻的印象。在游戏过程中恰当地运用人物"语言"和音效处理,也能够告诉玩家他的某些个性的东西,给玩家传递大量的信息。而且,音效有助于营造一个让玩家身临其境的游戏空间,在增强游戏的感染力、推动剧情的发展等方面也有很大的帮助。如同在影视剧中的作用一样,音效在游戏中的应用已经成为不可缺少的重要组成部分。

美工与音频对于游戏元素的设计非常重要,被称为游戏的"服饰"。但是,这些内容往往是计算机专业人员所缺少的,因此在数字媒体相关领域的教学中应该有所涉猎,便于整个游戏开发团队的合作。

13.2.3　游戏规则

游戏是按照一定规则进行的交互式娱乐行为,因此任何一款游戏都有它自己的游戏规则。通俗一点讲,游戏规则定义了一个游戏如何玩的问题,它是游戏设计的核心问题。在游戏元素的描述中已经提到,很多东西都需要在游戏规则中加以定义,例如主角被某种等级的敌人攻击一次损失多少生命值,或者玩家战胜后其战斗力增长多少等。如果不给定这些规则,游戏将无法进行。

也许大家都玩过比较流行的"杀人游戏",先来看一下它的游戏规则,并体会一下游戏规则的重要性。

1．玩家人数及配置

参加游戏人数限定在8～16人,选1人做法官。

(1) 玩家数为8～10人时,包括2个警察、2个杀手。

(2) 玩家数为11～14人时,包括3个警察、3个杀手。

(3) 玩家数为15～16人时,包括4个警察、4个杀手。

2．基本规则

(1) 警察的目标是找出杀手并带领平民公决杀手。

(2) 杀手的目标是找出警察并在天黑时杀掉。

(3) 平民则帮助警察公决杀手,任何时候平民都不得故意帮助杀手。

3．游戏流程(以12人为例)

(1) 法官将洗好的11张牌(其中有3张警察牌、3张杀手牌和5张平民牌)交由大家抽取,注意不要让其他人知道你抽到的是什么牌。

(2) 法官开始主持游戏,众人要听从法官的口令,不可作弊。

(3) 法官说:黑夜来临了,请大家闭上眼睛睡觉了。此时只有法官是"明眼人"。

(4) 等大家都闭好眼睛后,法官又说:杀手睁开眼睛,出来杀人。听到此令,3个杀手睁眼互相认识一下,成为本轮游戏中最先达成同盟的群体。这时由任意一个杀手或众杀手统一意见后示意法官杀掉某人(当然也可以自杀),注意不要发出任何声音让别人察觉。

(5) 法官在确定死亡的人是谁之后说:杀手请闭眼。稍后说:警察睁开眼睛。警察相互认识确定同伴身份后,这时由某一个警察或警察们统一意见后指出一个其认为是杀手的人,并由法官给出相应的手势来告知警察指认的人的身份。

(6) (指认完成后)法官说:警察请闭眼。稍后说:天亮了,大家都可以睁开眼睛了。

(7) 待大家都睁眼后,法官宣布这一轮谁被杀,同时,法官指示被杀者留遗言。被杀者可以指认自己认为是杀手的人,并陈述理由。遗言毕,被杀者退出本局游戏,不得继续参与游戏进程。

(8) 法官主持众人从被杀者右手边第一个人开始顺时针挨个陈述自己的意见,提出自己的怀疑对象。每个人只有一次发言机会,且在自己发言时间以外不得发表任何意见。

(9) 陈述完毕,会有几人被怀疑为杀手。被怀疑者按顺时针为自己辩解。然后由法官主持大家按逆时针的顺序举手表决选出嫌疑最大的二人,并由此二人作最后的陈述和辩解(如果有一人得票超过半数则直接宣告死亡)。再次投票后,杀掉票数最多的那个人。被杀者如是真正的凶手,不可再讲话,退出本轮游戏。被杀者如不是杀手,可以发表遗言。此时,本局游戏第一轮结束。

(10) 在聆听了遗言后,进入本局第二轮游戏,同样由法官宣布天黑请闭眼,然后重复以上过程。

(11) 直到某一种身份者全部出局,本局游戏结束。此时依照游戏胜负判定方法由法官判定本局结果。

4. 游戏胜负判定方法

(1) 杀手一方全部死去,警察一方获胜。

(2) 警察一方全部死去,杀手一方获胜。

(3) 平民全部死去为平局。

(4) 平民的胜负与警察相同,即警察赢则平民为赢,警察输则平民为输。

(5) 在投票过程中,如出现得最多票数者多于一人,则由平票者进行新一轮发言,发言过后再次对平票人进行投票,得票多的人出局;若再次出现平票,则由平票人以外的其他人逐一发言,之后投票,得票多的人出局;若仍然平票,则本局为平局。

从上面的游戏规则可以看出,"杀人游戏"实际上就是一群人按照一定的规则完成了一件事情——"杀人"。所谓一群人就是游戏中的所有角色,在该游戏中包括法官、警察、杀手和平民,他们共同构成了游戏故事的主体,作为故事的执行者;所谓一件事情就是该游戏中的"杀人"事件,在游戏中表现为每一轮都有一个人被杀掉,并根据每个人的发言,公决出"杀手",如此反复直到结束游戏;所谓一定的规则就是游戏中"杀人"活动的具体操作步骤,它是联系一群人和一件事情的纽带,规定了一群人如何玩"杀人"这样一件事情,若没有规则就无法完成这样一个游戏。当然,游戏结束的判定方法也是非常重要的,毕竟不能无休止地游戏下去。

在游戏设计中,不同类型的游戏其规则相差很大,例如体育类游戏(如足球、篮球等),棋牌类游戏(如五子棋、红心大战等),要根据它们各自的竞技规则进行设计。在游戏规则制订的过程中,必须兼顾平衡性,如果没有平衡性则游戏就会走向失败。例如在一个不能保证平衡性设计的游戏中,所有玩家都选择强大的角色而放弃其他角色,实际上是对游戏的简化,导致游戏的可玩性、挑战性、趣味性都极大地降低。

此外,还有道具的相关规则,比如"杀人游戏"中的扑克牌,分别用什么牌定义警察、杀手和平民必须事先确定好。在现代化的商业 RPG 游戏中都会涉及很多各种各样的游戏道具,必须对它们的使用规则进行详细定义。

13.2.4　游戏界面

游戏是一种典型的交互式娱乐行为,游戏玩家对游戏的直观印象主要来自于操作和画面,作为游戏画面的一部分,游戏界面是人机交互的桥梁,它的作用是无可替代的。在游戏这种人机交互操作性很强的软件创作中,界面的设计要重点考虑以下 3 个方面:

(1) 功能全面,即人机交互界面要包括所有必要的操作和显示功能。

(2) 布局合理,即功能显示和按钮的位置要合理,既不能影响功能实现效果,又要方便用户操作。

(3) 人性化,即要给玩家带来好的视觉效果,并尽量满足不同个性的用户。

图 13-2 为一款 RPG 手机游戏的人机交互界面(www.eamtd.com),该设计简洁明了,功能和菜单切换方便,便于在手机这种游戏平台上使用。当然,每个游戏都有自己不同的玩法,就需要与之相应的游戏界面。虽然游戏界面的制作方式复杂且缺乏灵活性,但还应该根据不同游戏自身的特点,为其提供多种界面,并能够让玩家自定义界面,从而满足不同用户的不同使用偏好。

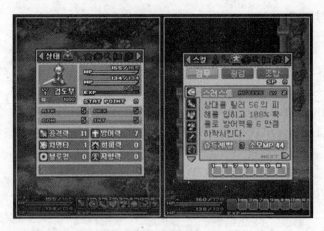

图 13-2　人机交互界面实例

在 RPG 手机游戏中经常用到的一些界面及其关联如图 13-3 所示,主要包括以下几个部分。

(1) 启动画面是指玩家点击"启动"软键后,从程序启动到进入游戏主界面时的画面,由此开始游戏。

(2) 主菜单界面展示了该游戏的所有功能,一般包括开始一个新游戏、游戏操作键设置、读取已经保存的游戏进度、游戏帮助、游戏版本信息和退出等功能,玩家选择后根据程序流程进入相应的界面。

（3）游戏设置界面是玩家根据自己的操作习惯,实现对操作按键、显示模式、音效开关等功能的定制。

（4）弹出菜单是在游戏运行过程中调出的操作界面,一般包括保存当前游戏进度、读取游戏进度重新玩游戏、查看玩家已有装备物品、返回当前游戏画面和退出等按钮,其中完成保存游戏和查看装备退出后默认返回当前游戏画面。

（5）读取进度和保存进度界面主要显示已有游戏进度记录和空记录位置,当覆盖已有游戏进度时应该给出玩家确认提示。

（6）加载画面是在读取某一游戏进度时显示的图片,系统在后台调入进度后该图片消失,显示玩家所读取的游戏进程。

（7）玩家属性主要显示玩家技能、玩家装备等信息,在游戏过程中会经常用到,例如在战斗过程中需要调出选择技能或者装备物品等。

（8）退出画面是在结束游戏退出系统时显示的界面。

与很多人机交互界面类似,在实际操作过程中可以使用预先定义的快捷键,尤其是在手机上,熟练使用快捷键会极大地提高 RPG 手机游戏的操作效率。

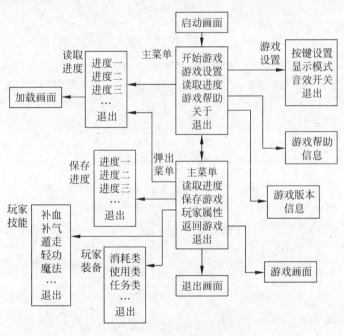

图 13-3　RPG 游戏界面

13.3　游 戏 设 计

在进行充分的市场调研以后就可以进行游戏策划,并编写相应的策划文档供开发游戏使用。虽然 RPG 游戏对于故事情节的要求比较高,但这里侧重讲述如何设计和开发一款RPG 手机游戏,而把游戏的故事情节设计留给读者。当然,根据本章给出的游戏示例,读者可以根据自己的构思去丰富游戏的任一方面,包括设计更多场景,添加更多角色,完善游戏规则,丰富人机交互界面等。

13.3.1　基本结构

从本质上讲,一个游戏至少要具备3个功能:显示游戏画面、接收玩家的输入和对输入产生反馈。一般而言,游戏都是由时间驱动的,不论有没有输入,游戏都在不停地运行,即重复执行预定的游戏循环。在每一次游戏循环中,需要捕获玩家的输入,进行逻辑处理并更新游戏数据,然后根据更新后的数据绘制游戏画面。周而复始,直到玩家主动或者被动退出游戏,这就是最简单的游戏结构。

本节根据手机游戏"征途"给出一个没有安排实质故事情节的RPG手机游戏示例,玩家可以根据需要进行功能扩展或者开发新的RPG手机游戏。游戏的运行流程如图13-4所示,开始游戏以后,游戏线程不断地捕获用户输入、处理逻辑和绘制游戏画面,若玩家角色牺牲或者主动退出则结束游戏。该RPG手机游戏设计有一个玩家角色,它能够根据玩家的控制在三个不同的游戏场景中移动,与NPC角色进行对话,与具有一定智能的敌人交战,另外,还利用人工智能技术实现了敌人的自主移动和攻击等行为。

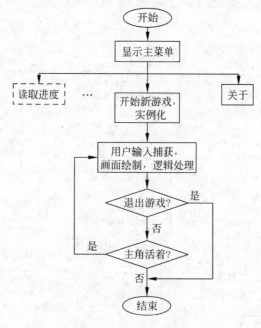

图 13-4　游戏流程

13.3.2　角色设计

在 RPG 游戏中一般都会有3种角色:玩家、NPC 和敌人。其中,玩家角色也称主角,它是玩家在游戏中的代言人,通过主角的不断成长和故事情节的不断发展,玩家从游戏过程中获得乐趣;而后两种主要是辅助主角完成既定的任务,或者用于场景布置等,它们共同构成RPG游戏世界中的"生命体"。

在 MIPD 2.0 API 中,新增的 game 包中的 Sprite 类提供了对帧动画和碰撞检测的支持,在很大程度上简化了游戏的代码实现。帧动画就是通过一系列的帧图像来生成动画,通过把帧图像以及单帧图像的宽度和高度传递给 Sprite 类的构造函数,就可以在帧图像的基础上创建一个动画精灵,极大地简化了精灵的位置和外形改变等功能的实现。碰撞检测和精灵动画密切相关并且对游戏至关重要,使用 Sprite 类提供的 collidesWith()方法可以很方便地实现两个精灵的碰撞检测,并且只需要把障碍物放在另一个图层上就可以实现精灵与地图的碰撞检测。利用 Sprite 类提供的这两个功能,在 RPG 手机游戏中各种角色的行走、对话或者战斗等效果的设计就变得简单了。

接下来说明这 3 种角色在该 RPG 游戏示例中的设计。RPG 游戏的开发首先应该准备好游戏中用到的资源图片,并将其存入项目中的/res 目录下。不过,这里利用的都是网络上已有的图片,并没有具体讲述如何使用 Photoshop、Flash、After Effects 等工具制作各种游戏角色,读者可以自行查阅相关资料。注意,由于手机平台的限制,应尽量减小文件的大小,而且 J2ME 目前只支持 PNG 格式的图片。

1. 玩家角色

在这个 RPG 游戏示例中只有一个玩家控制角色,该角色能够在玩家的控制下行走,在遇到敌人时能够进行战斗,并且在交战过程中双方的血量等属性会相应变化。该游戏为角色设置了血量、等级和经验值等属性,并实现了角色在 4 个方向上的行走和打斗效果,玩家角色的帧图像如图 13-5 所示。玩家角色通过不断地战斗会逐步提高自己的属性值,从而模拟它在游戏世界中不断成长。

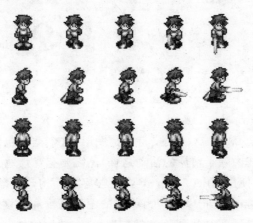

图 13-5　玩家角色帧图像

2. NPC 角色

在真正的 RPG 游戏中往往有很多 NPC 角色,在该游戏中设计了两种 NPC 角色,它们都不能自由活动。玩家在与 NPC1 角色对话以后可以获得战斗授权,对话内容可以根据故事情节进行设计。为了便于通过碰撞检测实现与玩家角色的对话,这里也把它设计为动画精灵,其帧图像如图 13-6 所示。

NPC2 角色的帧图像如图 13-7 所示。与 NPC1 角色的作用不同,NPC2 角色可以让玩家角色在 3 个地图之间来回穿梭,当玩家角色找到图 13-7(a)所示的 NPC2 角色战斗之门并在获得 NPC1 的战斗授权情况下,就可以到达第二个地图。当玩家角色找到图 13-7(b)所示的 NPC2 角色资源入口时可以到矿山等第三个地图中采集资源,用于铸造战斗器械等。

(a)战斗之门

(b)资源入口

图 13-6　NPC1 角色帧图像　　　　　图 13-7　NPC2 角色帧图像

3. 敌人角色

在 RPG 游戏的不同场景中一般都设置大量不同类型的敌对角色,这里只给出一种具有不同等级的敌人。它具有一定的智能,在非交战状态下会按照随机产生的路线四处漫游,而在与玩家角色交战时会反击玩家。图 13-8 给出了敌人角色的帧图像,用于产生它在 4 个方向上的行走和战斗效果。

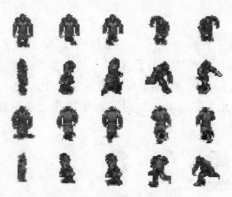

图 13-8　敌人角色帧图像

13.3.3　地图设计

MIDP 2.0 API 通过 TiledLayer 类支持平铺图层,这个类也包含在 game 包中,方便了游戏中的地图设计。游戏中除了精灵的活动之外,还需要有背景地图,使得精灵在地图上走动形成逼真的环境效果,使用 TiledLayer 类就能够容易地构建形象美观的各种地图背景。在第一次创建平铺图层时,首先把以贴砖为单位的图层高度和宽度、包含贴砖组的图像、贴砖的高度和宽度信息传递到 TiledLayer 类的构造函数,然后使用 setCell()方法为每个单元格设置贴砖索引,当贴完全部单元格后即可得到游戏地图。还可以使用 setAnimatedTile()方法实现贴砖动画等,具体内容可以参考《J2ME API 速查手册》。

1. 地图编辑器

地图编辑器对于游戏开发是非常重要的,不管是 2D 游戏还是 3D 游戏,几乎所有的商业游戏都有自己的游戏地图编辑器。一个游戏地图实际上就是一个二维数组,其复杂度与游戏地图的大小相关。但是,如果直接编程定义或者直接在二维数组上设置,不但不能直观地看到地图,而且也难以修改,因此开发一个游戏往往都需要编写一个游戏地图编辑器,不过对于简单的游戏也可以使用已有的地图编辑器。常用的地图编辑器有以下几种。

(1) Mappy：http://www.tilemap.co.uk/mappy.php。

(2) Tile Studio：http://mapeditor.org/index.html。

(3) Open tUME：http://members.aol.com/opentume/。

(4) Games Factory Pack 3.1：http://www.arrakis.es/~esanchez/。

其中，Tile Studio 地图编辑器的使用方法见第 4 章。这里使用更为简单的 Mappy 地图编辑器为游戏绘制贴砖地图，它可以编辑 2D 和 3D 地图，并用来生成 Java 游戏代码中的地图代码。在 Mappy 中创建一个地图需要指定贴砖大小、地图大小和颜色数，然后就可以导入图 13-9 所示的贴砖图像。

图 13-9　贴砖图像

图 13-9 所示的图像大小为 256×64 像素，由于在创建新地图时指定的贴砖大小为 16×16 像素，如图 13-10 所示，因此在右侧共显示有 64 块，此外还有 1 块空白贴砖。选中右侧区域中的一个贴砖，点击放在空白地图的预定位置上即可，重复该操作直到完成地图的编辑。在完成制作以后可以保存该地图，注意 Mappy 保存的地图格式是以 FMP 为扩展名的。不同的地图编辑器的格式不同，在使用时应加以区分。图 13-10 给出了该 RPG 游戏中用到的一幅地图，它由 30×30 个 16×16 像素的贴砖构成。

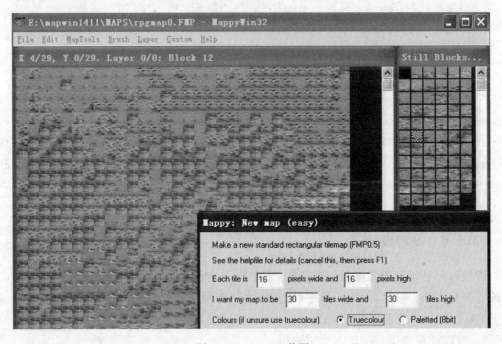

图 13-10　Mappy 截图

2．地图数据

在实际制作 RPG 游戏时，根据故事情节的不断展开，一般都会给出对应的不同游戏场景，因此就涉及很多相对复杂的地图。在进行编程之前需要美工人员提供地图效果图，并准备充足的图片资源，然后就可以使用 Mappy 地图编辑器等工具进行制作，并导出供 J2ME 程序使用的地图数据。

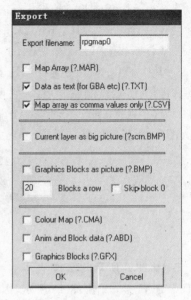

这个扩展名为 FMP 的地图文件并不能直接在游戏代码中使用，必须使用 Mappy 提供的数据导出功能，如图 13-11 所示。尽管它提供了多种数据导出功能，经常用到的是扩展名为 CSV 和 TXT 的两种文件。

在图 13-10 中编辑的游戏地图对应的导出数据示意如下，它是一个 30 行 30 列的二维数组。通过比较贴砖索引和图 13-9 中的贴砖，可以很清楚地看出利用地图编辑器制作游戏地图是多么简单。在游戏代码开发过程中，只需要把这些代码加入到程序中即可，而且地图的修改也很简单。

图 13-11　导出地图数据

```
public int[][] rpgMap0 = {
    {11, 38, 12, 12, 12, 12, 38, 12, 12, 12, 11, 49, 49, 12, …, 35 },
    {12, 12, 12, 12, 35, 12, 12, 12, 12, 12, 12, 12, 49, 49, …, 12 },
                        …
                        …
    {63, 63, 63, 63, 63, 63, 63, 63, 63, 8, 8, 8, 8, 8, 59, …, 63 },
    {59, 59, 63, 63, 63, 63, 63, 59, 59, 8, 8, 63, 63, 63, .…, 59 }
};
```

为了实现玩家、NPC 或者敌人等角色在地图上的活动范围，往往还需要设计一层碰撞层，并使用图层管理器进行管理，以实现角色与地图中的某些障碍物的碰撞效果。在这个 RPG 手机游戏示例中，为了简化设计，只是使用 Mappy 编辑了两个简单的游戏地图，并假设玩家和敌人的活动区域为整个地图。根据前面对 TiledLayer 类的有关介绍，读者不难实现上述功能。

13.3.4　界面设计

游戏界面是玩家直接接触到的部分，通常都由美工人员完成，然后由策划根据美工的设计编写策划文档。注意，由于手机平台的限制，其界面设计与在 PC 上有很多不同。在这个 RPG 游戏示例中，主菜单界面如图 13-12 所示，可以根据需要任意添加菜单项，这里只给出了开始游戏、读取进度和关于 3 个菜单项。

图 13-13 为游戏起始界面，玩家可以首先与 NPC1 角色交谈获得任务授权，然后通过 NPC2 战斗之门角色来到交战界面，当玩家与敌人交战时，在游戏界面中显示的双方血量会

根据交战情况有所变化。另外,玩家也可以直接通过 NPC2 资源入口角色进行资源场景,进行必要的资源采集,为自己挣得装备和金钱等。

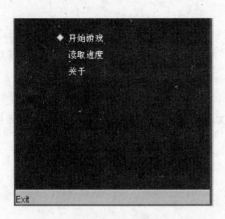

图 13-12　游戏菜单

图 13-13　游戏界面

在 RPG 游戏操作过程中,往往要查看玩家角色的属性,或者到商店购买武器、药品或者食物时都需要进行相应的显示,并使用按键进行相应的选择、购买等操作功能。常用的属性显示界面如图 13-14 所示。

游戏中的操作一般都是针对玩家角色设计的,在非战斗状态,使用手机的上、下、左、右按键分别控制玩家在上、下、左、右 4 个方向上的行走。在战斗状态中玩家有自己默认的招式,在游戏中判断两者产生碰撞后直接使用 FIRE 按键即可开始战斗,然后即可

图 13-14　玩家属性界面

自行进行战斗。为了方便操作,在游戏设计中可以定义某些数字键,如 2、4、6、8 等进行方向或者不同招式的控制。

此外,这里没有提到音频资源,也没有对游戏进度的存储进行设计,这些在实际的 RPG 手机游戏设计中也是必不可少的,读者可以根据前面的学习自行练习。当在游戏中所用的资源准备就绪并完成相关的设计分析后,剩下的工作就是根据设计文档进行游戏代码开发了。

13.4　游戏开发

这里把玩家、NPC 和敌人等角色以及地图等都设计为类,各个类之间的关系如图 13-15 所示。

其中,每个类的主要功能如下。

(1) RPGMIDlet 类:继承 MIDlet 类,在该游戏中只进行 MIDlet 的生命周期控制,此外

还可以在这里实现电话打入时的处理功能。

(2) RPGCanvas 类：继承 GameCanvas 类，它是实现整个游戏的容器，进行游戏画布的绘制，控制线程的执行、游戏界面的操作等，角色类和地图类都应该在这里进行实例化。

(3) RPGMap 类：继承 TiledLayer 类，实现游戏中的地图绘制和操作。

(4) PlayerSprite 类：继承 Sprite 类，用于实现游戏中唯一的玩家控制角色，主要是根据用户按键输入实现主角在游戏世界中的行走或者与敌人交战，并进行相应的属性修改和绘制。

(5) EnemySprite 类：继承 Sprite 类，用于实现游戏中不同等级的敌人角色，它具有一定的智能，在非战斗状态下能够四处自由漫游，在战斗状态下能够主动追击玩家角色，当双方距离超过设定值才会停止。

(6) NPCSprite 类：继承 Sprite 类，用于实现游戏中两个不同的 NPC 角色，这里只是将其绘制在游戏画面上，它们不能自由活动，但可以与玩家角色进行交互，并产生相应的交互结果。

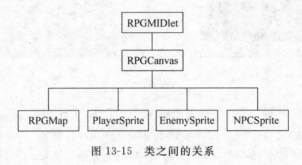

图 13-15　类之间的关系

接下来的几个部分讨论了这个简单的 RPG 手机游戏的代码设计与实现。

13.4.1　RPGMap 类

在编写代码之前，首先要根据已有的 PNG 图片资源，利用 Mappy 地图编辑器为 RPG 游戏编辑地图，并导出可供 J2ME 程序使用的地图数据。该 RPG 游戏示例使用了 3 幅地图，在程序中为 3 个二维数组。

```
public int [][] rpgmap0 = {
                            //从 Mappy 中导出的贴砖索引号
                          };
public int [][] rpgmap1 = {
                            //从 Mappy 中导出的贴砖索引号
                          };
public int [][] rpgmap2 = {
                            //从 Mappy 中导出的贴砖索引号
                          };
```

游戏地图一般比手机屏幕的尺寸要大，如图 13-16 所示，因此设置表示屏幕高度和宽度的两个变量，并在 RPGMap 类的构造函数中进行初始化。

```
public RPGMap(int cols, int nums, Image Img, int hei, int wid, int scrwid, int scrhei) {
```

```
        super(cols, nums, Img, hei, wid);
        scrWidth = scrwid;          //用屏幕的宽度和高度赋值
        scrHeight = scrhei;
    }
```

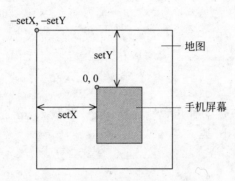

图 13-16　游戏地图与手机屏幕

　　RPGMap 类的一种重要功能就是实现手机屏幕上的那部分游戏地图的绘制。首先,根据传入的 setX 和 setY 的值计算手机屏幕上显示的那部分游戏地图的行号和列号,即二维数组的下标号,然后通过双重循环使用 setCell()方法进行贴砖。在 RPGCanvas 类中调用以后就可以使用图层管理器进行操作。游戏地图的绘制代码如下:

```
public void drawMap(int map, int setX, int setY) {
int i, j;
int row = (int)(setY/16);          //贴砖大小为 16×16 像素
int col = (int)(setX/16);
if ( map == 0 ) {                  //根据标识进行相应地图的绘制
    for(i = row - 1; i < row + scrHeight/16 + 3; i++) {     //预填 3 列,优化显示速度
        for(j = col - 1; j < col + scrWidth/16 + 3; j++) {
            try{
                this.setCell(j, i, rpgmap0[i][j]);
            }
            catch(ArrayIndexOutOfBoundsException e){ }
        }
    }
}
else if (map == 1) {
    for(i = row - 1; i < row + scrHeight/16 + 2; i++) {
        for(j = col - 1; j < col + scrWidth/16 + 2; j++) {
            try{
                this.setCell(j, i, rpgmap1[i][j]);
            }
            catch(ArrayIndexOutOfBoundsException e){ }
        }
    }
}
else if (map == 2) {
    for(i = row - 1; i < row + scrHeight/16 + 2; i++) {
        for(j = col - 1; j < col + scrWidth/16 + 2; j++) {
            try{
```

```
                        this.setCell(j, i, rpgmap2[i][j]);
                    }
                    catch(ArrayIndexOutOfBoundsException e){ }
                }
            }
        }
    }
```

13.4.2　角色类

该 RPG 游戏示例中共有 3 种角色：玩家、NPC 和敌人，分别设计为 PlayerSprite 类、NPCSprite 类和 EnemySprite 类。

1. PlayerSprite 类

该游戏中只实例化一个 PlayerSprite 类对象，在玩家的控制下能够在 4 个方向上行走，并且能够在 4 个方向上与敌人交战。它继承 Sprite 类，这里使用帧动画的方法来实现它在 4 个方向上的行走和交战效果，所以下面先给出基于图 13-5 的帧索引数组：

```
private int up_seq[ ] = {1, 2, 1, 3};              //4 个方向的行走图像序列数组
private int right_seq[ ] = {6, 7, 6, 8};
private int down_seq[ ] = {11, 12, 11, 13};
private int left_seq[ ] = {16, 17, 16, 18};
private int upat_seq[ ] = {1, 4, 5};               //4 个方向的交战图像序列数组
private int rightat_seq[ ] = {6, 9, 10};
private int downat_seq[ ] = {11, 14, 15};
private int leftat_seq[ ] = {16, 19, 20};
```

游戏只是为玩家角色设置了血量、等级、经验值、攻防能力、活动位置、生命状态、玩家朝向、交战状态等属性。在与敌人交战过程中，其血量会根据被敌人攻击的情况相应变化，而当不断地获得战斗胜利积累的经验值达到设定值时就提高一个等级。注意，血量公式、长级经验值公式等都可以根据需要进行调整，这些公式在某种程度上影响着程序的平衡性。当然还可以像"仙剑奇侠传"等 RPG 游戏一样，给玩家角色设置各种各样的攻防装备，如刀剑、药品、食物等。

PlayerSprite 类的构造函数如下：

```
public PlayerSprite (Image Img, int height, int width) {
    super(Img, height, width);
    m_x = 200;                                     //玩家角色初始位置
    m_y = 200;
    m_plevel = 1;                                  //玩家角色等级信息
    m_Mbld = 100 + (plevel − 1) * 20;              //玩家角色血量
    m_pbld = Mbld;
    m_exp = 0;                                      //初始经验值
    m_playerAt = ( m_plevel − 1) * 8 + 60;          //玩家角色的攻防能力，随等级变化
    m_playerDf = ( m_plevel − 1) * 8 + 40;
    m_nexp = m_exp + 100;                          //长级公式
    m_bAlive = true;                               //玩家角色生命状态标记
```

```
        this.setFrameSequence(down_seq);
    }
```

　　PlayerSprite 类的主要功能是接受按键输入并实现对玩家角色的状态控制及相应的绘制操作，例如行走和交战等。由于敌人具有一定的智能，在受到玩家角色的攻击后会实施反击，并且在两者距离满足设定值时会一直追击玩家角色，因此这里设计为玩家移动的速度比敌人要快。代码如下：

```
public void PlayerMove( int keyStates) {
    if(m_pbld <= 0)
        this.m_bAlive = false;                          //置位玩家生存状态标记
    if(this.m_bAlive){
        if((keyStates&UP_PRESSED)!= 0){                 //根据按键改变玩家角色状态
            if(m_dir!= DIR_UP){                         //若不是朝上,则改变朝向
                m_dir = DIR_UP;
                this.setFrameSequence(up_seq);
            }
            if(m_bBattle == true){                      //若是交战状态,则改为向上移动
                m_bBattle = false;
                this.setFrameSequence(up_seq);
            }
            m_y = m_y - 5;                              //修改玩家坐标,移动速度比敌人快
            this.nextFrame();                          //显示下一个帧图像
            break;
            ...                                        //下、左、右按键的处理同上
            ...
        if((keyStates&FIRE_PRESSED)!= 0) {             //对 FIRE 按键的处理
            if(m_map == 1){
                if(m_dir == DOWN&&!m_bBattle)
                    this.setFrameSequence(downat_seq);
                if(m_dir == LEFT&&!m_bBattle)
                    this.setFrameSequence(leftat_seq);
                if(m_dir == UP&&!m_bBattle)
                    this.setFrameSequence(upat_seq);
                if(m_dir == RIGHT&&!m_bBattle)
                    this.setFrameSequence(rightat_seq);
                m_bBattle = true;
            }
        }
        if(m_bBattle == true){                         //如果是交战状态
            if(this.getFrame() == 2){
                m_bAttack = true;                      //置位攻击状态,降低游戏的攻击速度
            }
            else{
                m_bAttack = false;
            }
            this.nextFrame();                          //显示下一个帧图像
        }
        else
            m_bAttack = false;
```

```
        }
        else{
            this.exp = 0;                                    //死亡后经验值置为 0
        }
    }
```

2. NPCSprite 类

该游戏对 NPC 角色的处理非常简单，只是在漫游地图的某些位置上固定显示两个 NPC 角色，它们不能自由活动。当玩家角色与 NPC1 角色对话以后，便可以获取后面的战斗授权，之后可以通过 NPC2 角色进入交战地图或者资源地图。注意，玩家角色必须与 NPC1 对话以后才能进入交战地图，这可以看做是玩家角色必须完成的一个任务。在实际游戏设计中，可以根据需要设置更多的 NPC 角色，并且赋予 NPC 角色更多的功能，比如"店小二"可以给玩家角色提供酒菜服务，"老板"可以卖给玩家角色药品、食物、武器等。注意，在实现时将两个 NPC2 角色进行组合。

NPCSprite 类的实现代码如下：

```
public class NPCSprite extends Sprite
{
    public int npc_seq[] = {0,1};
    public int m_x, m_y;
    public NPCSprite(Image Img, int height, int width, int x, int y) {
        super(Img, height, width);
        m_x = x;                                         //NPC 角色在游戏地图中的位置
        m_y = y;
        this.setFrameSequence(npc_seq);
    }
}
```

3. EnemySprite 类

EnemySprite 类继承 Sprite 类，为了简化代码，该游戏也只实例化了一个 EnemySprite 类对象。它具有一定的智能性，在非交战状态下能够自由地在 4 个方向上行走，并且能够在 4 个方向上与玩家角色交战。在交战状态下，当玩家与敌人的距离较近时，敌人会一直追逐并攻击玩家角色。与 PlayerSprite 类一样，也使用基于帧动画的方式来实现在 4 个方向上的动作效果，基于图 13-8 的帧索引数组与玩家角色的相同。

同样，游戏也为敌人角色设置了血量、等级、是否智能、攻防能力、交战状态和攻击范围等属性。其中，不同等级的敌人具有不同的血量、攻击力、防御力，这些公式可以根据实际需要进行修正。

EnemySprite 类的构造函数为：

```
public EnemySprite(Image Img, int hei, int wid, int X, int Y, boolean Smart, int level) {
    super(Img, hei, wid);
    j = 0;
    k = 0;
    this.m_bAlive = true;                                //敌人活着
```

```
    m_elevel = level;                                    //敌人角色的等级
    m_Mbld = 60 + (m_elevel - 1) * 20;                   //敌人角色血量
    m_ebld = m_Mbld;
    m_enemyAt = (m_elevel - 1) * 8 + 30;                 //敌人角色的攻防能力,随等级变化
    m_enemyDf = (m_elevel - 1) * 8 + 20;
    this.m_bSmart = Smart;                               //敌人角色具有智能
    m_x = X;                                             //敌人角色的位置和朝向
    m_y = Y;
    m_lastX = X;
    m_lastY = Y;
    m_dir = 0;
    m_deadlv = 0;                                        //敌人死亡时的等级
    m_bBattle = false;                                   //交战状态标记
    m_MoveDist = 2500;                                   //敌人活动范围、攻击速度
    m_wander = 20;
    m_attackNum = 10;
}
```

在非交战的状态下,敌人随机地在 4 个方向上行走,这是敌人具有智能的一种表现。在游戏运行过程中,每隔一小段时间产生一个 4 以内的随机数来代表敌人下一步的朝向,然后敌人就在该方向上自由行走一小段时间,不断地重复这个操作,即可形成敌人四处行走的效果。注意,这里并没有判断手机屏幕的边界,即敌人可以不出现在手机屏幕上。改变方向的代码如下:

```
private void ChangeDir() {
    m_dir = Math.abs(random.nextInt() % 4);              //敌人随机改变方向
    switch(m_dir + 1){
        case DIR_LEFT:
            this.setFrameSequence(left_seq);
            break;
        case DIR_RIGHT:
            this.setFrameSequence(right_seq);
            break;
        case DIR_UP:
            this.setFrameSequence(up_seq);
            break;
        case DIR_DOWN:
            this.setFrameSequence(down_seq);
            break;
    }
```

敌人角色在交战状态下也具有智能,它能够判断是否被攻击从而做出反击,并且在它的攻击范围内能够一直追打玩家角色。所以,敌人角色应该能够根据玩家角色的位置变化即时改变它的朝向,在该游戏中,玩家和敌人角色都有 4 个朝向,这里只是简单地根据两者坐标之间的关系实现朝向的变化。代码如下:

```
public boolean DirChanged(){
    if(m_x >= m_playerX&&m_y >= m_playerY){              //若敌人在玩家右下方
        if(m_x - m_playerX >= m_y - m_playerY){          //若 x 方向大于 y 方向的距离
            if(m_bSmart&&m_dir != DIR_LEFT - 1){          //则敌人改变方向朝左
```

```
                        m_dir = DIR_LEFT - 1;
                        this.setFrameSequence(left_seq);
                    }
                    if(playerSpritem_dir == DIR_RIGHT){
                         return true;
                    }
                    else
                        return false;
                }
            else if(m_x - m_playerX < m_y - m_playerY){          //若 x 方向小于 y 方向的距离
                if(m_bSmart&&m_dir!= DIR_UP - 1){                 //则敌人改变方向朝上
                    m_dir = DIR_UP - 1;
                    this.setFrameSequence(up_seq);
                }
                if(playerSpritem_dir == DIR_DOWN){
                    return true;
                }
                else
                    return false;
            }
            else
                return false;
        }
        else if(m_x <= m_playerX&&m_y >= m_playerY){              //若敌人在玩家左下方
            if(m_playerX - m_x > m_y - m_playerY){                //若 x 方向大于 y 方向的距离
                if(m_bSmart&&m_dir!= DIR_RIGHT - 1){              //则敌人改变方向朝右
                    m_dir = DIR_RIGHT - 1;
                    this.setFrameSequence(right_seq);
                }
                if(playerSpritem_dir == DIR_LEFT){
                    return true;
                }
                else
                    return false;
            }
            else if(m_playerX - m_x <= m_y - m_playerY){          //若 x 方向小于 y 方向的距离
                if(m_bSmart&&m_dir!= DIR_UP - 1){                 //则敌人改变方向朝上
                    m_dir = DIR_UP - 1;
                    this.setFrameSequence(up_seq);
                }
                if(playerSpritem_dir == DIR_DOWN){
                    return true;
                }
                else
                    return false;
            }
            else
                return false;
        }
        else if(m_x < m_playerX&&m_y <= m_playerY){               //若敌人在玩家左上方
            if(m_playerX - m_x > m_playerY - m_y){                //若 x 方向大于 y 方向的距离
```

```
            if(m_bSmart&&m_dir!= DIR_RIGHT - 1){              //则敌人改变方向朝右
                m_dir = DIR_RIGHT - 1;
                this. setFrameSequence(right_seq);
            }
            if(playerSpritem_dir  == DIR_LEFT){
                return true;
            }
            else
                return false;
        }
    else if(m_playerX - m_x <= m_playerY - m_y){              //若 x 方向小于 y 方向的距离
        if(m_bSmart&&m_dir!= DIR_DOWN - 1){                   //则敌人改变方向朝下
            m_dir = DIR_DOWN - 1;
            this. setFrameSequence(down_seq);
        }
        if(playerSpritem_dir  == DIR_UP){
            return true;
        }
        else
            return false;
    }
    else
        return false;
    }
    else if(m_x > m_playerX&&m_y <= m_playerY){               //若敌人在玩家右上方
        if(m_x - m_playerX >= m_playerY - m_y){               //若 x 方向大于 y 方向的距离
            if(m_bSmart&&m_dir!= DIR_LEFT - 1){               //则敌人改变方向朝左
                m_dir = DIR_LEFT - 1;
                this. setFrameSequence(left_seq);
            }
            if(playerSpritem_dir  == DIR_RIGHT){
                return true;
            }
            else
                return false;
        }
    else if(m_playerY - m_y > m_x - m_playerX){               //若 x 方向小于 y 方向的距离
        if(m_bSmart&&m_dir!= DIR_DOWN - 1){                   //则敌人改变方向朝下
            m_dir = DIR_DOWN - 1;
            this. setFrameSequence(down_seq);
        }
        if(playerSpritem_dir  == DIR_UP){
            return true;
        }
        else
            return false;
    }
    else
        return false;
    }
    else
```

```
            return false;
        }
```

如果敌人受到玩家角色的攻击，并且根据上述坐标关系的判断改变朝向以后，当通过碰撞检测发现双方发生冲突，敌人就认为正受到玩家的攻击而进行反击，但敌人并不首先发动对玩家角色的攻击。在敌人受到玩家攻击以后，根据事先设定的值减少敌人的血量，当血量为 0 时表明敌人被消灭，随后即从游戏画面中消失。代码如下：

```
public boolean Attacked(){
    if(this.collidesWith(playerSprite, false)&&DirChanged()&&m_bAttack){
        if(m_bSmart == false){                      //让敌人具有智能
            m_bSmart = true;
        }
        if(m_ebld > 0){                             //血量变化
            m_ebld = m_ebld - m_eBL;
        }
        else{
            m_bAlive = false;
        }
        return true;
    }
    else
        return false;
}
```

DirChanged()方法实现了敌人对玩家的朝向跟踪，Attacked()方法实现了敌人受攻击时的血量减少和死亡判断等操作。但双方交战是由玩家角色发起的，之后敌人会反击，它在受到敌人攻击以后其血量也会相应减少。不过，当玩家角色消灭敌人以后，其血量、经验值甚至等级属性都应该做相应的变化。代码如下：

```
public int Battle(PlayerSprite pSprite, int X, int Y, boolean bAttack) {
    if(m_bAlive == true){                           //如果敌人角色活着
        playerSprite = pSprite;                     //玩家角色信息
        m_playerX = X;
        m_playerY = Y;
        m_pBL = (m_enemyAt - playerSprite.m_playerDf/2) * 8/10;  //英雄被攻击一次减少的血量
        m_eBL = (playerSprite.m_playerAt - m_enemyDf/2) * 8/10;  //敌人被攻击一次减少的血量
        m_bAttack = bAttack;                        //交战状态标记
        //m_Dist 表示敌人角色的两次停止状态下的位置之间的距离
        m_Dist = (int)((m_lastX - m_x) * (m_lastX - m_x) + (m_lastY - m_y) * (m_lastY - m_y));
        //m_pDist 表示敌人与玩家之间的距离
        m_pDist = (int)((m_playerX - m_x) * (m_playerX - m_x) + (m_playerY - m_y) * (m_playerY - m_y));
        switch(m_dir + 1){                          //根据方向进行判断
            case DIR_LEFT:
                if(!m_bSmart){                      //若敌人不具有智能
                    if(m_Dist < m_MoveDist){        //在敌人活动范围内
                        i = 0;
                        m_x = m_x - 4;              //敌人移动,比玩家移动速度慢
                        this.nextFrame();
                    }
```

```
        else{
            this.setFrameSequence(left_seq);
            i++;
            if(i == m_wander){                          //记录随机走路后的坐标
                m_lastX = m_x;
                m_lastY = m_y;
                this.ChangeDir();
            }
        }
    }
    else{                                               //若敌人具有智能
        if(!this.collidesWith(playerSprite, false)){//若与玩家没发生碰撞
            if(m_bBattle == true){                      //置为非交战状态
                m_bBattle = false;
                this.setFrameSequence(left_seq);
            }
            if(m_bStop == true){                        //若为停止状态,改为向左移动
                this.setFrameSequence(left_seq);
                m_bStop = false;
            }
            m_x = m_x - 4;
            this.nextFrame();
        }
        else{                                           //若与玩家发生碰撞
            m_bStop = true;                             //停止移动,置为交战状态
            if(m_bBattle == false){
                m_bBattle = true;
                this.setFrameSequence(leftat_seq);
                this.nextFrame();
            }
            else{                                       //若正在交战,显示攻击效果
                if(j < wander - attackNum){
                    j++;
                    this.setFrameSequence(left_seq);
                }
                else{
                    if(this.getFrame() == 2){           //攻击后玩家血量减少
                        if(playerSprite.m_pbld > 0){
                            playerSprite.m_pbld = playerSprite.m_pbld - m_pBL;
                        }
                        j = 0;
                    }
                    this.nextFrame();
                }
            }
        }
    }
}
break;
...
...                                                     //上、下、右的处理同上
}
```

```
                DirChanged();
                Attacked();
                if(m_bSmart){                                  //距离太远,将敌人置非智能
                    if(m_pDist > 10000){
                        m_bSmart = false;
                        this.ChangeDir();
                    }
                }
            }
            else{                                              //若敌人被消灭
                    this.setVisible(false);
                    if(playerSprite.m_pbld + 100 < playerSprite.m_Mbld){
                        playerSprite.m_pbld = playerSprite.m_pbld + 100;//敌人死亡时玩家血量升高
                    }
                    else{
                        playerSprite.m_pbld = playerSprite.m_Mbld;
                    }
                    m_deadlv = m_elevel;                       //敌人死亡时的等级
            }
            return playerSprite.m_pbld;
    }
```

13.4.3 RPGCanvas 类

RPGCanvas 类继承 GameCanvas 类,并实现 Runnable 接口,主要是执行初始化,实现地图和角色类的实例化以及动画线程的控制等。其构造函数如下:

```
public RPGCanvas() {
    super(true);
    try{                                                    //读取相应的资源
        playerImage = Image.createImage("/player.png");
        enemyImage = Image.createImage("/enemy.png");
        mapImage = Image.createImage("/rpgmap0.png");
        npc1Image = Image.createImage("/npc1.png");
        npc2Image = Image.createImage("/npc2.png");
        arrowImage = Image.createImage("/arrow.png");
        bloodImage = Image.createImage("/blood.png");
        ...
    }
    catch(Exception e){ }
    //进行初始化和实例化
    m_rpgmap = new RPGMap(30, 30, mapImage, 16, 16, getWidth(), getHeight());
    m_rpgmap.drawMap(0, m_setX, m_setY);                    //绘制地图
    m_layManager = new LayerManager();
    m_layManager.append(m_rpgmap);
    playerSprite = new playerSprite(playerImage,40,40);     //实例化玩家角色
    m_pWidth = playerSprite.getWidth();
    m_pHeight = playerSprite.getHeight();
    playerSprite.m_bAlive = true;
    npc1Sprite = new NPCSprite(npc1Image, 25, 32, 100, 180);//实例化 NPC 角色
```

```
    npc2Sprite = new NPCSprite(npc2Image, 24, 35, 60, 180);
    g = this.getGraphics();
    thread = new Thread(this);
    m_bRunning = true;
    thread.start();                                    //启动动画线程
}
```

在实际的 RPG 游戏开发中一般都涉及多幅游戏地图,该游戏中只以 3 幅地图为例,地图之间的切换代码如下:

```
public void changeMap(int map){
    if(map == 0){
        layManager.remove(m_rpgmap);                   //移除图层
        m_rpgmap = null;
        ...                                            //清空该地图不用的其他变量
        try{                                           //描绘新地图
            mapImage = Image.createImage("/rpgmap0.png");
            npc1Image = Image.createImage("/npc1.png");
            npc2Image = Image.createImage("/npc2.png");
        }
        catch(Exception e){ }
        m_rpgmap = new RPGMap(30, 30, mapImage, 16, 16, getWidth(), getHeight());
        m_rpgmap.drawMap(map, m_setX, m_setY);
        layManager.append(m_rpgmap);
        ...                                            //添加本地图用到的角色等
    }
    else if(map == 1) {
        ...                                            //处理方式同上
    }
    else if(map == 2) {
        ...                                            //处理方式同上
    }
}
```

在 RPG 游戏中,玩家角色往往具有很多药品、武器等装备以及等级、经验值等信息,应该允许玩家随时了解,因此该游戏定义了"＊"键进行查看。当然,在虚拟商店购买武器等装备时还应该提供相应的按键处理,这里仅给出了显示功能。代码如下:

```
protected void keyPressed(int keyCode){
    if(GAME_STATE == GAME_ING){                        //在游戏过程中查看玩家信息
        if(keyCode == KEY_STAR){
            if(m_bItemDlg == true)
                m_bItemDlg = false;
            else
                m_bItemDlg = true;
        }
    }
}
```

游戏菜单如图 13-12 所示,点击"开始游戏"后便进入游戏画面,不断地执行动画循环,代码如下:

```
while(m_bRunning) {
    m_rpgmap.drawMap(map, m_setX, m_setY);              //绘制地图
    keyStates = getKeyStates();
    try{
        Thread.sleep(30);                               //降低对按键的反应速度
    }
    catch(InterruptedException e){
        e.printStackTrace();
    }
    playerSprite.playerMove(keyStates);                 //玩家角色根据按键动作
    m_setX = heroSprite.m_x - getWidth() + 20;          //地图画的位置的左上角坐标
    m_setY = heroSprite.m_y - getHeight() + 20;
    if(map == 0){
        ...                                             //检测 m_setX 和 m_setY 的值不越界
        layManager.setViewWindow(m_setX, m_setY, getWidth(), getHeight());
        layManager.paint(g, 0, 0);                      //对层管理类进行描绘
        if(npc1Sprite.collidesWith(playerSprite, false)) {  //与 NPC1 角色对话
            if(keyStates == 256){
                if(m_bMissionDlg == false){
                    m_bMissionDlg = true;
                    m_bAccepttask = true;
                }
                else
                    m_bMissionDlg = false;
            }
        }
        else
            m_bMissionDlg = false;
        //绘制进入手机屏幕范围内的玩家、NPC1、NPC2 等角色
        playerSprite.setPosition(playerSprite.m_x - m_setX, heroSprite.m_y - m_setY);
        if(playerSprite.m_x <(getWidth() + m_setX)&&playerSprite.m_x > m_setX&&
playerSprite.m_y <(getHeight() + m_setY)&&playerSprite.m_y > m_setY)
            playerSprite.paint(g);
            ...                                         //绘制 NPC1、NPC2
        if(npc2Sprite.collidesWith(playerSprite, false)&&m_bAccepttask){
            changeMap(1);                               //玩家接受任务并达到 NPC2
            m_map = 1;
            playerSprite.m_x = 100;
            playerSprite.m_y = 100;
        }
    }
    else{
        PlayerUpdate(enemySprite,playerSprite);         //玩家获胜后修改属性信息
        if(playerSprite.m_x - getWidth()/2 <= 0)        //检测 m_setX
            m_setX = 0;
            ...
        layManager.setViewWindow(m_setX, m_setY, getWidth(), getHeight());
        layManager.paint(g, 0, 0);                      //对层管理类进行描绘
        DrawEBlood();                                   //绘制敌人的血量显示
        //绘制进入手机屏幕范围内的玩家、敌人、NPC2
        ...
```

```
        if(npc2Sprite.collidesWith(playerSprite, false)){
            changeMap(0);
            map = 0;
            playerSprite.m_x = 100;
            playerSprite.m_y = 100;
        }
        if(playerSprite.m_bAlive == false){          //游戏结束
            g.setColor(oxFF0000);
            g.drawString("Game Over!",130,20,Graphics.TOP|Graphics.RIGHT);
            m_bRunning = false;
        }
    }
    DrawItem(m_bItemDlg);                            //绘制玩家装备等信息
    DrawDlg(m_bMissionDlg);                          //绘制对话
    g.setColor(0xD51606);                            //绘制玩家血量
    g.drawImage(bloodImage, (int)30 * heroSprite.m_pbld/heroSprite.m_Mbld-80,0,
Graphics.TOP|Graphics.LEFT);
    flushGraphics();
}
```

13.4.4　RPGMIDlet 类

RPGMIDlet 类继承 MIDlet 类，并实现 CommandListener 接口，主要用于生命周期的控制，并实例化 RPGCanvas 类实现绘图容器。代码如下：

```
public class RPGMIDlet extends MIDlet implements CommandListener
{
    private Command exitCommand;
    private RPGCanvas rpgcan;
    protected void startApp() {
        exitCommand = new Command("Exit",Command.EXIT,1);
        RPGCanvas rpgcan = new RPGCanvas();
        rpgcan.addCommand(exitCommand);
        rpgcan.setCommandListener(this);
        Display.getDisplay(this).setCurrent(rpgcan);
    }
    protected void pauseApp() {
    }
    protected void destroyApp(boolean arg0)   {
    }
    public void commandAction(Command c, Displayable d){
        if(c == exitCommand){
            destroyApp(false);
            notifyDestroyed();
        }
    }
}
```

游戏代码编写完成并测试通过后，利用 WTK 工具可发布为供手机使用的 JAR 以及 JAD 文件。

13.5 本章小结

本章以一个简单的实例讲述了 RPG 手机游戏的开发流程，以及手机游戏开发的 3 个要素：游戏元素、游戏规则、界面设计。随着 3G 时代的到来，手机的处理能力越来越强，手机上的 3D 游戏和网络游戏将会成为该领域的开发重点，3D 化和网络化的 RPG 手机游戏在未来将占用重要的地位和广阔的市场前景。

习 题 13

1. 结合本书前面的内容，进一步熟悉基于 Java 的手机游戏设计和开发流程。

2. 改进本章的 RPG 手机游戏示例，例如实现 3D 角色模型、实现角色与地图的碰撞检测、添加音效、添加过场画面、添加进度的保存和提取等。

3. 以一个你熟悉的武侠小说、电影、电视的剧情为背景，使用本章讲述的 RPG 游戏构建方法，改编并实现一款你的 RPG 游戏。

4. 根据所学知识，设计并实现一款简单的大型多人在线角色扮演游戏（Massively Multiplayer Online Role Playing Game，MMORPG）。